应用型本科 电气工程及自动化专业系列教材

北京市高等教育精品教材

工业机器人技术

（第四版）

主　编　郭洪红

副主编　贺继林　田宏宇

　　　　席　巍　谭苗苗

U0272955

西安电子科技大学出版社

内 容 简 介

　　本书主要内容包括机器人的概况、工业机器人机构、工业机器人运动学和动力学、工业机器人的环境感觉技术、工业机器人控制、工业机器人编程、工业机器人系统等。书中以三菱装配机器人为例，系统地讲述了工业机器人各大组成部分及其应用。本书是一本理论与实用技术兼顾的关于工业机器人技术的入门教材，取材新颖，并附有习题。

　　本书可作为应用型本科机电一体化、机械等专业的教材，也可作为从事有关工作的工程技术人员的参考书。

图书在版编目(CIP)数据

工业机器人技术/郭洪红主编. — 4 版. —西安：西安电子科技大学出版社，2021.12
ISBN 978 - 7 - 5606 - 6305 - 0

Ⅰ. ① 工…　Ⅱ. ① 郭…　Ⅲ. ① 工业机器人—高等学校—教材
Ⅳ. ① TP242.2

中国版本图书馆 CIP 数据核字(2021)第 253051 号

策划编辑　马乐惠
责任编辑　杨　薇
出版发行　西安电子科技大学出版社(西安市太白南路 2 号)
电　　话　(029)88202421　88201467　　邮　编　710071
网　　址　www.xduph.com　　　　电子邮箱　xdupfxb001@163.com
经　　销　新华书店
印刷单位　陕西天意印务有限责任公司
版　　次　2021 年 12 月第 4 版　2021 年 12 月第 1 次印刷
开　　本　787 毫米×1092 毫米　1/16　印张 17
字　　数　398 千字
印　　数　1～3000 册
定　　价　41.00 元
ISBN 978 - 7 - 5606 - 6305 - 0/TP

XDUP　6607004 - 1

＊＊＊如有印装问题可调换＊＊＊

前　　言

　　最近几年，工业机器人技术得到了快速发展，在工业生产当中担负起越来越重要的角色，也越来越受到国家的重视。本版教材在第三版的基础上，增加了一些最新出现的技术，比如协作机器人等，并结合近几年作者在教学过程中的经验及读者的反馈进行了修订。

　　本次修订主要针对第 1 章和第 3 章：第 1 章增加了对于协作机器人的介绍、近几年全球工业机器人发展的大事件以及我国近几年工业机器人的发展情况；第 3 章增删了部分内容，在工业机器人正向运动学和反向运动学的实例中选择了有移动副的平面关节机器人，比第三版教材的例子更有代表性。

　　修订部分由北京联合大学的郭洪红、门森完成，全书由郭洪红负责统稿。

　　由于编者水平有限，不足和疏漏在所难免，欢迎读者朋友们批评指正

编　者

2021 年 6 月

第 一 版 前 言

工业机器人技术是近年来新技术发展的重要领域之一，是以微电子技术为主导的多种新兴技术与机械技术交叉、融合而成的一种综合性的高新技术。这一技术在工业、农业、国防、医疗卫生、办公自动化及生活服务等众多领域有着越来越多的应用。工业机器人在提高产品质量、加快产品更新、提高生产效率、促进制造业的柔性化、增强企业和国家的竞争力等诸多方面具有举足轻重的地位。因此，工业机器人技术不但在许多学校被列为机电一体化专业的必修课程，而且也成为广大工程技术人员迫切需要掌握的知识。

本教材将现有工业机器人教材中有关运动学、动力学、机器人控制理论等理论内容进行了简化，并加强了实际应用内容，如机器人示教、机器人编程、机器人机械结构、机器人系统和应用等。本书理论深度恰当，理论和应用技术结合紧密，内容新颖，使学生能够在较短的时间内掌握生产现场最需要的工业机器人的实际应用技术。

本书由郭洪红任主编，贺继林、田宏宇、席巍任副主编。第 3 章由北京联合大学机电学院田宏宇执笔；第 5 章由中南大学机电工程学院贺继林执笔；附录 B 由北京联合大学机电学院席巍执笔；其余章节均由北京联合大学机电学院郭洪红执笔。郭洪红负责全书的统稿工作。北京联合大学机电学院方新教授、陈瑞阳副教授在本书的编写过程中给予了很大的支持与帮助，在此表示衷心感谢。

由于作者水平有限，书中不足之处在所难免，欢迎读者批评指正。

作　者

2005.9

目　录

第 1 章 绪 论

　　"机器人"一词不仅可以在科幻小说、动画片中看到和听到，在电视中我们也可以看到在工厂进行作业的机器人，在实际生活中同样有机会看到机器人。

　　"机器人"一词最早出现于 1920 年捷克作家 Karel Capek 的剧本《罗萨姆的万能机器人》中。在剧本中，作家塑造了一个具有人的外表、特征和功能，愿意为人类服务的机器人奴仆"Robota"，在该剧中机器人被描写成像奴隶那样进行劳动的机器。

　　在现实生活中，机器人并不是在简单意义上代替人工劳动，而是综合了人的特长和机器特长的一种拟人的电子机械装置。这种装置既有人对环境状态的快速反应和分析判断能力，又有机器可长时间持续工作、精确度高、抗恶劣环境的能力。从某种意义上说，机器人是机器进化过程的产物，是工业以及非产业界的重要生产和服务性设备，也是先进制造技术领域不可缺少的自动化设备。

　　有关机器人的定义随着时代的进步在发生着变化。简单地说，把具有下述性质的机械看做是机器人：

　　(1) 代替人进行工作。机器人能像人那样使用工具和机械，因此，数控机床和汽车不是机器人。

　　(2) 具有通用性。机器人既可简单地变换所进行的作业，又能按照工作状况的变化相应地进行工作。一般的玩具机器人不具有通用性。

　　(3) 直接对外界工作。机器人不仅能像计算机那样进行计算，而且能依据计算结果对外界产生作用。

　　1984 年，ISO(国际标准化组织)采纳了美国机器人协会(RIA)的建议，给机器人下了定义，即"机器人是一种可反复编程和多功能的用来搬运材料、零件、工具的操作工具，为了执行不同任务而具有可改变和可编程的动作的专门系统(a reprogrammable and multifunctional manipulator, devised for the transport of materials, parts, tools or specialized systems, with varied and programmed movements, with the aim of carring out varied tasks)"。

　　机器人技术是综合了计算机、控制论、机构学、信息和传感技术、人工智能、仿生学等多种学科而形成的高新技术，是当今世界研究十分活跃、应用日益广泛的领域。而且，机器人应用情况是反映一个国家工业自动化水平的重要标志。

1.1 机器人的分类

　　机器人的分类方法很多，这里依据两个有代表性的分类方法列举机器人的分类。

1. 按照应用类型分类

机器人按应用类型可分为工业机器人、极限作业机器人和娱乐机器人。

（1）工业机器人。工业机器人有搬运、焊接、装配、喷漆、检查等机器人，主要用于现代化工厂和柔性加工系统中，如图1.1、图1.2所示。

图 1.1　弧焊机器人

图 1.2　汽车焊接生产线上的机器人

（2）极限作业机器人。极限作业机器人主要是指在人们难以进入的核电站、海底、宇宙空间进行作业的机器人，也包括建筑、农业机器人等，如图1.3、图1.4所示。

图 1.3　排爆机器人

图 1.4　火星探测机器人

（3）娱乐教育机器人。娱乐教育机器人有手机编程舞蹈机器人、学习机器人、可自动变形机器人，这些机器人有些也具备基本的智能，比如避障等。图1.5所示为一款可编程变形机器人。

2. 按照控制方式分类

机器人按控制方式可分为操作机器人、程序机器人、示教再现机器人、智能机器人和综合机器人。

（1）操作机器人。操作机器人的典型代表是在核电站处理放射性物质时远距离进行操作的机器人。在这种场合，相当于人手操作的部分称为主动机械手，而从动机械手基本上与主动机械手类似，只是从动机械手要比主动机器手大一些，作业时的力量也更大。

图 1.5　可编程变形机器人

（2）程序机器人。程序机器人按预先给定的程序、条件、位置进行作业，目前大部分机器人都采用这种控制方式工作。

（3）示教再现机器人。示教再现机器人同盒式磁带的录放一样，将所教的操作过程自动记录在存储器中，当需要再现操作时，可重复所教过的动作过程。示教方法有手把手示教、有线示教和无线示教，如图 1.6 所示。

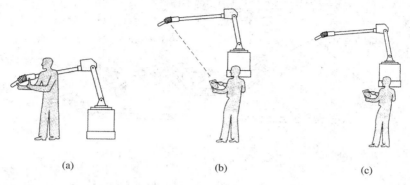

(a)   (b)   (c)

图 1.6 机器人示教

（a）手把手示教；（b）有线示教；（c）无线示教

（4）智能机器人。智能机器人不仅可以进行预先设定的动作，还可以按照工作环境的变化改变动作。

（5）协作机器人。顾名思义，协作机器人就是指机器人与人可以在生产线互相配合，协同作战，以充分发挥机器人的效率及人类的智能。这种机器人不仅性价比高，而且安全方便，能够极大地促进制造企业的发展。协作机器人作为一种新型的工业机器人，扫除了人机协作的障碍，让机器人彻底摆脱护栏或围笼的束缚，其开创性的产品性能和广泛的应用领域，为工业机器人的发展开启了新时代。图 1.7 所示为 UR 协作机器人。

图 1.7 UR 协作机器人

（6）综合机器人。综合机器人是由操作机器人、示教再现机器人、智能机器人组合而成的机器人，如火星机器人。1997 年 7 月 4 日，"火星探险者（Mars Pathfinder）"在火星上着陆，着陆体是四面体形状，着陆后三个盖子的打开状态如图 1.8 所示。它在能上、下、左、右动作的摄像机平台上装有两台 CCD 摄像机，通过立体观测而得到空间信息。整个系统可以看做是由地面指令操纵的操作机器人。

图 1.8 所示的火星机器人既可按地面上的指令移动，也能自主地移动。地面上的操纵人员通过电视可以了解火星地形，但由于电波往返一次大约需 40 分钟，因此不能一边观测一边进行操纵。所以，要考虑火星机器人的动作程序，可用这个程序先在地面进行移动实验，如果没有问题，再把它传送到火星上，火星机器人就可再现同样的动作。该机器人不仅能移动，而且能在到达指定目标后用自身的传感器一边检测障碍物一边安全移动。

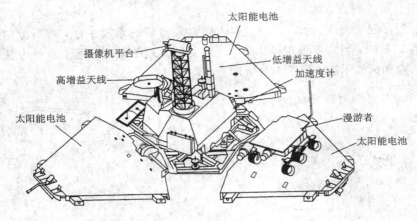

图 1.8　火星探险者

1.2　工业机器人的应用和发展

　　工业机器人是机器人的一种,它由操作机(机械本体)、控制器、伺服驱动系统和检测传感装置构成,是一种仿人操作、自动控制、可重复编程、能在三维空间完成各种作业的机电一体化的自动化生产设备,特别适合于多品种、变批量的柔性生产。它对稳定和提高产品质量、提高生产效率、改善劳动条件和产品的快速更新换代起着十分重要的作用。工业机器人的兴起促进了大学及研究所开展对机器人的研究。

1.2.1　工业机器人的应用

　　工业机器人最早应用于汽车制造工业,常用于焊接、喷漆、上下料和搬运工作。工业机器人延伸和扩大了人的手足和大脑功能,它可代替人从事危险、有害、有毒、低温和高热等恶劣环境中的工作;可代替人完成繁重、单调的重复劳动,提高劳动生产率,保证产品质量。工业机器人与数控加工中心、自动搬运小车以及自动检测系统可组成柔性制造系统(FMS)和计算机集成制造系统(CIMS),实现生产自动化。

　　目前,工业机器人主要用于以下几个方面。

　　1) 恶劣工作环境及危险工作

　　压铸车间及核工业等领域的作业是一种有害于健康并可能危及生命,或不安全因素很大而不宜由人去从事的作业,此类工作由工业机器人做是最适合的。图 1.9 所示为核工业上沸腾水式反应堆(BWR)燃料自动交换机。BWR 的燃料是把浓缩的铀丸放在长 4 m 的护套内,把它们集中在一起作为燃料的集合体,装入反应堆的堆心。每隔一定时期要变更已装入燃料的位置,以提高铀的燃烧效率,并把已充分燃烧的燃料集合体与新的燃料集合体进行交换。这些作业都在定期检查时完成,并且为了冷却使用过的燃料和遮蔽放射线,这种燃料交换的作业是在水中进行的。从作业人员到被处理的燃料之间的距离约为 17 m~18 m,过去作业人员是靠手动进行操作的,难免会产生误操作;另外,如果为了尽可能缩短距离而靠近操作,则容易受到辐射的危害。

　　燃料自动交换机的主要结构如图 1.9 所示,它是由机上操作台、辅助提升机、台架、

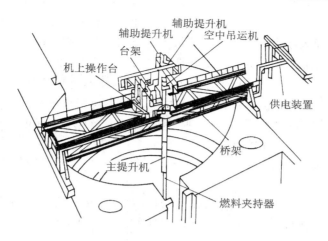

图 1.9　沸腾水式反应堆燃料自动交换机

空中吊运机、主提升机、燃料夹持器等组成的；采用了计算机控制方式，可依据操作人员的运转指令，完成自动运转、半自动运转和手动运转模式下的燃料交换。这种装置的主要特征是：① 可以在远距离的操作室中全自动运转；② 精密的多重圆筒立柱可提高定位精度；③ 利用计算机可以控制系统高速运转，防止误操作。这种交换机的使用不仅提高了效率，降低了对操作人员的辐射，而且由计算机控制的操作自动化可以提高作业的安全性。

　　2）特殊作业场合和极限作业

　　火山探险、深海探秘和空间探索等领域对于人类来说是力所不能及的，只有机器人才能进行作业。如图 1.10 所示的是航天飞机上用来回收卫星的操作臂 RMS(Remote Manipulator System)，它是由加拿大 SPAR 航天公司设计并制造的，是世界上最大的关节式机器人。该操作臂额定载荷为 15 000 kg，最大载荷为 30 000 kg；末端操作器的最大速度空载时为 0.6 m/s，承载 15 000 kg 时为 0.06 m/s，承载 30 000 kg 时为 0.03 m/s；定位精度为 ±0.05 m。这些额定参数是在外层空间抓放飞行体时的参数。

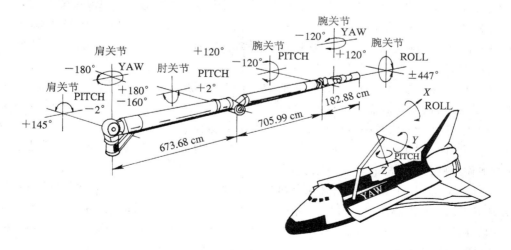

图 1.10　航天飞机上的操作臂 RMS

3）自动化生产领域

早期的工业机器人在生产上主要用于机床上下料、点焊和喷漆。随着柔性自动化的出现，机器人在自动化生产领域扮演了更重要的角色。现举例如下：

（1）焊接机器人。汽车制造厂已广泛应用焊接机器人进行承重大梁和车身结构的焊接。弧焊机器人需要 6 个自由度，其中 3 个自由度用来控制焊具跟随焊缝的空间轨迹，另外 3 个自由度保持焊具与工件表面有正确的姿态关系，这样才能保证良好的焊缝质量。

（2）材料搬运机器人。材料搬运机器人可用来上下料、码垛、卸货、抓放以及零件定向作业等。一个简单抓放作业机器人只需较少的自由度；一个给零件定向作业的机器人要求有更多的自由度，以增加其灵巧性。

（3）检测机器人。零件制造过程中的检测以及成品检测都是保证产品质量的关键工序。检测机器人主要有两个工作内容：确认零件尺寸是否在允许的公差内；将零件按质量分类。

（4）装配机器人。装配是一个比较复杂的作业过程，不仅要检测装配作业过程中的误差，而且要试图纠正这种误差。因此，装配机器人上应用了许多传感器，如接触传感器、视觉传感器、接近传感器和听觉传感器等。

（5）喷漆和喷涂机器人。一般在三维表面进行喷漆和喷涂作业时，至少要有 5 个自由度。由于可燃环境的存在，驱动装置必须防燃防爆。在大件上作业时，往往把机器人装在一个导轨上，以便行走。

综上所述，工业机器人的应用给人类带来了许多好处，如：减少劳动力费用；提高生产率；改进产品质量；增加制造过程的柔性；减少材料浪费；控制和加快库存的周转；降低生产成本；消除危险和恶劣的劳动岗位。

1.2.2　工业机器人的发展

1. 全球机器人的发展状况

1954 年，美国戴沃尔最早提出了工业机器人的概念，并申请了专利。该专利的要点是借助伺服技术控制机器人的关节，利用人手对机器人进行动作示教，机器人能实现动作的记录和再现。这就是所谓的示教再现机器人，现有的机器人差不多都采用这种控制方式。

1958 年，被誉为"工业机器人之父"的 Joseph F. Engel Berger 创建了世界上第一个机器人公司——Unimation(Universal Automation)公司，并参与设计了第一台 Unimate 机器人，如图 1.11 所示。这是一台用于压铸作业的五轴液压驱动机器人，手臂的控制由一台专用计算机完成。它采用分离式固体数控元件，并装有存储信息的磁鼓，能够记忆完成 180 个工作步骤。与此同时，另一家美国公司——AMF 公司也开始研制工业机器人，即 Versatran(Versatile Transfer)机器人，如图 1.12 所示。它主要用于机器之间的物料运输，采用液压驱动。该机器人的手臂可以绕底座回转，沿垂直方向升降，也可以沿半径方向伸缩。一般认为，Unimate 和 Versatran 是世界上最早的工业机器人。这两种工业机器人的控制方式与数控机床大致相似，但外形特征迥异，主要由类似人的手和臂组成。

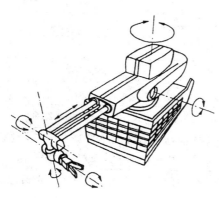

图 1.11　Unimate 机器人

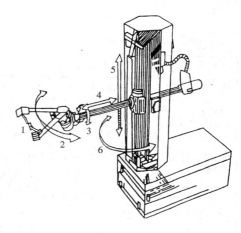

图 1.12　Versatran 机器人

工业机器人的发展历史可用表 1.1 来说明。

表 1.1　工业机器人的发展历史

年代	领域	事　件
1955	理论	Denavit 和 Hartenberg 提出了齐次变换
1961	工业	美国专利 2 998 237，George devol 的"编程技术"、"传输"(基于 Unimate 机器人)
1961	工业	第一台 Unimate 机器人安装使用，用于压铸
1961	技术	有传感器的机械手 MH－1 由 Ernst 在麻省理工学院发明
1961	工业	Versatran 圆柱坐标机器人商业化
1965	理论	L. G. Roberts 将齐次变换矩阵应用于机器人
1965	技术	麻省理工学院的 Roberts 演示了第一个具有视觉传感器的、能识别与定位简单积木的机器人系统
1967	理论	日本成立了人工手研究会(现改名为仿生机构研究会)，同年召开了日本首届机器人学术会
1968	技术	斯坦福研究院发明带视觉的、由计算机控制的行走机器人 Shakey
1969	技术	V. C. Sheinman 及其助手发明斯坦福机器臂
1970	理论	在美国召开了第一届国际工业机器人学术会议。1970 年以后，机器人的研究得到迅速广泛的普及
1970	技术	ETL 公司发明带视觉的自适应机器人
1971	工业	日本工业机器人协会(JIRA)成立
1972	理论	R. P. Paul 用 D－H 矩阵计算轨迹
1972	理论	D. E. Whitney 发明操作机的协调控制方式
1973	工业	辛辛那提·米拉克隆公司的理查德·豪恩制造了第一台由小型计算机控制的工业机器人，它是由液压驱动的，能提升的有效负载达 45 kg

年代	领域	事　件
1975	工业	美国机器人研究院成立
1975	工业	Unimation 公司公布其第一次利润
1976	技术	在斯坦福研究院完成用机器人的编程装配
1978	工业	C. Rose 及其同事成立了机器人智能公司，生产出第一个商业视觉系统
1980	工业	工业机器人真正在日本普及，故称该年为"机器人元年"。随后，工业机器人在日本得到了巨大发展，日本也因此而赢得了"机器人王国"的美称
1984	民用	英格伯格再次推出机器人 Helpmate，可在医院里为病人送饭、送药、送邮件
1996	民用	本田推出"拟人机器人 P2"
1998	民用	丹麦乐高公司推出机器人（Mind - storms）套件，让机器人制造变得跟搭积木一样，相对简单又能任意拼装，使机器人开始进入个人世界
1999	民用	日本索尼公司推出犬型机器人爱宝（AIBO），当即销售一空，从此娱乐机器人成为机器人迈进普通家庭的途径之一
2002	民用	丹麦 iRobot 公司推出了吸尘器机器人 Roomba，它能避开障碍，自动设计行进路线，还能在电量不足时，自动驶向充电座。Roomba 是目前世界上销量最大、最商业化的家用机器人
2006	民用	微软公司推出 Microsoft Robotics Studio，机器人模块化、平台统一化的趋势越来越明显，比尔·盖茨预言，家用机器人很快将席卷全球
2007 年	技术	ROS 的软件研究成果在机器人 PR2 上进行体验展示
2013 年	标准	中国国家标准化管理委员会批准了 5 个机器人相关标准，规范了我国对机器人领域的相关专业用语、编程指令、系统安全要求等
2016 年	技术	由英国公司 DeepMind 开发的围棋人工智能战胜了人类职业棋手九段李世石。2017 年 5 月，进一步升级后的 AlphaGo 再次战胜了围棋第一人柯洁，引起世界一片哗然
2017 年	工业	全球仓储物流无人化进程在 2017 年得到加速发展，特别是中国发展迅猛。山东青岛港前湾港区全自动化集装箱码头正式投入商业运营，这是亚洲首个全自动化集装箱码头
2019 年	工业	协作机器人的惊人扩张使得 IFR 在数据统计时都将其从工业机器人中特别单列出来。国外研究机构 BIS Research 预计，全球协作机器人市场将从 2017 年的 2.83 亿美元增长到 2022 年的 32.6 亿美元

　　随着计算机技术和人工智能技术的飞速发展，机器人在功能和技术层次上有了很大的提高，移动机器人和机器人的视觉和触觉等技术就是典型的代表。这些技术的发展也推动了机器人概念的延伸。20 世纪 80 年代，将具有感觉、思考、决策和动作能力的系统称为智

能机器人。这是一个概括的、含义广泛的概念。这一概念不但指导了机器人技术的研究和应用,而且又赋予了机器人技术向深广发展的巨大空间。水下机器人、空间机器人、空中机器人、地面机器人、微小型机器人等各种用途的机器人相继问世,许多梦想成为了现实。将机器人的技术(如传感技术、智能技术、控制技术等)扩散和渗透到各个领域,便形成了各式各样的新机器——机器人化机器。当前,与信息技术的交互和融合又催生了软件机器人、网络机器人等,这也说明了机器人所具有的创新活力。

美国的机器人技术一直处于世界领先水平。在 1967—1974 年的几年时间里,因为政府对机器人发展的重视程度不够,且机器人处于发展初期,价格昂贵,实用性不强,所以发展缓慢。此后,由于美国机器人协会、制造工程师协会积极主动地进行机器人技术推广工作,以机器人为核心的柔性自动化生产线具有生产高效、能适应市场多变的需要的优点,所以机器人技术得以迅猛发展。

美国现已成为世界上的机器人强国之一,虽然在机器人发展史上美国走过一条重视理论研究、忽视应用开发研究的曲折道路,但是其机器人技术在国际上仍一直处于领先地位,其技术全面、先进,适应性也很强,具体表现在:

(1) 性能可靠,功能全面,精确度高;

(2) 机器人语言研究发展较快,语言类型多、应用广,水平高居世界之首;

(3) 智能技术发展快,其视觉、触觉等人工智能技术已在航天、汽车工业中广泛应用;

(4) 高智能、高难度的军用机器人及太空机器人等发展迅速,主要用于扫雷、布雷、侦察、站岗及太空探测等方面。

日本机器人的发展经过了 20 世纪 60 年代的摇篮期、70 年代的实用化时期以及 80 年代的普及提高期 3 个基本阶段。在 1967 年,日本东京机械贸易公司首次从美国 AMF 公司引进 Versatran 机器人。1968 年,日本川崎重工业公司与美国 Unimation 公司缔结国际技术合作协议,引进 Unimation 机器人。1970 年,日本机器人实现国产化。从此,日本进入了开发和应用机器人技术时期。几年后,美国反而要从日本进口机器人。1983 年,美国从日本进口的机器人占美国进口机器人总数的 78%。

日本政府和企业一直充分信任机器人,大胆使用机器人。在解决劳动力不足、提高生产率、改进产品质量和降低生产成本方面,机器人发挥着越来越显著的作用,成为日本保持经济增长速度和产品竞争能力的不可缺少的力量。日本在汽车、电子行业生产中大量使用机器人,使日本汽车及电子产品产量猛增,质量日益提高,而制造成本则大大降低,从而使日本生产的汽车能够以价廉的绝对优势进军号称"汽车王国"的美国市场。据统计,2007 年日本机器人的销售额为 5850 亿日元,其中出口额达到 3730 亿日元。日本推动机器人发展的主要原因是向海外发展的日本企业数量逐渐增加,同时海外的汽车制造商也开始积极地引进日本的机器人。现在,日本机器人主要用于汽车制造业和电子机械产业,而电子机械产业中的电子零部件封装、半导体封装、组装等领域占了日本机器人使用份额的一半。现在日本拥有机器人的总量为美国的 7 倍。

2. 我国工业机器人的发展状况

我国工业机器人起步于 20 世纪 70 年代初期,经过多年的发展,大致经历了 4 个阶段:70 年代的萌芽期、80 年代的开发期、90 年代的实用化期、21 世纪的高速增长期。

(1) 20 世纪 70 年代是世界科技发展的一个里程碑式的时期:人类登上了月球,实现了金星、火星的软着陆。我国也发射了人造卫星。世界范围内工业机器人的应用掀起了一个高潮，尤其在日本发展更为迅猛，它补充了日本日益短缺的劳动力。在这种背景下，我国于1972年开始研制自己的工业机器人。

（2）进入20世纪80年代后，随着改革开放的不断深入，在高技术浪潮的冲击下，我国机器人技术的开发与研究得到了政府的重视与支持。"七五"期间，国家投入资金，对工业机器人及其零部件进行攻关，完成了示教再现型工业机器人成套技术的开发，研制出了喷涂、点焊、弧焊和搬运机器人。1986年，国家高技术研究发展计划（863计划）开始实施，经过几年的研究，取得了一大批科研成果，成功地研制出了一批特种机器人。

（3）从20世纪90年代初期起，我国的国民经济进入实现两个根本转变时期，掀起了新一轮的经济体制改革和技术进步热潮。我国的工业机器人又在实践中迈进了一大步，先后研制出了装配、喷漆、切割、包装、码垛等各种用途的工业机器人，并实施了一批机器人应用工程，形成了一批机器人产业化基地，为我国机器人产业的腾飞奠定了基础。

（4）目前，我国工业机器人已经处于高速增长阶段，连续多年位居全球工业机器人需求和应用第一大市场；服务机器人需求潜力巨大，商用探索不断加速；特种机器人应用场景进一步拓展并细化；与此同时，在"机器换人"大潮下，机器人消费市场正快速扩大。

目前我国关于机器人研究的主要内容如下：

（1）示教再现型工业机器人产业化技术研究。

这些研究主要包括：关节式、侧喷式、顶喷式、龙门式喷涂机器人产品的标准化、通用化、模块化、系列化设计；柔性仿形喷涂机器人的开发；焊接机器人产品的标准化、通用化、模块化、系列化设计；弧焊机器人用激光视觉焊缝跟踪装置的开发；焊接机器人的离线示教编程及工作站系统动态仿真；电子行业用装配机器人产品的标准化、通用化、模块化、系列化设计；批量生产机器人所需的专用制造、装配、测试设备和工具的研究开发。

（2）智能机器人开发研究。

这些研究主要包括：遥控加局部自主系统构成和控制策略研究；智能移动机器人的导航和定位技术研究；面向遥控机器人的虚拟现实系统的研究；人机交互环境建模系统的研究；基于计算机屏幕的多机器人遥控技术的研究。

（3）机器人化机械研究开发。

主要包括：并联机构机床（VMT）与机器人化加工中心（RMC）的开发研究；机器人化无人值守和具有自适应能力的多机遥控操作的大型物料输送设备的开发。

（4）以机器人为基础的重组装配系统的研究。

这些研究主要包括：开放式模块化装配机器人；面向机器人装配的设计技术；机器人柔性装配系统设计技术；可重构机器人柔性装配系统设计技术；装配力觉、视觉技术；智能装配策略及其控制技术。

（5）多传感器信息融合与配置技术的应用。

主要包括：机器人的传感器配置和融合技术在水泥生产过程控制和污水处理自动控制系统中的应用；机电一体化智能传感器的设计应用。

相关数据显示，2018年我国机器人市场规模已经超过70亿美元；2019年增长至86亿美元左右；2020年，机器人市场规模将接近100亿美元。其中，工业机器人产量接近15万台，同比增长近5%；服务机器人市场销售额已超240亿人民币，需求持续释放。

结合我国机器人产业"十三五"发展现状，可以简单预测，"十四五"期间我国机器人产业发展将呈现几大趋势：产业规模持续增长；机器人企业竞争力加强；关键零部件取得重大突破；应用场景不断拓宽；机器人标准框架体系研究进一步加快；智能制造生态系统协同发展。

自 2013 年起，中国就替代日本成为全球最大的工业机器人应用市场，IFR（国际机器人联合会）的报告显示，2019 年全球工业机器人销售量为 37.3 万台，其中销往中国 14.05 万台，约占全球销量的 37.6％。国内比较大的工业机器人企业有埃夫特、新松、新时达和广州数控等。

但一个客观现实是，工业机器人的核心零部件例如减速器、减速机、控制器、伺服电机、伺服驱动，依然是制约中国工业机器人发展的瓶颈。工业机器人龙头企业埃斯顿在发布的公告里介绍，减速器、伺服系统、控制器这 3 个核心部件在工业机器人成本里的占比合计超过 70％，而目前，国内约 85％的减速器市场、70％的伺服系统市场和超过 80％的控制器市场均被国外品牌占据。还有，在国际竞争过程中，中国工业机器人企业面临的一个困难是，国外企业对中国品牌的认知度不高。

总之，从长远看，机器人产品的生产成本会大大降低，性能会愈加完善，因此工业机器人的应用在各行各业中将继续得到飞速发展。

1.3　工业机器人的基本组成及技术参数

1.3.1　工业机器人的基本组成

工业机器人由 3 大部分、6 个子系统组成。3 大部分是机械部分、传感部分和控制部分。6 个子系统是驱动系统、机械结构系统、感受系统、机器人－环境交互系统、人机交互系统和控制系统，可用图 1.13 来表示。

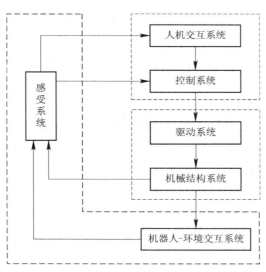

图 1.13　工业机器人系统组成

6 个子系统的作用分述如下。

1. 驱动系统

要使机器人运行起来，需给各个关节即每个运动自由度安装传动装置，这就是驱动系统。驱动系统可以是液压传动、气动传动、电动传动，或者是把它们结合起来应用的综合系统；也可以是直接驱动或者是通过同步带、链条、轮系、谐波齿轮等机械传动机构进行间接驱动。

2. 机械结构系统

工业机器人的机械结构系统由基座、手臂、末端操作器 3 大件组成，如图 1.14 所示。每一大件都有若干自由度，构成一个多自由度的机械系统。若基座具备行走机构，则构成行走机器人；若基座不具备行走及腰转机构，则构成单机器人臂（Single Robot Arm）。手臂一般由上臂、下臂和手腕组成。末端操作器是直接装在手腕上的一个重要部件，它可以是二手指或多手指的手爪，也可以是喷漆枪、焊具等作业工具。

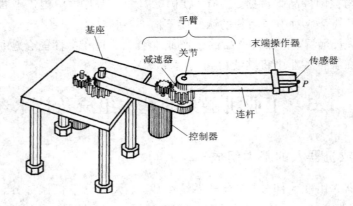

图 1.14　工业机器人的机械结构系统

3. 感受系统

感受系统由内部传感器模块和外部传感器模块组成，用以获取内部和外部环境状态中有意义的信息。智能传感器的使用提高了机器人的机动性、适应性和智能化的水准。人类的感受系统对外部世界信息的感知是极其灵巧的，然而，对于一些特殊的信息，传感器比人类的感受系统更有效。

4. 机器人-环境交互系统

机器人—环境交互系统是实现工业机器人与外部环境中的设备相互联系和协调的系统。工业机器人与外部设备集成为一个功能单元，如加工制造单元、焊接单元、装配单元等。当然，也可以是多台机器人、多台机床或设备、多个零件存储装置等集成为一个去执行复杂任务的功能单元。

5. 人机交互系统

人机交互系统是使操作人员参与机器人控制并与机器人进行联系的装置，例如，计算机的标准终端、指令控制台、信息显示板、危险信号报警器、示教盒等。该系统归纳起来分为两大类：指令给定装置和信息显示装置。

6. 控制系统

控制系统的任务是根据机器人的作业指令程序以及从传感器反馈回来的信号支配机器

人的执行机构去完成规定的运动和功能。假如工业机器人不具备信息反馈特征，则为开环控制系统；若具备信息反馈特征，则为闭环控制系统。根据控制原理，控制系统可分为程序控制系统、适应性控制系统和人工智能控制系统。根据控制运动的形式，控制系统可分为点位控制和轨迹控制。

图 1.15 为三菱装配机器人系统的基本构成。该机器人由机器人主体、控制器、示教盒和 PC 机等构成。可用示教的方式和用 PC 机编程的方式来控制机器人的动作。

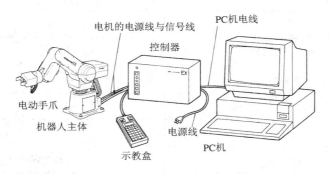

图 1.15　三菱装配机器人系统

1.3.2　工业机器人的技术参数

工业机器人的技术参数是各工业机器人制造商在供货时所提供的技术数据。表1.2、表 1.3 和表 1.4 分别为 3 种工业机器人的主要技术参数。尽管各厂商提供的技术参数不完全一样，工业机器人的结构、用途等有所不同，且用户的要求也不同，但工业机器人的主要技术参数一般应有自由度、定位精度、工作范围、最大速度和承载能力等。

表 1.2　三菱装配机器人 Movemaster EX RV – M1 的主要技术参数

项　　目		5 自由度，立式关节式机器人技术参数
工作空间	腰部转动	300°(最大角速度 120°/s)
	肩部转动	130°(最大角速度 72°/s)
	肘部转动	110°(最大角速度 190°/s)
	腕部俯仰	±90°(最大角速度 100°/s)
	腕部翻转	±180°(最大角速度 163°/s)
臂长	上臂	250 mm
	前臂	160 mm
承载能力		最大 1.2 kg(包括手爪)
最大线速度		1000 mm/s(腕表面)
重复定位精度		0.3 mm(腕旋转中心)
驱动系统		直流伺服电机
机器人重量		约 19 kg
电机功耗		J1 到 J3 轴为 30 W；J4、J5 轴为 11 W

表 1.3　PUMA 562 机器人的主要技术参数

项　目	技术参数
自由度	6
驱动	直流伺服电机
手爪控制	气动
控制器	系统机
重复定位精度	± 0.1 mm
承载能力	4.0 kg
手腕中心最大距离	866 mm
直线最大速度	0.5 m/s
功率要求	1150 W
重量	182 kg

表 1.4　BR－210 并联机器人的主要技术参数

项　目	技术参数
载重能力	25 kg
轴数	33
重复定位精度	0.5 mm
工作范围	长 1100 mm；高 400 mm；旋转 $180°$
最大速度	6 m/s
最大加速度	40 m/s^2
电源电压	200 V～600 V，50/60 Hz
额定功率	3.5 KAV

1. 自由度(Degree of Freedom)

　　自由度是指机器人所具有的独立运动的坐标轴数目，不包括手爪(末端操作器)的开合自由度。在三维空间中描述一个物体的位置和姿态(简称位姿)需要 6 个自由度。但是，工业机器人的自由度是根据其用途而设计的，可能小于 6 个自由度，也可能大于 6 个自由度。例如，A4020 装配机器人具有 4 个自由度，可以在印刷电路板上接插电子器件；PUMA 562 机器人具有 6 个自由度，如图 1.16 所示，可以进行复杂空间曲面的弧焊作业。从运动学的观点看，在完成某一特定作业时具有多余自由度的机器人，就叫做冗余自由度机器人。例如，PUMA 562 机器人去执行印刷电路板上接插电子器件的作业时就成为冗余自由度机器人。利用冗余自由度可以增加机器人的灵活性、躲避障碍物和改善动力性能。

人的手臂(大臂、小臂、手腕)共有 7 个自由度,所以工作起来很灵巧,手部可回避障碍而从不同方向到达同一个目的点。

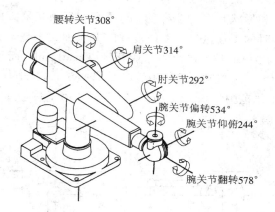

图 1.16　PUMA 562 机器人

无论机器人的自由度有多少,其在运动形式上分为两种,即直线运动(P)和旋转运动(R),如 RPRR 表示有 4 个运动自由度,从基座到臂端,关节的运动方式为旋转—直线—旋转—旋转。

2. 定位精度(Positioning Accuracy)

工业机器人精度包括定位精度和重复定位精度。定位精度是指机器人手部实际到达位置与目标位置之间的差异。重复定位精度是指机器人重复定位其手部于同一目标位置的能力,可以用标准偏差这个统计量来表示,衡量一列误差值的密集度(即重复度),如图 1.17 所示。

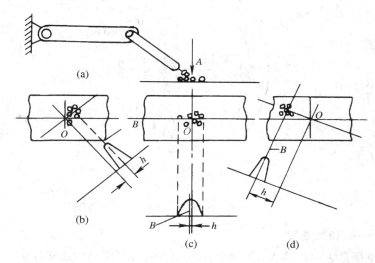

图 1.17　工业机器人定位精度和重复定位精度的典型情况
(a)重复定位精度的测量;(b)合理的定位精度,良好的重复定位精度;
(c)良好的定位精度,很差的重复定位精度;(d)很差的定位精度,良好的重复定位精度

3. 工作范围(Work Space)

工作范围是指机器人手臂末端或手腕中心所能到达的所有点的集合，也叫工作区域。因为末端操作器的尺寸和形状是多种多样的，为了真实反映机器人的特征参数，所以这里是指不安装末端操作器时的工作区域。工作范围的形状和大小是十分重要的，机器人在执行作业时可能会因为存在手部不能到达的作业死区(Dead Zone)而不能完成任务。图1.18和图1.19所示分别为PUMA机器人和A4020型SCARA(Selective Compliance Assembly Robot Arm)机器人的工作范围。

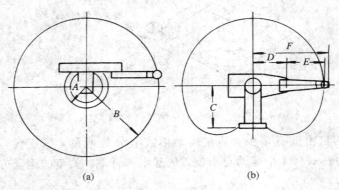

(a)　　　　　　　　　　　(b)

图 1.18　PUMA 机器人工作范围

(a) 顶视图；(b) 侧视图

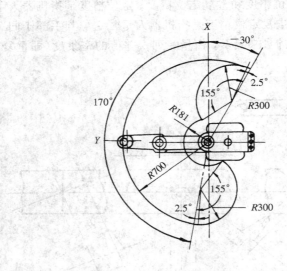

图 1.19　A4020 型 SCARA 机器人工作范围

4. 速度(Speed)和加速度

速度和加速度是表明机器人运动特性的主要指标。说明书中通常提供了主要运动自由度的最大稳定速度，但在实际应用中单纯考虑最大稳定速度是不够的。这是因为，由于驱动器输出功率的限制，从启动至达到最大稳定速度或从最大稳定速度到停止，都需要一定时间。如果最大稳定速度高，允许的极限加速度小，则加减速的时间就会长一些，对应用而言的有效速度就要低一些；反之，如果最大稳定速度低，允许的极限加速度大，则加减速的时间就会短一些，这有利于有效速度的提高。但如果加速或减速过快，有可能引起定位时超调或振荡加剧，使得到达目标位置后需要等待振荡衰减的时间增加，则也可能使有效速度反而降低。所以，考虑机器人运动特性时，除注意最大稳定速度外，还应注意其允许的最大加减速度。

5. 承载能力(Payload)

承载能力是指机器人在工作范围内的任何位姿上所能承受的最大质量。承载能力不仅决定于负载的质量，而且还与机器人运行的速度和加速度的大小及方向有关。为了安全起见，承载能力这一技术指标是指机器人高速运行时的承载能力。通常，承载能力不仅指负载，而且还包括了机器人末端操作器的质量。

机器人有效负载的大小除受到驱动器功率的限制外，还受到杆件材料极限应力的限制，还和环境条件(如地心引力)、运动参数(如运动速度、加速度以及它们的方向)有关。如加拿大手臂，它的额定可搬运质量为 15 000 kg，在运动速度较低时能达到30 000 kg。然而，这种负荷能力只是在太空中失重条件下才有可能达到，在地球上，该手臂本身的重量达 450 kg，它连自重引起的臂杆变形都无法承受，更谈不上搬运了。

图 1.20 所示为三菱装配机器人不带电动手爪时的承载能力。

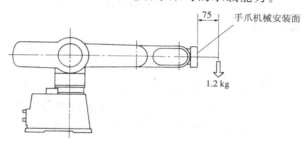

图 1.20　三菱装配机器人不带电动手爪时的承载能力

图 1.21 所示为三菱装配机器人带电动手爪时的承载能力。

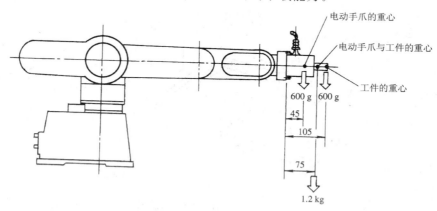

图 1.21　三菱装配机器人带电动手爪时的承载能力

1.3.3　工业机器人的坐标

如图 1.22 所示，工业机器人的坐标形式有直角坐标型、圆柱坐标型、球坐标型、关节坐标型和平面关节型。

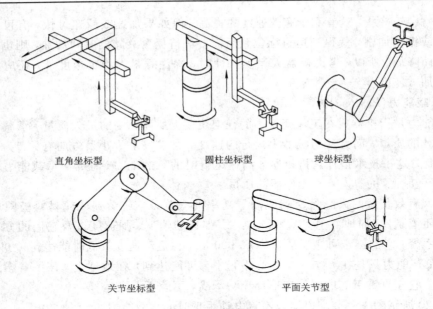

直角坐标型　　　　　　圆柱坐标型　　　　球坐标型

关节坐标型　　　　　　　　　平面关节型

图 1.22　工业机器人的几种坐标形式

1. 直角坐标型/笛卡尔坐标型/台架型（3P）

这种机器人由 3 个线性关节组成，这 3 个关节用来确定末端操作器的位置，通常还带有附加的旋转关节，用来确定末端操作器的姿态。这种机器人在 x、y、z 轴上的运动是独立的，运动方程可独立处理，且方程是线性的，因此很容易通过计算机控制实现；它可以两端支撑，对于给定的结构长度，刚性最大；它的精度和位置分辨率不随工作场合而变化，容易达到高精度。但是，它的操作范围小，手臂收缩的同时又向相反的方向伸出，既妨碍工作，占地面积又大，运动速度低，密封性不好。

图 1.23 中虚线所示为直角坐标机器人的工作范围示意图，它是一个立方体形状。

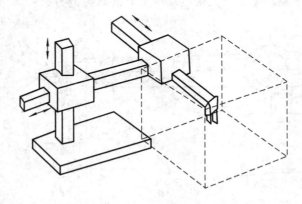

图 1.23　直角坐标机器人的工作范围

2. 圆柱坐标型（R2P）

圆柱坐标机器人由两个滑动关节和一个旋转关节来确定部件的位置，再附加一个旋转关节来确定部件的姿态。这种机器人可以绕中心轴旋转一个角，工作范围可以扩大，且计算简单；直线部分可采用液压驱动，能输出较大的动力；能够伸入型腔式机器内部。但是，它的手臂可以到达的空间十分受限，不能到达近立柱或近地面的空间；直线驱动部分难以密封、防尘；后臂工作时，手臂后端会碰到工作范围内的其他物体。圆柱坐标机器人的工作范围呈圆柱形状，如图 1.24 所示。

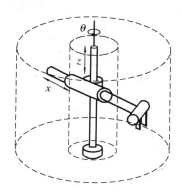

图 1.24　圆柱坐标机器人的工作范围

3. 球坐标型(2RP)

球坐标机器人采用球坐标系，它用一个滑动关节和两个旋转关节来确定部件的位置，再用一个附加的旋转关节确定部件的姿态。这种机器人可以绕中心轴旋转，中心支架附近的工作范围大，两个转动驱动装置容易密封，覆盖的工作空间较大。但该坐标系复杂，难于控制，且直线驱动装置仍存在密封难及工作死区的问题。球坐标机器人的工作范围呈球缺状，如图 1.25 所示。

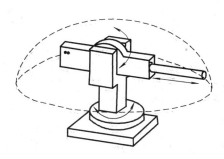

图 1.25　球坐标机器人的工作范围

4. 关节坐标型/拟人型(3R)

关节坐标机器人的关节全都是旋转的，类似于人的手臂，是工业机器人中最常见的结构。它的工作范围较为复杂，如图 1.18 所示为 PUMA 机器人的工作范围。

5. 平面关节型

这种机器人可看做是关节坐标机器人的特例，它只有平行的肩关节和肘关节，关节轴线共面。如 SCARA 机器人有两个并联的旋转关节，可以使机器人在水平面上运动，此外，再用一个附加的滑动关节做垂直运动。SCARA 机器人常用于装配作业，最显著的特点是它们在 xy 平面上的运动具有较大的柔性，而沿 z 轴具有很强的刚性，所以它具有选择性的柔性。这种机器人在装配作业中得到了较好的应用。平面关节机器人的工作范围如图 1.26 所示。

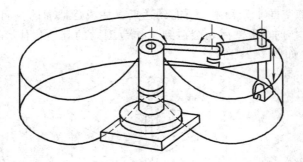

图 1.26　平面关节机器人的工作范围

1.3.4　工业机器人的参考坐标系

机器人可以相对于不同的坐标系运动，在每一种坐标系中的运动都不相同。通常，机器人的运动在以下 3 种坐标系中完成（如图 1.27 所示）。

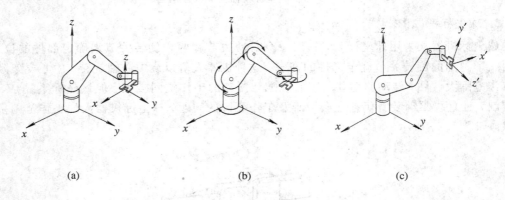

图 1.27　机器人的参考坐标系
（a）全局参考坐标系；（b）关节参考坐标系；（c）工具参考坐标系

1. 全局参考坐标系

全局参考坐标系是一种通用坐标系，由 x、y 和 z 轴所定义。在此情况下，通过机器人各关节的同时运动来产生沿三个主轴方向的运动。在这种坐标系中，无论手臂在哪里，x 轴的正向运动总是在 x 轴的正方向。这一坐标系通常用来定义机器人相对于其他物体的运动、与机器人通信的其他部件的位置以及运动路径。

2. 关节参考坐标系

关节参考坐标系用来描述机器人每一个独立关节的运动。假设希望将机器人的手运动到一个特定的位置，可以每次只运动一个关节，从而把手引导到期望的位置上。在这种情况下，每一个关节单独控制，从而每次只有一个关节运动。由于所用关节的类型（移动、旋转）不同，机器人手的动作也各不相同。例如，如果为旋转关节运动，则机器人手将绕着关节的轴旋转。

3. 工具参考坐标系

工具参考坐标系描述机器人手相对于固连在手上的坐标系的运动。固连在手上的 x'、

y' 和 z' 轴定义了手相对于本地坐标系的运动。与通用的全局参考坐标系不同，工具参考坐标系随机器人一起运动。假设机器人手的指向如图 1.27 所示，相对于本地的工具参考坐标系，x' 轴的正向运动意味着机器人手沿工具参考坐标系 x' 轴方向运动。如果机器人的手指向别处，那么同样沿着工具参考坐标系 x' 轴的运动将完全不同于前面的运动。如果 x' 轴指向上，那么沿 $+x'$ 轴的运动便是向上的；反之，如果 x' 轴指向下，那么沿 $+x'$ 轴的运动便是向下的。总之，工具参考坐标系是一个活动的坐标系，当机器人运动时它也随之不断改变，因此随之产生的相对于它的运动也不相同，这取决于手臂的位置以及工具参考坐标系的姿态。机器人所有的关节必须同时运动才能产生关于工具参考坐标系的协调运动。在机器人编程中，工具参考坐标系是一个极其有用的坐标系，使用它便于对机器人靠近、离开物体或安装零件进行编程。

1.3.5　工业机器人的运动副

在空间运动机构中，两相邻的杆件之间有一个公共的轴线 S_j，两杆之间允许沿 S_j 轴线或绕 S_j 轴线做相对运动，构成一个运动副。组成空间机构的运动副有转动副、移动副、螺旋副、圆柱副、球面副、平面副和万向铰等，其中常用的有转动副、移动副、圆柱副和球面副。

1. 转动副（revolute pair，简记为 R）

转动副也称为回转副，通常用字母 R 表示，它允许两构件绕 S_j 轴做相对运动，转角为 θ_j，如图 1.28 所示。两构件之间的垂直距离为 S_{jj}，称为偏距，且为常数。这种运动副具有一个相对自由度（$f=1$），转角及偏距完全表示了空间两杆之间的相对关系。

2. 移动副（prismatic pair，简记为 P）

移动副允许两构件沿轴线做相对移动，如图 1.29 所示，位移为 S_d。这种运动副具有一个自由度（$f=1$）。

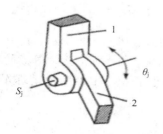

图 1.28　转动副

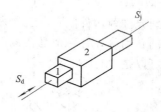

图 1.29　移动副

3. 螺旋副（helical pair，简记为 H）

螺旋副允许做相对运动的两构件在绕轴线转动的同时，沿轴线做与转动相关的相对移动。这种运动副的自由度仍等于 1（$f=1$）。螺旋副运动的位移与螺旋节距 P_{jj} 有关，即当 $S_d=P_{jj}\theta_j$ 为正时，表示右旋螺纹，反之为左旋螺纹。

4. 圆柱副（cylindric pair，简记为 C）

圆柱副同时允许两构件做绕轴线的独立相对转动和沿轴线的独立相对移动，具有两个自由度（$f=2$）。圆柱副的运动等效于共轴的转动副和移动副（C＝PR）。它是用两个运动副连接两个杆件的运动，其中一个为转动副，另一个为移动副。图 1.30 表示了由一个圆柱副连接的两杆一副运动链。该运动副的轴线为 S_j，偏转角为 θ_j、偏距 S_{ij} 都是独立变量。

5. 球面副（spherical pair，简记为 S）

球面副允许两构件间具有三个独立的相对转动，如图 1.31 所示，具有三个相对自由度（$f=3$）。杆 a_{ij} 与 a_{jk} 的相对位置可以由三个欧拉角 $\boldsymbol{\alpha}$、$\boldsymbol{\beta}$、$\boldsymbol{\gamma}$ 给定。杆 a_{ij} 固定，杆 a_{jk} 上的任意点做以 O 为球心的球面运动。以 $OXYZ$ 表示固定坐标系，$oxyz$ 表示动坐标系。角度 $\boldsymbol{\alpha}$、$\boldsymbol{\beta}$、$\boldsymbol{\gamma}$ 的度量分别是构件 a_{jk} 依次绕 X 轴、Y 轴和 Z 轴的转动角度。因此，坐标系之间的变换关系为

$$\begin{bmatrix} X \\ Y \\ Z \end{bmatrix} = \boldsymbol{\alpha\beta\gamma} \begin{bmatrix} x \\ y \\ z \end{bmatrix} \tag{1.1}$$

其中

$$\boldsymbol{\alpha} = \begin{bmatrix} 1 & 0 & 0 \\ 0 & c\alpha & -s\alpha \\ 0 & s\alpha & c\alpha \end{bmatrix}, \quad \boldsymbol{\beta} = \begin{bmatrix} c\beta & 0 & s\beta \\ 0 & 1 & 0 \\ -s\beta & 0 & c\beta \end{bmatrix}, \quad \boldsymbol{\gamma} = \begin{bmatrix} c\gamma & -s\gamma & 0 \\ s\gamma & c\gamma & 0 \\ 0 & 0 & 1 \end{bmatrix}$$

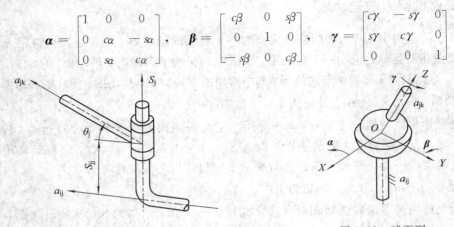

图 1.30 圆柱副

图 1.31 球面副

6. 平面副（planar pair，简记为 E）

平面副允许两构件间存在三个相对自由度（$f=3$），如图 1.32 所示，其中两个是在平面内的移动自由度，另一个是在该平面中的转动自由度。与平面副运动等效的四杆三运动副运动链可以是 2P-R、2R-P 或 3R。图 1.33 中给出了 2R-P 的两种运动链形式（RPR、

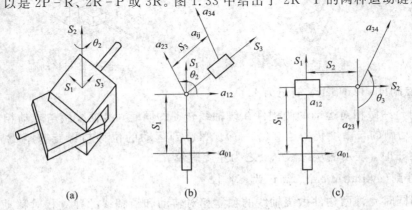

图 1.32 平面运动副

(a) 平面运动副；(b) PRP 副；(c) PPR 副

RRP)以及 3R 运动链。

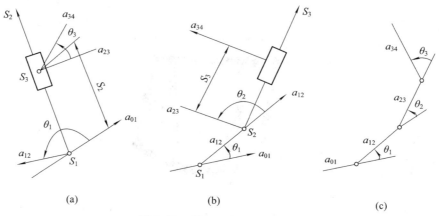

(a)   (b)   (c)

图 1.33   2R-P 和 3R 运动链

（a）RPR 运动链；（b）RRP 运动链；（c）3R 运动链

7. 万向铰(universal joint，**简记为 U**)

万向铰也称为虎克铰，允许两构件有两个相对转动的自由度($f=2$)，它相当于轴线相交的两个转动副(U=RR)，如图 1.34 所示。

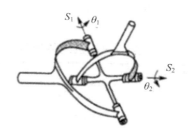

图 1.34   万向铰

1.3.6   工业机器人机构的结构类型

机器人机构分串联式和并联式两种。组成机器人的机构决定了机器人的结构类型。

对于串联式机构，常用一串运动副符号来表示，如 RCCC。这组符号反映了空间机构的主要特点，它给出了从输入到输出运动副的个数及运动副的符号。每一位符号表示连接机架和输入杆的运动副，R 即为转动副，后面依次为两个圆柱副，最后一位输出为圆柱副。

对于空间并联机构，我们用每条分支中支链的基本副数的数字链并列起来表示其结构，如 6-5-4，表示有 3 条分支，每条分支中支链的基本副数分别为 6，5，4。如果并联机构是对称结构形式的分支链，则可简化为下面的表示方法：6-SPS 并联机构（如图 1.35 所示）。6-SPS 表示该机构由 6 个支链连接运动平台和固定平台，其各分支结构是对称的，并且每一个分支都是由球副-移动副-球副构成的。机构名称开头的数字表示机构的分支数，后面的字母表示分支链的结构。对于并联机构，若上、下平台有不同数目的球铰，可用两位数字表示。如 3/6-SPS 机构，表示上平台是三角形，有 3 个球副；下平台是六边形，有 6 个球副。

图 1.35　6 - SPS 并联机构

　　从机构学的角度出发，只要是多自由度的，驱动器分配在不同环路上的并联多环机构都可以称为并联机构。

　　表 1.5 列出了当各分支运动副是单自由度基本副时，得到的各种结构形式的并联机器人。表 1.5 中第一列为机构的自由度数；第二列为机构的具体结构，用数字链形式表示，每一个数字表示支链的基本副数目，数字有几个就表示机构有几条支链，与串联运动副符号含义相同，如 5 - 4 - 4，表示该机构有 3 个分支，每个分支的基本副数分别为 5,4,4；第三列为对应实例。

表 1.5　空间并联机构的结构形式

机构的自由度数	机构的具体结构	例　子
2	2 - 2	2R - 2P 机构，2H - 2P 机构
	3 - 2	平面 5R - 5 机构；空间平行等节距机构
	3 - 3,4 - 2	空间不等节距 5H 机构；RCPP 机构
	5 - 2,4 - 3	—
	6 - 2,5 - 3,4 - 4	空间 8R 机构
3	3 - 3 - 3	平面 3R - 8 杆；球面 3 - 3R；空间 3 - 2P - 8 杆机构
	4 - 4 - 3	并联 3 自由度移动机构 3 - RRRH
	5 - 4 - 4,5 - 5 - 3,4 - 4 - 4,	并联 3 - RPS，3 - RSS
	5 - 5 - 5,6 - 5 - 4,6 - 6 - 3	
4	4 - 4 - 4 - 4,5 - 5 - 5 - 5,6 - 6	4 - 4H，所有 H 副同向且平行基面，节距不等
	- 5 - 5,6 - 6 - 6 - 4	
5	5 - 5 - 5 - 5 - 5,6 - 6 - 6 - 6 - 5	—
6	6 - 6 - 6,6 - 6 - 6 - 6 - 6 - 6	Stewart 结构原型，一般为 6 - SPS；6 - RTS 机构

1.3.7　并联机器人

　　并联机器人又称并联机构(Parallel Mechanism，PM)，一般结构如图 1.36 所示。并联机器人可以定义为动平台和定平台两种形式，二者通过至少两个独立的运动链相连接，机构具有两个或两个以上自由度，是以并联方式驱动的一种闭环机构。

这种机器人有以下几个特点：

（1）无累积误差，精度较高；

（2）驱动装置可置于定平台上或接近定平台的位置，这样运动部分重量轻、速度高、动态响应好；

（3）结构紧凑，刚度高，承载能力大；

（4）完全对称的并联机构具有较好的各向同性；

（5）工作空间较小。

因为这些特点，并联机器人在需要高刚度、高精度或者大载荷而无须很大工作空间的领域内得到了广泛应用，主要应用于以下几个方面：

（1）运动模拟器。如图 1.37 所示为并联机器人用作运动模拟器。

图 1.36　并联机器人结构

图 1.37　并联机器人用作运动模拟器

（2）并联机床。并联机床具有承载能力强、响应速度快、精度高、机械结构简单、适应性好等优点，是一种"硬件"简单、"软件"复杂、技术附加值高的产品。并联机床如图 1.38 所示。

（3）微操作机器人。微操作机器人如图 1.39 所示，经常用于安装印刷电路板上的电子元件。

图 1.38　并联机床

图 1.39　微操作机器人

并联机器人可按并联机构的自由度数进行如下分类：

（1）2 自由度并联机构。如 5 - R、3 - R、2 - P 平面 5 杆机构是最典型的 2 自由度并联机构，这类机构一般具有 2 个移动运动。

（2）3 自由度并联机构。3 自由度并联机构种类较多，形式较复杂，一般有以下几个形式：平面 3 自由度并联机构，如 3 - RPR 机构，它们具有 2 个转动和 1 个移动；球面 3 自由度并联机构，如 3 - RRR 球面机构、3 - UPS - 1 - S 球面机构，3 - RRR 球面机构所有运动副的轴线汇交于空间一点，这点称为机构的中心，而 3 - UPS - 1 - S 球面机构则以 S 的中心点为机构的中心，机构上的所有点的运动都是绕该点的转动运动；3 维纯移动机构，如 Star Like 并联机构、Tsai 并联机构和 DELTA 机构，该类机构的运动学正反解都很简单，是一种应用很广泛的 3 维移动空间机构；空间 3 自由度并联机构，如典型的 3 - RPS 机构，这类机构属于欠秩机构，在工作空间内不同的点的运动形式不同是其最显著的特点，由于这种特殊的运动特性，阻碍了该类机构在实际中的广泛应用；还有一类是增加辅助杆件和运动副的空间机构，如德国汉诺威大学研制的并联机床采用的 3 - UPS - 1 - PU 球坐标式 3 自由度并联机构，由于辅助杆件和运动副的制约，使得该机构的运动平台具有 1 个移动和 2 个转动的运动（也可以说是 3 个移动运动）。

（3）4 自由度并联机构。4 自由度并联机构大多不是完全并联机构，如 2 - UPS - 1 - RRRR 机构，运动平台通过 3 个支链与定平台相连，有 2 个运动链是相同的，各具有 1 个虎克铰 U、1 个移动副 P，其中 P 和 1 个 R 是驱动副，因此这种机构不是完全并联机构。

（4）5 自由度并联机构。现有的 5 自由度并联机构结构复杂，如韩国的 5 自由度并联机构具有双层结构（2 个并联机构的结合）。

（5）6 自由度并联机构。6 自由度并联机构是并联机器人机构中的一大类，是国内外学者研究得最多的并联机构，广泛应用在飞行模拟器、6 维力与力矩传感器和并联机床等领域。但这类机构有很多关键性技术没有或没有完全得到解决，比如其运动学正解、动力学模型的建立以及并联机床的精度标定等。从完全并联的角度出发，这类机构必须具有 6 个运动链。但现有的并联机构中，也有拥有 3 个运动链的 6 自由度并联机构，如 3 - PRPS 和 3 - URS 等机构，还有在 3 个分支的每个分支上附加 1 个 5 杆机构作驱动机构的 6 自由度并联机构等。

习　　题

1. 简述工业机器人的定义。

2. 简述工业机器人的主要应用场合。这些场合有什么特点？

3. 说明工业机器人的基本组成及各部分之间的关系。

4. 简述工业机器人各参数的定义：自由度、重复定位精度、工作范围、最大速度、承载能力。

5. 工业机器人的坐标形式分为哪几类？各有什么特点？

6. 什么是 SCARA 机器人？在应用上有何特点？

7. 工业机器人的运动副有哪些类型？

第 2 章　工业机器人机构

工业机器人机械系统的设计是工业机器人设计的重要部分，其他系统的设计应有各自的独立要求，但必须与机械系统相匹配，相辅相成，才能组成一个完整的机器人系统。虽然工业机器人不同于专用设备，具有较强的灵活性，但是要设计和制造万能机器人是不现实的。不同应用领域的工业机器人在机械系统设计上的差异比工业机器人的其他系统设计上的差异大得多。因此，使用要求是工业机器人机械系统设计的出发点。

工业机器人的机械部分主要包括末端操作器、手腕、手臂和机座。

2.1　机器人末端操作器

机器人必须有"手"，这样它才能根据电脑发出的"命令"执行相应的动作。"手"不仅是一个执行命令的机构，它还应该具有识别的功能，这就是我们通常所说的"触觉"。机器人的手一般由方形的手掌和节状的手指组成。为了使机器人手具有触觉，在手掌和手指上都装有带有弹性触点的触敏元件（如灵敏的弹簧测力计）；如果要感知冷暖，则还可以装上热敏元件。当手指触及物体时，触敏元件发出接触信号；否则就不发出信号。在各指节的连接轴上装有精巧的电位器（一种利用转动来改变电路的电阻而输出电流信号的元件），它能把手指的弯曲角度转换成外形弯曲信息。把外形弯曲信息和各指节产生的接触信息一起送入电子计算机，通过计算就能迅速判断机械手所抓的物体的形状和大小。现在，机器人手已经具有了灵巧的指、腕、肘和肩胛关节，能灵活自如地伸缩摆动，手腕也会转动弯曲。通过手指上的传感器还能感觉出抓握的东西的重量，可以说机器人手已经具备了人手的许多功能。

图 2.1 所示为人类手腕的两个 B(Bend)关节。在实际情况中，有许多时候并不一定需要这样复杂的多节人工指。

用在工业上的机器人的手我们一般称之为末端操作器，它是机器人直接用于抓取和握紧（吸附）专用工具（如喷枪、扳手、焊具、喷头等）并进行操作的部件。它具有模仿人手动作的功能，并安装于机器人手臂的前端。由于被握工件的形状、尺寸、重量、材质及表面状态等不同，因此工业机器人末端操作器是多种多样的，大致可分为以下几类：

（1）夹钳式取料手；

（2）吸附式取料手；

（3）专用操作器及转换器；

（4）仿生多指灵巧手；

（5）其他手。

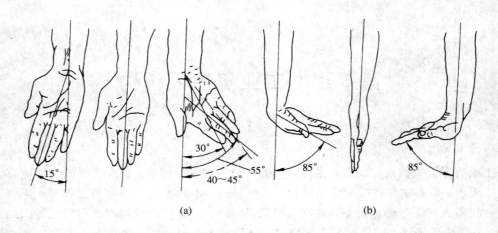

图 2.1　人类手腕的两个 B 关节
（a）关节一；（b）关节二

2.1.1　夹钳式取料手

夹钳式手部与人手相似，是工业机器人广为应用的一种手部形式。它一般由手指（手爪）和驱动机构、传动机构及连接与支承元件组成，如图 2.2 所示，能通过手爪的开闭动作实现对物体的夹持。

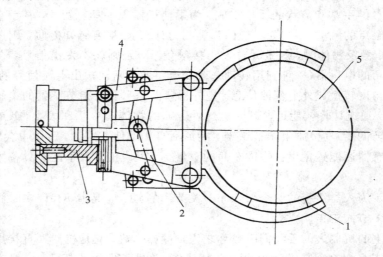

1—手指；2—传动机构；3—驱动机构；4—支架；5—工件

图 2.2　夹钳式手部的组成

1. 手指

手指是直接与工件接触的部件。手部松开和夹紧工件，就是通过手指的张开与闭合来实现的。机器人的手部一般有两个手指，也有 3 个或多个手指的，其结构形式常取决于被夹持工件的形状和特性。

指端的形状通常有两类：V 形指和平面指。如图 2.3 所示的 3 种 V 形指端的类型，用于夹持圆柱形工件。如图 2.4 所示的平面指为夹钳式手的指端，一般用于夹持方形工件（具有两个平行平面）、板形或细小棒料。另外，尖指和薄、长指一般用于夹持小型或柔性工件。其中，薄指一般用于夹持位于狭窄工作场地的细小工件，以避免和周围障碍物相碰；长指一般用于夹持炽热的工件，避免热辐射对手部传动机构造成影响。

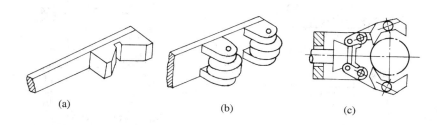

(a)　　　　　　　　(b)　　　　　　　　(c)

图 2.3　V 形指端的类型
（a）固定 V 型；（b）滚柱 V 型；（c）自定位式 V 型

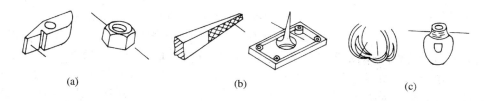

(a)　　　　　　　　(b)　　　　　　　　(c)

图 2.4　夹钳式手的指端
（a）平面指；（b）尖指；（c）特形指

指面的类型常见的有光滑指面、齿形指面和柔性指面等。光滑指面平整光滑，用来夹持已加工表面，避免已加工表面受损。齿形指面刻有齿纹，可增加夹持工件的摩擦力，以确保夹紧牢靠，多用来夹持表面粗糙的毛坯或半成品。柔性指面内镶橡胶、泡沫、石棉等物，有增加摩擦力、保护工件表面、隔热等作用，一般用于夹持已加工表面、炽热件，也适于夹持薄壁件和脆性工件。

2. 传动机构

传动机构是向手指传递运动和动力，以实现夹紧和松开动作的机构。该机构根据手指开合的动作特点分为回转型和平移型。回转型又分为一支点回转和多支点回转；根据手爪夹紧是摆动还是平动，又可分为摆动回转型和平动回转型。

1）回转型传动机构

夹钳式手部中使用较多的是回转型手部，其手指就是一对杠杆，一般再同斜楔、滑槽、连杆、齿轮、蜗轮蜗杆或螺杆等机构组成复合式杠杆传动机构，用以改变传动比和运动方向等。

图 2.5(a)所示为单作用斜楔式回转型手部结构简图。斜楔向下运动，克服弹簧拉力，使杠杆手指装着滚子的一端向外撑开，从而夹紧工件；斜楔向上移动，则在弹簧拉力作用下使手指松开。手指与斜楔通过滚子接触可以减少摩擦力，提高机械效率，有时为了简化，

也可让手指与斜楔直接接触。也有如图 2.5(b) 所示的结构。

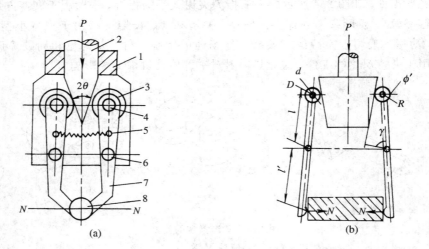

1—壳体；2—斜楔驱动杆；3—滚子；4—圆柱销；5—拉簧；6—铰销；7—手指；8—工件

图 2.5　斜楔杠杆式手部结构

(a) 单作用斜楔式回转型手部结构；(b) 另一种手部结构

图 2.6 所示为滑槽式杠杆回转型手部简图，杠杆型手指 4 的一端装有 V 形指 5，另一端则开有长滑槽。驱动杆 1 上的圆柱销 2 套在滑槽内，当驱动连杆同圆柱销一起作往复运动时，即可拨动两个手指各绕其支点（铰销 3）作相对回转运动，从而实现手指的夹紧与松开动作。

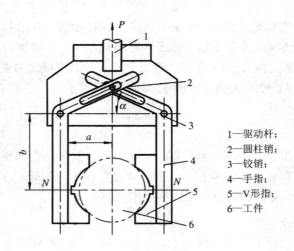

1—驱动杆；
2—圆柱销；
3—铰销；
4—手指；
5—V 形指；
6—工件

图 2.6　滑槽式杠杆回转型手部简图

图 2.7 所示为双支点连杆杠杆式手部简图。驱动杆 2 末端与连杆 4 由铰销 3 铰接，当驱动杆 2 作直线往复运动时，则通过连杆推动两杆手指各绕其支点作回转运动，从而使手指松开或闭合。

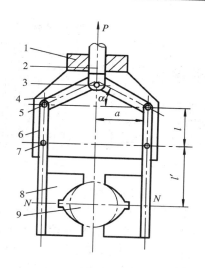

1—壳体；
2—驱动杆；
3—铰销；
4—连杆；
5、7—圆柱销；
6—手指；
8—V形指；
9—工件

图 2.7　双支点连杆杠杆式手部

图 2.8 所示为齿轮齿条直接传动的齿轮杠杆式手部的结构。驱动杆 2 末端制成双面齿条，与扇齿轮 4 相啮合，而扇齿轮 4 与手指 5 固连在一起，可绕支点回转。驱动力推动齿条作直线往复运动，即可带动扇齿轮回转，从而使手指松开或闭合。

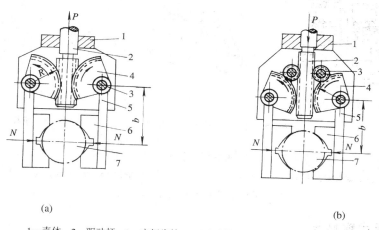

(a)　　　　　　　　　　　　　　　　　　　　　　(b)

1—壳体；2—驱动杆；3—中间齿轮；4—扇齿轮；5—手指；6—V形指；7—工件

图 2.8　齿轮杠杆式手部
（a）手部结构一；（b）手部结构二

2）平移型传动机构

平移型夹钳式手部是通过手指的指面作直线往复运动或平面移动来实现张开或闭合动作的，常用于夹持具有平行平面的工件（如冰箱等）。其结构较复杂，不如回转型手部应用广泛。

（1）直线往复移动机构。实现直线往复移动的机构很多，常用的斜楔传动、齿条传动、螺旋传动等均可应用于手部结构。如图 2.9 所示中，（a）为斜楔平移机构，（b）为连杆杠杆平移结构，（c）为螺旋斜楔平移结构。它们既可是双指型的，也可是三指（或多指）型的；既可自动定心，也可非自动定心。

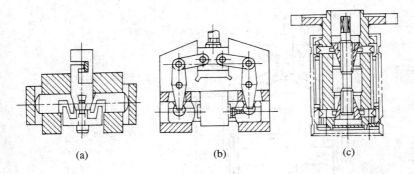

图 2.9 直线平移型手部结构

（a）斜楔平移结构；（b）连杆杠杆平移结构；（c）螺旋斜楔平移结构

（2）平面平行移动机构。图 2.10 所示为几种平面平行平移型夹钳式手部的简图。它们的共同点是：都采用平行四边形的铰链机构——双曲柄铰链四连杆机构，以实现手指平移。其差别在于分别采用齿条齿轮、蜗杆蜗轮、连杆斜滑槽的传动方法。

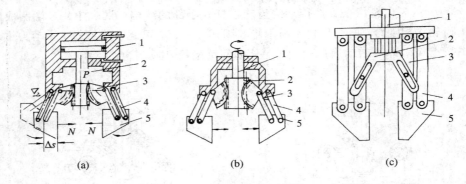

1—驱动器；2—驱动元件；3—驱动摇杆；4—从动摇杆；5—手指

图 2.10 四连杆机构平移型手部结构

（a）采用齿条齿轮传动的手部结构；（b）采用蜗杆蜗轮传动的手部结构；

（c）采用连杆斜滑槽传动的手部结构

2.1.2 吸附式取料手

吸附式取料手靠吸附力取料，根据吸附力的不同分为气吸附和磁吸附两种。吸附式取料手适应于大平面（单面接触无法抓取）、易碎（玻璃、磁盘）、微小（不易抓取）的物体，因此适用面很广。

1. 气吸附式取料手

气吸附式取料手是利用吸盘内的压力和大气压之间的压力差而工作的。按形成压力差的方法，可分为真空吸附、气流负压吸附、挤压排气式等几种。

气吸式取料手与夹钳式取料手相比，具有结构简单、重量轻、吸附力分布均匀等优点，对于薄片状物体的搬运更有其优越性（如板材、纸张、玻璃等物体），广泛应用于非金属材料或不可有剩磁的材料的吸附，但要求物体表面较平整光滑，无孔无凹槽。下面介绍几种气吸式取料手的结构原理。

1）真空吸附取料手

图 2.11 所示为真空吸附取料手的结构原理。其真空的产生是利用真空泵，真空度较高。主要零件碟形橡胶吸盘 1，通过固定环 2 安装在支承杆 4 上，支承杆 4 由螺母 5 固定在基板 6 上。取料时，碟形橡胶吸盘与物体表面接触，橡胶吸盘在边缘既起到密封作用，又起到缓冲作用，然后真空抽气，吸盘内腔形成真空，吸取物料。放料时，管路接通大气，失去真空，物体放下。为避免在取、放料时产生撞击，有的还在支承杆上配有弹簧缓冲。为了更好地适应物体吸附面的倾斜状况，有的在橡胶吸盘背面设计有球铰链。真空吸附取料手有时还用于微小难以抓取的零件，如图 2.12 所示。

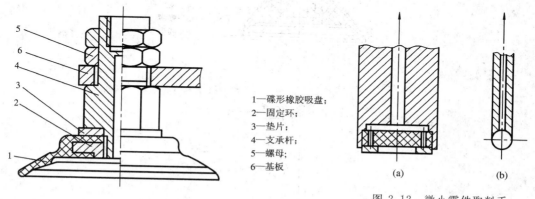

1—碟形橡胶吸盘；
2—固定环；
3—垫片；
4—支承杆；
5—螺母；
6—基板

图 2.11　真空吸附取料手

图 2.12　微小零件取料手
（a）垫圈取料手；（b）钢球取料手

图 2.13 所示为各种真空吸附取料手。

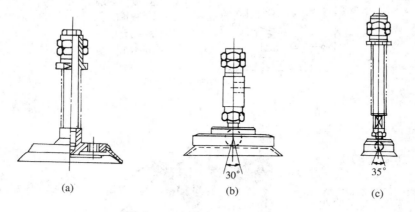

图 2.13　各种真空吸附取料手

真空吸附取料手工作可靠，吸附力大，但需要有真空系统，成本较高。

2）气流负压吸附取料手

气流负压吸附取料手结构如图 2.14(a)所示。气流负压吸附取料手是利用流体力学的原理，当需要取物时，压缩空气高速流经喷嘴 5 时，其出口处的气压低于吸盘腔内的气压，于是腔内的气体被高速气流带走而形成负压，完成取物动作；当需要释放时，切断压缩空气即可。这种取料手需要压缩空气，由于工厂里较易取得，且成本较低，故在工厂用得较多。

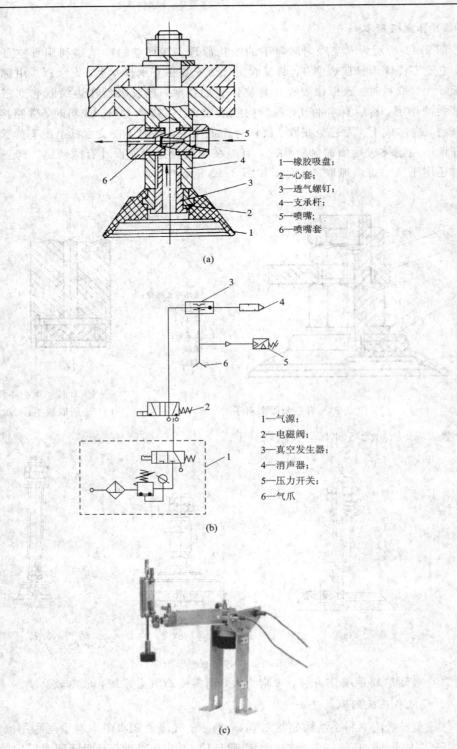

1—橡胶吸盘;
2—心套;
3—透气螺钉;
4—支承杆;
5—喷嘴;
6—喷嘴套

(a)

1—气源;
2—电磁阀;
3—真空发生器;
4—消声器;
5—压力开关;
6—气爪

(b)

(c)

图 2.14 气流负压吸附取料手

(a)气流负压吸附取料手结构图;(b)气流负压吸附取料手的气路原理图;

(c)气流负压吸附取料手的应用实例

如图 2.14(b)所示,当电磁阀得电时,压缩空气从真空发生器左侧进入并产生主射流,主射流卷吸周围静止的气体一起向前流动,从真空发生器的右口流出。于是在射流的周围形成了一个低压区,接收室内的气体被吸进来与其融合在一起流出,在接收室内及吸头处形成负压,当负压达到一定值时,可将工件吸起来,此时压力开关可发出一个工件已被吸起的信号。

当电磁阀失电时,无压缩空气进入真空发生器,不能形成负压,气爪将工件放下。

图 2.14(c)为气流负压吸附取料手的应用实例。

3) 挤压排气式取料手

挤压排气式取料手如图 2.15 所示。其工作原理为:取料时吸盘压紧物体,橡胶吸盘 1 变形,挤出腔内多余的空气,取料手上升,靠橡胶吸盘的恢复力形成负压,将物体吸住;释放时,压下拉杆 3,使吸盘腔与大气相连通而失去负压。该取料手结构简单,但吸附力小,吸附状态不易长期保持。

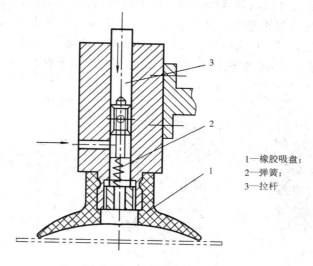

1—橡胶吸盘;
2—弹簧;
3—拉杆

图 2.15　挤压排气式取料手

2. 磁吸附式取料手

磁吸附式取料手是利用电磁铁通电后产生的电磁吸力取料,因此只能对铁磁物体起作用;另外,对某些不允许有剩磁的零件要禁止使用。所以,磁吸附式取料手的使用有一定的局限性。

电磁铁工作原理如图 2.16(a)所示。当线圈 1 通电后,在铁心 2 内外产生磁场,磁力线穿过铁心、空气气隙和衔铁 3 形成回路,衔铁受到电磁吸力 F 的作用被牢牢吸住。实际使用时,往往采用如图 2.16(b)所示的盘状电磁铁,衔铁是固定的,衔铁内用隔磁材料将磁力线切断,当衔铁接触磁铁物体零件时,零件被磁化形成磁力线回路,并受到电磁吸力而被吸住。

图 2.17 所示为盘状磁吸附取料手的结构图。铁心 1 和磁盘 3 之间用黄铜焊料焊接并构成隔磁环 2,既焊为一体又将铁心和磁盘分隔,这样使铁心 1 成为内磁极,磁盘 3 成为外磁极。其磁路由壳体 6 的外圈,经磁盘 3、工件和铁心,再到壳体内圈形成闭合回路,以此吸附工件。铁心、磁盘和壳体均采用 8～10 号低碳钢制成,可减少剩磁,并在断电时不吸或少吸铁屑。盖 5 是用黄铜或铝板制成的隔磁材料,用以压住线圈 11,防止工作过程

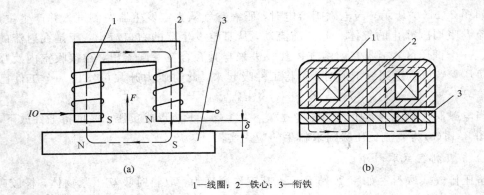

1—线圈；2—铁心；3—衔铁

图 2.16　电磁铁

(a) 电磁铁工作原理；(b) 盘状电磁铁

中线圈的活动。挡圈 7、8 用以调整铁心和壳体的轴向间隙，即磁路气隙 δ，在保证铁心正常转动的情况下，气隙越小越好，气隙越大，则电磁吸力会显著地减小，因此，一般取 $\delta=0.1$ mm～0.3 mm，在机器人手臂的孔内可做轴向微量地移动，但不能转动。铁心 1 和磁盘 3 一起装在轴承上，用以实现在不停车的情况下自动上下料。

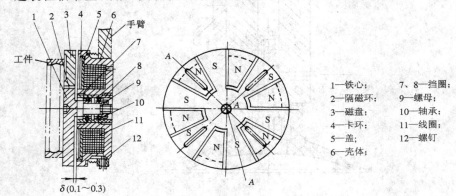

1—铁心；　　　7、8—挡圈
2—隔磁环；　　9—螺母
3—磁盘；　　　10—轴承
4—卡环；　　　11—线圈
5—盖；　　　　12—螺钉
6—壳体；

图 2.17　盘状磁吸附取料手结构

　　图 2.18 所示为几种电磁式吸盘吸料示意图。图 2.18(a) 为吸附滚动轴承底座的电磁式吸盘；图 2.18(b) 为吸取钢板的电磁式吸盘；图 2.18(c) 为吸取齿轮用的电磁式吸盘；图 2.18(d) 为吸附多孔钢板用的电磁式吸盘。

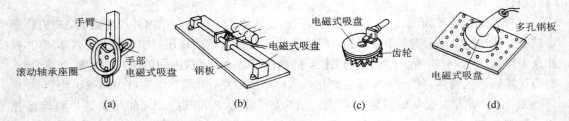

图 2.18　几种电磁式吸盘吸料示意图

(a) 吸附滚动轴承底座的电磁式吸盘；(b) 吸取钢板的电磁式吸盘；

(c) 吸取齿轮用的电磁式吸盘；(d) 吸附多孔钢板用的电磁式吸盘

2.1.3　专用操作器及转换器

1. 专用末端操作器

机器人是一种通用性很强的自动化设备，可根据作业要求完成各种动作，再配上各种专用的末端操作器后，就能完成各种动作。如在通用机器人上安装焊枪就成为一台焊接机器人，安装拧螺母机则成为一台装配机器人。目前有许多由专用电动、气动工具改型而成的操作器，如图 2.19 所示，有拧螺母机、焊枪、电磨头、电铣头、抛光头、激光切割机等一整套系列供用户选用，使机器人能胜任各种工作。

图 2.19 还有一个装有电磁吸盘式换接器的机器人手腕，电磁吸盘直径为 60 mm，质量为 1 kg，吸力为 1100 N，换接器可接通电源、信号、压力气源和真空源，电插头有 18 芯，气路接头有 5 路。为了保证连接位置精度，设置了两个定位销。在各末端操作器的端面装有换接器座，平时陈列于工具架上，需要使用时机器人手腕上的换接器吸盘可从正面吸牢换接器座，接通电源和气源，然后从侧面将末端操作器退出工具架，机器人便可进行作业。

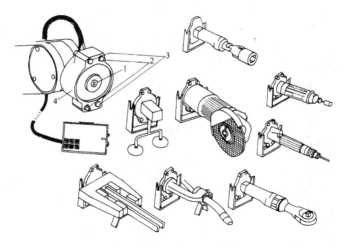

1—气路接口；2—定位销；3—电接头；4—电磁吸盘

图 2.19　各种专用末端操作器和电磁吸盘式换接器

2. 换接器或自动手爪更换装置

使用一台通用机器人，要在作业时能自动更换不同的末端操作器，就需要配置具有快速装卸功能的换接器。换接器由两部分组成：换接器插座和换接器插头，分别装在机器腕部和末端操作器上，能够实现机器人对末端操作器的快速自动更换。

专用末端操作器换接器的要求主要有：同时具备气源、电源及信号的快速连接与切换；能承受末端操作器的工作载荷；在失电、失气情况下，机器人停止工作时不会自行脱离；具有一定的换接精度等。

图 2.20 所示为气动换接器与专用末端操作器库。该换接器也分成两部分：一部分装在手腕上，称为换接器；另一部分装在末端操作器上，称为配合器。利用气动锁紧器将两部分进行连接，位置指示灯指示电路、气路是否接通。

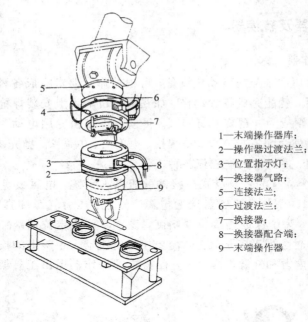

1—末端操作器库；
2—操作器过渡法兰；
3—位置指示灯；
4—换接气路；
5—连接法兰；
6—过渡法兰；
7—换接器；
8—换接器配合端；
9—末端操作器

图 2.20　气动换接器与专用末端操作器库

具体实施时，各种末端操作器放在工具架上，组成一个专用末端操作器库，如图 2.21 所示。

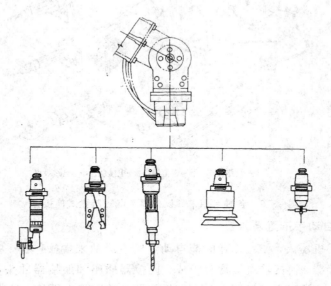

图 2.21　专用末端操作器库

3. 多工位换接装置

某些机器人的作业任务相对较为集中，需要换接一定量的末端操作器，又不必配备数量较多的末端操作器库。这时，可以在机器人手腕上设置一个多工位换接装置。例如，在机器人柔性装配线某个工位上，机器人要依次装配如垫圈、螺钉等几种零件，装配采用多工位换接装置，可以从几个供料处依次抓取几种零件，然后逐个进行装配，既可以节省几台专用机器人，又可以避免通用机器人频繁换接操作器，且能节省装配作业时间。

多工位换接装置如图 2.22 所示，就像数控加工中心的刀库一样，有棱锥型和棱柱型两种形式。棱锥型换接装置可保证手爪轴线和手腕轴线一致，受力较合理，但其传动机构较为复杂；棱柱型换接器传动机构较为简单，但其手爪轴线和手腕轴线不能保持一致，受力不良。

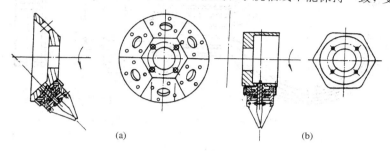

图 2.22　多工位换接装置

（a）棱锥型；（b）棱柱型

2.1.4　仿生多指灵巧手

简单的夹钳式取料手不能适应物体外形变化，不能使物体表面承受比较均匀的夹持力，因此无法对复杂形状、不同材质的物体实施夹持和操作。为了提高机器人手爪和手腕的操作能力、灵活性和快速反应能力，使机器人能像人手那样进行各种复杂的作业，如装配作业、维修作业、设备操作以及做机器人模特的礼仪手势等，就必须有一个运动灵活、动作多样的灵活手。

1. 柔性手

为了能对不同外形的物体实施抓取，并使物体表面受力比较均匀，因此研制出了柔性手。如图 2.23 所示为多关节柔性手腕，每个手指由多个关节串联而成。手指传动部分由牵引钢丝绳及摩擦滚轮组成，每个手指由两根钢丝绳牵引，一侧为握紧，另一侧为放松。驱动源可采用电机驱动或液压、气动元件驱动。柔性手腕可抓取凹凸不平的物体并使物体受力较为均匀。

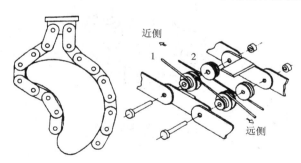

图 2.23　多关节柔性手腕

图 2.24 所示为用柔性材料做成的柔性手。一端固定，另一端为自由端的双管合一的柔性管状手爪，当一侧管内充气体或液体、另一侧管内抽气或抽液时形成压力差，柔性手爪就向抽空侧弯曲。此种柔性手适用于抓取轻型、圆形物体，如玻璃器皿等。

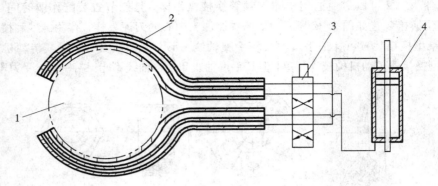

1—工件；2—手指；3—电磁阀；4—油缸

图 2.24　柔性手

2. 多指灵巧手

　　机器人手爪和手腕最完美的形式是模仿人手的多指灵巧手。如图 2.25 所示，多指灵巧手有多个手指，每个手指有 3 个回转关节，每一个关节的自由度都是独立控制的。因此，几乎人手指能完成的各种复杂动作它都能模仿，诸如拧螺钉、弹钢琴、做礼仪手势等动作。在手部配置触觉、力觉、视觉、温度传感器，将会使多指灵巧手达到更完美的程度。多指灵巧手的应用前景十分广泛，可在各种极限环境下完成人无法实现的操作，如在核工业领域、宇宙空间作业，在高温、高压、高真空环境下作业等。

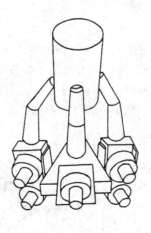

图 2.25　多指灵巧手

2.1.5　其他手

1. 弹性力手爪

　　弹性力手爪的特点是其夹持物体的抓力是由弹性元件提供的，不需要专门的驱动装置，在抓取物体时需要一定的压力，而在卸料时，则需要一定的拉力。

　　图 2.26 所示为几种弹性力手爪的结构原理图。图(a)所示的手爪有一个固定爪，另一

个活动爪 6 靠压簧 4 提供抓力，活动爪绕轴 5 回转，空手时其回转角度由平面 2、3 限制。抓物时，爪 6 在推力作用下张开，靠爪上的凹槽和弹性力抓取物体；卸料时，需固定物体的侧面，手爪用力拔出即可。

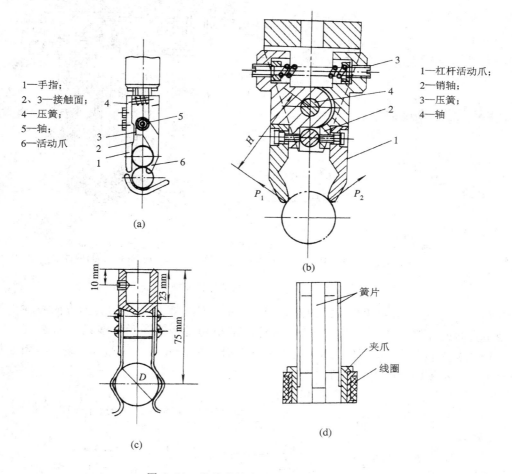

图 2.26　几种弹性力手爪的结构原理图

（a）单活动指弹性力爪；（b）双活动指弹性力爪；（c）双手指板弹簧爪；（d）四手指板弹簧爪

图（b）所示为具有两个活动爪的弹性力手爪。压簧 3 的两端分别推动两个杠杆活动爪 1 回绕轴 4 摆动，销轴 2 保证二爪闭合时有一定的距离，在抓取物体时接触反力产生手爪张开力矩。

图（c）所示是用两片板弹簧做成的手爪。

图（d）所示是用 4 片板弹簧做成的内卡式手爪，用于电表线圈的抓取。

2. 摆动式手爪

摆动式手爪的特点是在手爪的开合过程中，其爪的运动状态是绕固定轴摆动的，结构简单，使用较广，适合于圆柱表面物体的抓取。

图 2.27 所示为一种摆动式手爪的结构原理图。这是一种连杆摆动式手爪，活塞杆移动，并通过连杆带动手爪回绕同一轴摆动，完成开合动作。

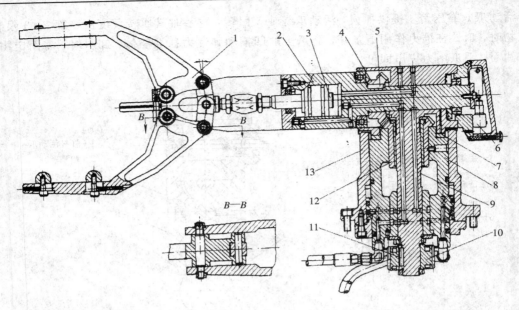

1—手爪；2—夹紧油缸；3—活塞杆；4—锥齿轮；5—键；6—行程开关；7—止推轴承垫；
8—活塞套；9—主体轴；10—圆柱齿轮；11—键；12—锥齿轮；13—升降油缸体

图 2.27　摆动式手爪的结构原理图

　　图 2.28 所示为自重式手部结构原理图，要求工件对手指的作用力的方向应在手指回转轴垂直线的外侧，使手指趋向闭合。这种手部结构是依靠工件本身的重量来夹紧工件的，工件越重，握力越大。该手部结构手指的开合动作由铰接活塞油缸实现，适用于传输垂直上升或水平移动的重型工件。

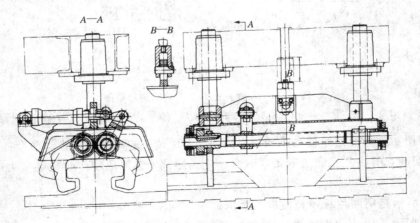

图 2.28　自重式手部结构原理图

　　图 2.29 所示为弹簧外卡式手部结构原理图。手指 1 的夹放动作是依靠手臂的水平移动而实现的。当顶杆 2 与工件端面相接触时，压缩弹簧 3，并推动拉杆 4 向右移动，使手指 1 绕支承轴回转而夹紧工件。卸料时手指 1 与卸料槽口相接触，使手指张开，顶杆 2 在弹簧 3 的作用下将工件推入卸料槽内。这种手部适用于抓取轻小环形工件，如轴承内座圈等。

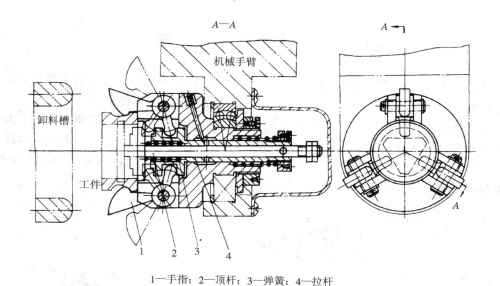

1—手指；2—顶杆；3—弹簧；4—拉杆

图 2.29　弹簧外卡式手部结构原理图

3. 勾托式手部

图 2.30 所示为勾托式手部结构示意图。勾托式手部并不靠夹紧力来夹持工件，而是利用工件本身的重量，通过手指对工件的勾、托、捧等动作来托持工件。应用勾托方式可降低对驱动力的要求，简化手部结构，甚至可以省略手部驱动装置。该手部适用于在水平面内和垂直面内搬运大型笨重的工件或结构粗大而质量较轻且易变形的物体。

勾托式手部又分为手部无驱动装置和手部有驱动装置两种类型。

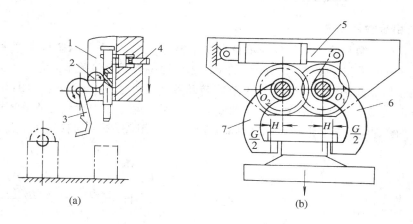

(a)　　　　　　　　　　　　　(b)

1—齿条；2—齿轮；3—手指；4—销子；5—驱动油缸；6、7—杠杆手指

图 2.30　勾托式手部结构示意图

（a）无驱动装置的手部；（b）有驱动装置的手部

2.2　机器人手腕

　　机器人手腕是连接末端操作器和手臂的部件，它的作用是调节或改变工件的方位，因而它具有独立的自由度，以使机器人末端操作器适应复杂的动作要求。

　　工业机器人一般需要 6 个自由度才能使手部达到目标位置并处于期望的姿态。为了使手部能处于空间任意方向，要求腕部能实现对空间 3 个坐标轴 x、y、z 的转动，即具有翻转、俯仰和偏转 3 个自由度，如图 2.31 所示。通常也把手腕的翻转叫做 Roll，用 R 表示；把手腕的俯仰叫做 Pitch，用 P 表示；把手腕的偏转叫 Yaw，用 Y 表示。

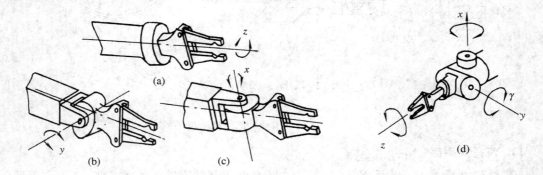

图 2.31　手腕的自由度
（a）绕 z 轴转动；（b）绕 y 轴转动；（c）绕 x 轴转动；（d）绕 x、y、z 轴转动

2.2.1　手腕的分类

1. 按自由度数目来分

　　手腕按自由度数目来分，可分为单自由度手腕、2 自由度手腕和 3 自由度手腕。

　　（1）单自由度手腕如图 2.32 所示。图（a）是一种翻转（Roll）关节，它把手臂纵轴线和手腕关节轴线构成共轴形式。这种 R 关节旋转角度大，可达到 360°以上。图（b）、（c）是一种折曲（Bend）关节，简称 B 关节，关节轴线与前后两个连接件的轴线相垂直。这种 B 关节因为结构上的干涉，旋转角度小，大大限制了方向角。图（d）所示为移动关节。

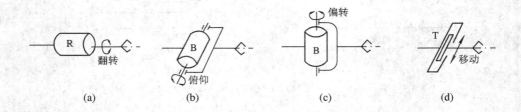

图 2.32　单自由度手腕
（a）R 手腕；（b）B 手腕；（c）Y 手腕；（d）T 手腕

　　（2）2 自由度手腕如图 2.33 所示。2 自由度手腕可以由一个 R 关节和一个 B 关节组成 BR 手腕（如图（a）所示），也可以由两个 B 关节组成 BB 手腕（如图（b）所示）。但是，不能由两个 R 关节组成 RR 手腕，因为两个 R 共轴线，所以退化了一个自由度，实际只构成了单自由度手腕（如图（c）所示）。

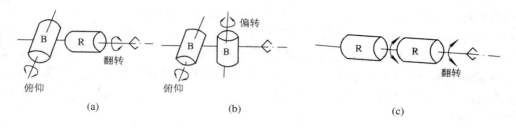

图 2.33　2 自由度手腕
（a）BR 手腕；（b）BB 手腕；（c）RR 手腕

　　（3）3 自由度手腕如图 2.34 所示。3 自由度手腕可以由 B 关节和 R 关节组成多种形式。图 2.34（a）所示是通常见到的 BBR 手腕，使手部具有俯仰、偏转和翻转运动，即 RPY 运动。图 2.34（b）所示是一个 B 关节和两个 R 关节组成的 BRR 手腕，为了不使自由度退化，使手部产生 RPY 运动，第一个 R 关节必须进行如图所示的偏置。图 2.34（c）所示是 3 个 R 关节组成的 RRR 手腕，它也可以实现手部 RPY 运动。图 2.34（d）所示是 BBB 手腕，很明显，它已退化为 2 自由度手腕，只有 PY 运动，实际上并不采用这种手腕。此外，B 关节和 R 关节排列的次序不同，也会产生不同的效果，同时产生了其他形式的 3 自由度手腕。为了使手腕结构紧凑，通常把两个 B 关节安装在一个十字接头上，这对于 BBR 手腕来说，大大减小了手腕纵向尺寸。

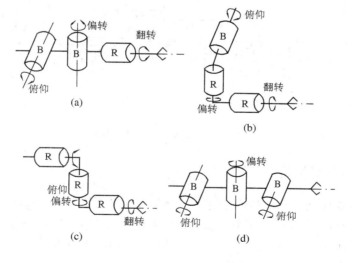

图 2.34　3 自由度手腕
（a）BBR 手腕；（b）BRR 手腕；（c）RRR 手腕；（d）BBB 手腕

2. 按驱动方式来分

手腕按驱动方式来分，可分为直接驱动手腕和远距离传动手腕。图 2.35 所示为 Moog 公司的一种液压直接驱动 BBR 手腕，设计紧凑巧妙。M_1、M_2、M_3 是液压马达，直接驱动手腕 3 个自由度轴的偏转、俯仰和翻转。图 2.36 所示为一种远距离传动的 RBR 手腕。Ⅲ 轴的转动使整个手腕翻转，即第一个 R 关节运动。Ⅱ 轴的转动使手腕获得俯仰运动，即第二个 B 关节运动。Ⅰ 轴的转动即第三个 R 关节运动。当 c 轴离开纸平面后，RBR 手腕便在 3 个自由度轴上输出 RPY 运动。这种远距离传动的好处是可以把尺寸、重量都较大的驱动源放在远离手腕处，有时放在手臂的后端作平衡重量用，这样不仅减轻了手腕的整体重量，而且改善了机器人的整体结构的平衡性。

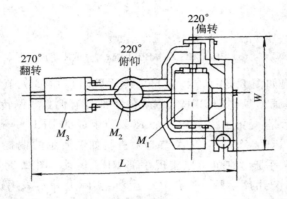

图 2.35　液压直接驱动 BBR 手腕

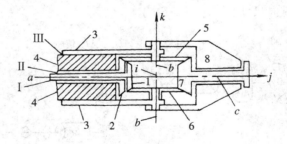

图 2.36　远距离传动 RBR 手腕

2.2.2　手腕的典型结构

设计手腕时除应满足启动和传送过程中所需的输出力矩外，还要求手腕结构简单，紧凑轻巧，避免干涉，传动灵活。多数情况下，要求将腕部结构的驱动部分安排在小臂上，使外形整齐；设法使几个电动机的运动传递到同轴旋转的心轴和多层套筒上去，运动传入腕部后再分别实现各个动作。下面介绍几个常见的机器人手腕结构。

图 2.37 所示为双手悬挂式机器人实现手腕回转和左右摆动的结构图。$A-A$ 剖面所表示的是油缸外壳转动而中心轴不动，以实现手腕的左右摆动；$B-B$ 剖面所表示的是油缸外壳不动而中心轴回转，以实现手腕的回转运动。其油路的分布如图 2.37 所示。

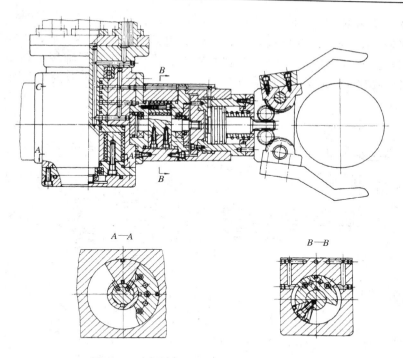

图 2.37　手腕回转和左右摆动的结构图

　　图 2.38 所示为 PT - 600 型弧焊机器人手腕部结构图和传动原理图。由图可以看出，这是一个具有腕摆与手转两个自由度的手腕结构，其传动路线为：腕摆电动机通过同步齿形带传动带动腕摆谐波减速器 7，减速器的输出轴带动腕摆框 1 实现腕摆运动；手转电动机通过同步齿形带传动带动手转谐波减速器 10，减速器的输出通过一对锥齿轮 9 实现手转运动。需要注意的是，当腕摆框摆动而手转电动机不转时，连接末端操作器的锥齿轮在另一锥齿轮上滚动，将产生附加的手转运动，在控制上要进行修正。

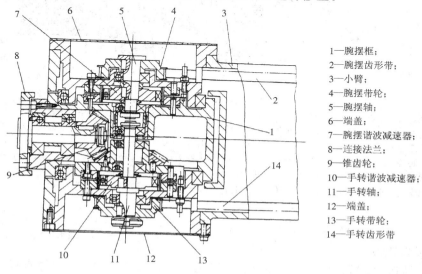

1—腕摆框；
2—腕摆齿形带；
3—小臂；
4—腕摆带轮；
5—腕摆轴；
6—端盖；
7—腕摆谐波减速器；
8—连接法兰；
9—锥齿轮；
10—手转谐波减速器；
11—手转轴；
12—端盖；
13—手转带轮；
14—手转齿形带

图 2.38　PT - 600 型弧焊机器人手腕部结构图和传动原理图

图 2.39 所示为 KUKA IR - 662/100 型机器人的手腕传动原理图。这是一个具有 3 个自由度的手腕结构，关节配置形式为臂转、腕摆、手转结构。其传动链分成两部分：一部分在机器人小臂壳内，3 个电动机的输出通过带传动分别传递到同轴传动的心轴、中间套、外套筒上；另一部分传动链安排在手腕部，图 2.40 所示为手腕部分的装配图。

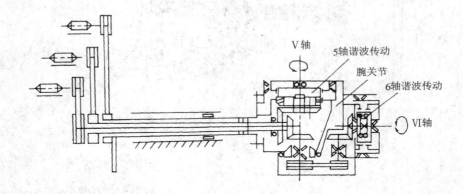

图 2.39 KUKA IR - 662/100 型机器人手腕传动原理图

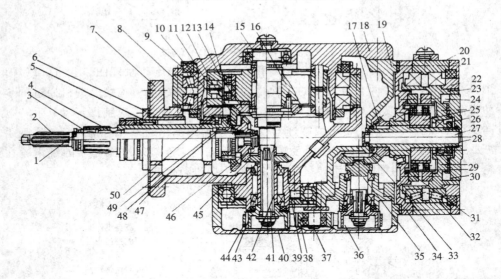

1—轴承；2—中心轴；3—轴套； 4—空心轴； 5—轴套；6—端盖；7—手腕壳体；8—端盖；9—压盖；10—定轮；11—动轮； 12、13—锥齿轮；14—柔轮；15—压盖；16—波发生器；17—锥齿轮传动；18—盖；19—腕摆壳体；20—端盖；21、22—压盖；23—安装架；24—动轮；25—波发生器；26—柔轮；27—轴；28—空心轴；29—柔轮；30—法兰盘；31—定轮； 32—端盖； 33—锥齿轮传动；34—底座；35—花键轴；36—同步齿形带传动；37—轴；38—轴承套；39—固定架；40—盖；41—花键轴；42、43—轴套；44—同步齿形带传动；45、46—锥齿轮；47—端盖；48—轴；49—轴套；50—压盖

图 2.40 KUKA IR - 662/100 型机器人手腕装配图

其传动路线为：

(1) 臂转运动。臂部外套筒与手腕壳体 7 通过端面法兰连接，外套筒直接带动整个手腕旋转完成臂转运动。

（2）腕摆运动。臂部中间套通过花键与空心轴 4 连接，空心轴另一端通过一对锥齿轮 12、13 带动腕摆谐波减速器的波发生器 16，波发生器上套有轴承和柔轮 14，谐波减速器的定轮 10 与手腕壳体相联，动轮 11 通过盖 18 和腕摆壳体 19 相固接，当中间套带动空心轴旋转时，腕摆壳体作腕摆运动。

（3）手转运动。臂部心轴通过花键与腕部中心轴 2 连接，中心轴的另一端通过一对锥齿轮 45、46 带动花键轴 41，花键轴的一端通过同步齿形带传动 44、36 带动花键轴 35，再通过一对锥齿轮传动 33、17 带动手转谐波减速器的波发生器 25，波发生器上套有轴承和柔轮 29，谐波减速器的定轮 31 通过底座 34 与腕摆壳体相连，动轮 24 通过安装架 23 与连接手部的法兰盘 30 相固定，当臂部心轴带动腕部中心轴旋转时，法兰盘作手转运动。

然而，臂转、腕摆、手转三个运动并不是相互独立的，彼此之间存在较复杂的干涉现象。当中心轴 2 和空心轴 4 固定不转仅有手腕壳体 7 作臂转运动时，由于锥齿轮 12 不转，锥齿轮 13 在其上滚动，因此有附加的腕转运动输出；同理，锥齿轮 45 在锥齿轮 46 上滚动时，也产生附加的手转运动。当中心轴 2 和手腕壳体 7 固定不转、空心轴 4 转动使手腕作腕摆运动时，也会产生附加的手转运动。这些在最后需要通过控制系统进行修正。

2.2.3　柔顺手腕结构

在用机器人进行的精密装配作业中，当被装配零件之间的配合精度相当高时，由于被装配零件的不一致性，工件的定位夹具、机器人手爪的定位精度无法满足装配要求，会导致装配困难，因而，就提出了装配动作的柔顺性要求。

柔顺性装配技术有两种。一种是从检测、控制的角度出发，采取各种不同的搜索方法，实现边校正边装配；有的手爪还配有检测元件，如视觉传感器（如图 2.41 所示）、力传感器等，这就是所谓主动柔顺装配。另一种是从结构的角度出发，在手腕部配置一个柔顺环节，以满足柔顺装配的需要，这种柔顺装配技术称为被动柔顺装配。

图 2.42 所示是具有移动和摆动浮动机构的柔顺手腕。水平浮动机构由平面、钢球和弹簧构成，实现在两个方向上进行浮动；摆动浮动机构由上、下球面和弹簧构成，实现两个方向的摆动。在装配作业中，如遇夹具定位不准或机器人手爪定位不准时，可自行校正。其动作过程如图 2.43 所示，在插入装配中工件局部被卡住时，将会受到阻力，促使柔顺手腕起作用，使手爪有一个微小的修正量，工件便

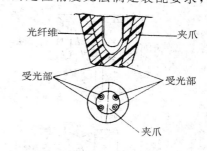

图 2.41　带检测元件的手

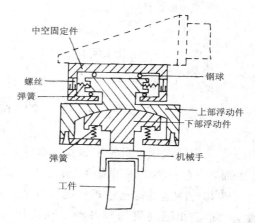

图 2.42　具有移动和摆动浮动机构的柔顺手腕

能顺利插入。图 2.44 所示是另一种结构形式的柔顺手腕,其工作原理与上述柔顺手腕相似。图 2.45 所示是采用板弹簧作为柔性元件组成的柔顺手腕,在基座上通过板弹簧 1、2 连接框架,框架另两个侧面上通过板弹簧 3、4 连接平板和轴,装配时通过 4 块板弹簧的变形实现柔顺性装配。图 2.46 所示是采用数根钢丝弹簧并联组成的柔顺手腕。

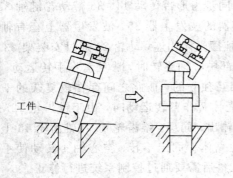

图 2.43　柔顺手腕动作过程

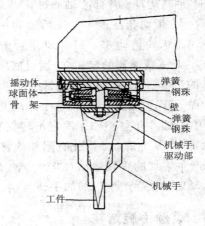

图 2.44　柔顺手腕

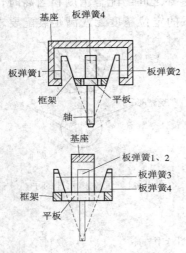

图 2.45　板弹簧柔顺手腕

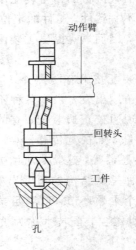

图 2.46　钢丝弹簧柔顺手腕

2.3　机器人手臂

手臂是机器人执行机构中重要的部件,它的作用是将被抓取的工件运送到给定的位置上。因而,一般机器人手臂有 3 个自由度,即手臂的伸缩、左右回转和升降(或俯仰)运动。手臂回转和升降运动是通过机座的立柱实现的,立柱的横向移动即为手臂的横移。手臂的各种运动通常由驱动机构和各种传动机构来实现,因此,它不仅仅承受被抓取工件的重量,而且承受末端操作器、手腕和手臂自身的重量。手臂的结构、工作范围、灵活性、抓重大小(即臂力)和定位精度都直接影响机器人的工作性能。

按手臂的结构形式区分,手臂有单臂式、双臂式及悬挂式 3 种,如图 2.47 所示。

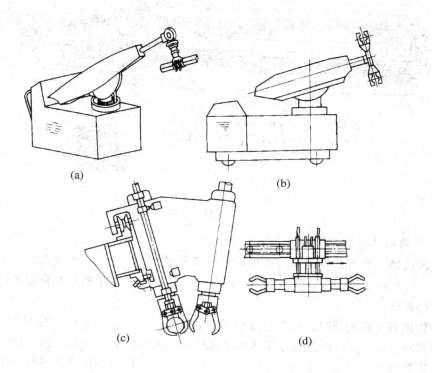

图 2.47 手臂的结构形式
(a)、(b) 单臂式;(c) 双臂式;(d) 悬挂式

按手臂的运动形式区分,手臂有直线运动的,如手臂的伸缩、升降及横向(或纵向)移动;有回转运动的,如手臂的左右回转,上下摆动(即俯仰);有复合运动的,如直线运动和回转运动的组合,两直线运动的组合,两回转运动的组合。下面分别介绍手臂的运动机构。

1. 手臂的直线运动机构

机器人手臂的伸缩、升降及横向(或纵向)移动均属于直线运动,而实现手臂直线往复等运动的机构形式较多,常用的有活塞油(气)缸、活塞缸和齿轮齿条机构、丝杠螺母机构等。

直线往复运动可采用液压或气压驱动的活塞油(气)缸。由于活塞油(气)缸的体积小,重量轻,因而在机器人手臂结构中应用较多。图 2.48 所示为双导向杆手臂的伸缩结构。手臂和手腕是通过连接板安装在升降油缸的上端,当双作用油缸 1 的两腔分别通入压力油时,则推动活塞杆 2(即手臂)做直线往复移动。导向杆 3 在导向套 4 内移动,以防手臂伸缩时的转动(并兼作手腕回转缸 6 及手部的夹紧油缸 7 的输油管道)。由于手臂的伸缩油缸安装在两根导向杆之间,由导向杆承受弯曲作用,活塞杆只受拉压作用,故受力简单,传动平稳,外形整齐美观,结构紧凑。

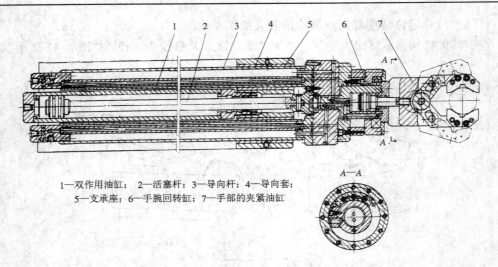

1—双作用油缸；　2—活塞杆；3—导向杆；4—导向套；
5—支承座；6—手腕回转缸；7—手部的夹紧油缸

图 2.48　双导向杆手臂的伸缩结构

2. 手臂回转运动机构

实现机器人手臂回转运动的机构形式是多种多样的，常用的有叶片式回转缸、齿轮传动机构、链轮传动机构和连杆机构。下面以齿轮传动机构中活塞缸和齿轮齿条机构为例说明手臂的回转。

齿轮齿条机构是通过齿条的往复移动，带动与手臂连接的齿轮作往复回转，即可实现手臂的回转运动。带动齿条往复移动的活塞缸可以由压力油或压缩气体驱动。图 2.49 所示为手臂作升降和回转运动的结构。活塞油缸两腔分别进压力油推动齿条活塞 7 作往复移动

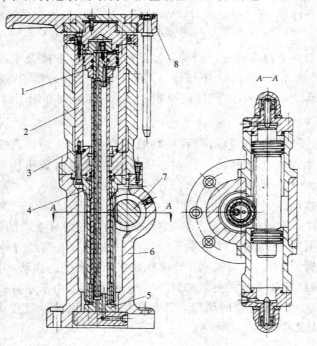

1—活塞杆；
2—升降缸体；
3—导向套；
4—齿轮；
5—连接盖；
6—机座；
7—齿条活塞；
8—连接板

图 2.49　手臂升降和回转运动的结构

（见 $A-A$ 剖面），与齿条活塞 7 啮合的齿轮 4 即作往复回转。由于齿轮 4、手臂升降缸体 2、连接板 8 均用螺钉联接成一体，连接板又与手臂固联，从而实现手臂的回转运动。升降油缸的活塞杆通过连接盖 5 与机座 6 连接而固定不动，缸体 2 沿导向套 3 作上下移动，因升降油缸外部装有导向套，故刚性好，传动平稳。

　　图 2.50 所示为采用活塞缸和连杆机构的一种双臂机器人手臂的结构图，手臂的上下摆动由铰接活塞油缸和连杆机构来实现。当铰接活塞油缸 1 的两腔通压力油时，通过连杆 2 带动曲杆 3（即手臂）绕轴心做 90°的上下摆动（如双点划线所示位置）。手臂下摆到水平位置时，其水平和侧向的定位由支承架 4 上的定位螺钉 6 和 5 来调节。此手臂结构具有传动结构简单、凑紧和轻巧等特点。

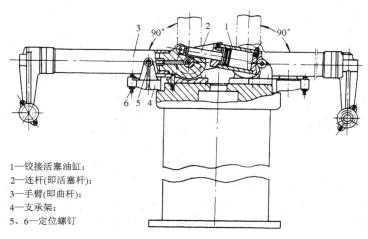

1—铰接活塞油缸；
2—连杆(即活塞杆)；
3—手臂(即曲杆)；
4—支承架；
5、6—定位螺钉

图 2.50　双臂机器人的手臂结构

3. 手臂俯仰运动机构

　　机器人手臂的俯仰运动一般采用活塞油（气）缸与连杆机构联用来实现。手臂的俯仰运动使用的活塞缸位于手臂的下方，其活塞杆和手臂用铰链连接，缸体采用尾部耳环或中部销轴等方式与立柱连接，如图 2.51、图 2.52 所示。此外，还有采用无杆活塞缸驱动齿轮齿条或四连杆机构实现手臂的俯仰运动。

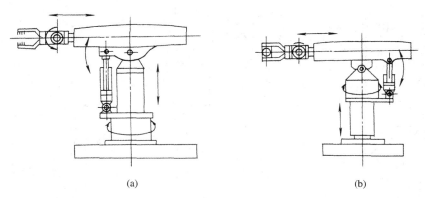

(a)　　　　　　　　　　　　　(b)

图 2.51　手臂俯仰驱动缸安置示意图
（a）示意图一；（b）示意图二

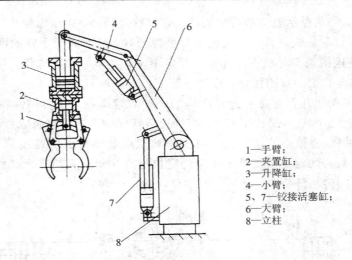

1—手臂；
2—夹置缸；
3—升降缸；
4—小臂；
5、7—铰接活塞缸；
6—大臂；
8—立柱

图 2.52　铰接活塞缸实现手臂俯仰运动结构示意图

4. 手臂复合运动机构

手臂的复合运动多数用于动作程序固定不变的专用机器人。它不仅使机器人的传动结构简单，而且可简化驱动系统和控制系统，并使机器人传动准确，工作可靠，因而在生产中应用的比较多。除手臂实现复合运动外，手腕与手臂的运动亦能组成复合运动。

手臂（或手腕）和手臂的复合运动，可以由动力部件（如活塞缸、回转缸、齿条活塞缸等）与常用机构（如凹槽机构、连杆机构、齿轮机构等）按照手臂的运动轨迹或手臂和手腕的动作要求进行组合。下面分别介绍手臂及手臂与手腕的复合运动。

1）手臂的复合运动

图 2.53(a)所示为曲线凹槽机构手臂结构。当活塞油缸 1 通入压力油时，推动铣有 N型凹槽的活塞杆 2 右移，由于销轴 6 固定在前盖 3 上，因此，滚套 7 在活塞杆的 N 形凹槽内滚动，迫使活塞杆 2 既做移动又做回转运动，以实现手臂 4 的复合运动。

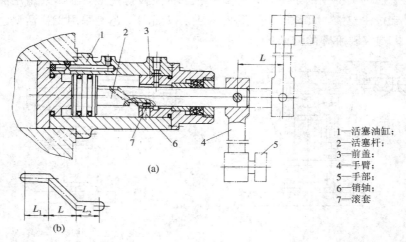

1—活塞油缸；
2—活塞杆；
3—前盖；
4—手臂；
5—手部；
6—销轴；
7—滚套

图 2.53　用曲线凹槽机构实现手臂复合运动的结构
（a）曲线凹槽机构手臂结构；（b）凹槽展开图

活塞杆 2 上的凹槽展开图如图 2.53(b)所示。其中，L_1 直线段为机器人取料过程；L 曲线段为机器人送料回转过程；L_2 直线段为机器人向卡盘内送料过程。当机床扣盘夹紧工件后立即发出信号，使活塞杆反向运动，退至原位等待上料，从而完成自动上料。

2）手臂与手腕的复合运动

图 2.54 所示为由行星齿轮机构组成手臂和手腕回转运动的结构图和运动简图。

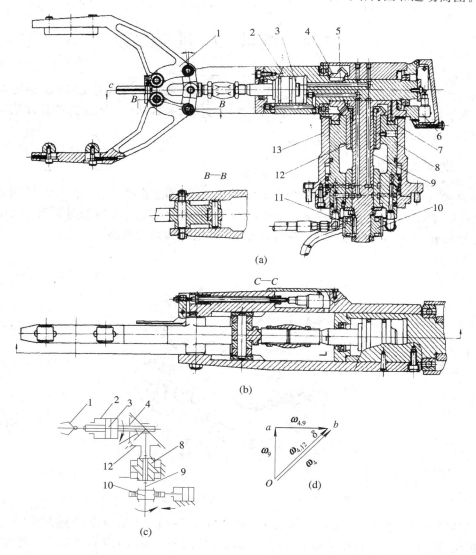

1—手部；2—夹紧油缸；3—活塞杆；4—锥齿轮；5—键；6—行程开关；
7—止推轴承垫；8—活塞套；9—主轴体；10—圆柱齿轮；11—键；12—锥齿轮；13—升降油缸体

图 2.54　由行星齿轮机构组成手臂和手腕回转运动的结构图和运动简图
（a）手臂和手腕的结构图；（b）手臂的结构图；（c）手臂运动简图；（d）手臂向量图

如图 2.54(a)所示，齿条活塞油缸驱动圆柱齿轮 10 回转，经键 5 带动主轴体 9（即行星架）回转，装在主轴体 9 上的手部 1 和锥齿轮 4 均绕主轴体的轴线回转，其中锥齿轮 4 和锥齿轮 12 相啮合，而锥齿轮 12 相对手臂升降油缸体 13 的活塞套 8 是不动的，因此，锥齿轮 12 是"固定"中心轮。锥齿轮 4 随同主轴体 9 绕主轴体的轴线公转时，迫使它又绕自身轴线自转，即锥齿轮 4 做行星运动，故称为行星轮。锥齿轮 4 的自转，经键 5 带动手部 1 的夹紧油缸 2 回转，即为手腕回转运动。由于手臂的回转，通过锥齿轮行星机构使手腕回转。

图(b)、(c)、(d)分别表示手臂的结构图、运动简图和向量图。

2.4 机器人机座

机器人机座可分成固定式和行走式两种，一般的工业机器人为固定式的。但随着海洋科学、原子能工业及宇宙空间事业的发展，移动机器人和自动行走机器人的应用也越来越多了。

2.4.1 固定式机座

固定式机器人的机座直接连接在地面基础上，也可固定在机身上。如图 2.55 所示的美国 PUMA－262 型机器人的垂直多关节型机器人，其基座与立柱结构如图 2.56 所示，主要包括立柱回转（第一关节）的二级齿轮减速传动，减速箱体即为基座。

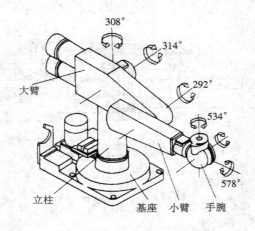

图 2.55 PUMA－262 型机器人

PUMA－262 型机器人的传动路线为：电动机 11 输出轴上装有电磁制动闸 16，然后连接轴齿轮 18；轴齿轮与双联齿轮 20 啮合，双联齿轮的另一端与大齿轮 4 啮合；电动机转动时，通过二级齿轮传动使主轴 6 回转。基座 2 是一个整体铝铸件，电动机通过连接板 12 与基座固定，轴齿轮通过轴承和固定套 17 与基座相连，双联齿轮安装在中间轴 19 上，中间轴通过 2 个轴承安装在基座上。主轴是个空心轴，通过 2 个轴承、立柱 7 和压环 5 与基座固定。立柱是一个薄壁铝管，主轴上方安装大臂部件，基座上还装有小臂零位定位用的支架 9，两个控制末端操作器手爪动作的空气阀门 15 和气管接头 14 等。

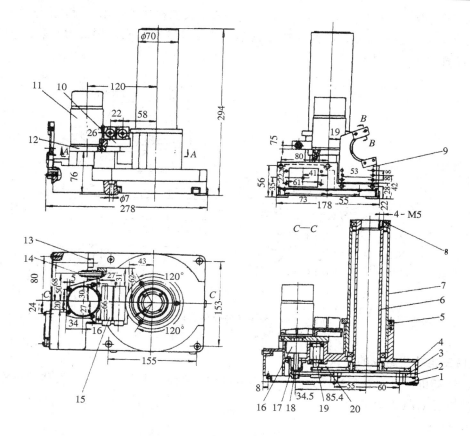

1—底板；2—基座；3—盖板；4—大齿轮；5—压环；6—主轴；7—立柱；
8—压环；9—支架；10—连接板；11—电动机；12—连接板；13—制动开关；14—气管接头；
15—空气阀门；16—电磁制动闸；17—固定套；18—轴齿轮；19—中间轴；20—双联齿轮

图 2.56 基座与立柱结构图

2.4.2 行走式机座

行走式机座也称行走机构，是行走机器人的重要执行部件，它由行走的驱动装置、传动机构、位置检测元件和传感器、电缆及管路等组成。它一方面支承机器人的机身、臂和手部，另一方面还根据工作任务的要求，带动机器人实现在更大的空间内运动。

行走机构按其行走运动轨迹可分为固定轨迹和无固定轨迹两种方式。固定轨迹式行走机构主要用于工业机器人。无固定轨迹式行走方式，按其行走机构的结构特点可分为轮式、履带式和步行式。它们在行走过程中，前两者与地面为连续接触，后者为间断接触。前两者的形态为运行车式，后者则为类人（或动物）的腿脚式。运行车式行走机构用得比较多，多用于野外作业，比较成熟；步行式行走机构正在发展和完善中。

1. 二轮车

二轮车的速度、倾斜度等物理量的精度不高，而若将其进行机器人化，则引进简单、便宜、可靠性高的传感器也很难。此外，二轮车制动及低速行走时极不稳定，目前正在进行稳定化试验。图 2.57 所示为利用陀螺仪的二轮车。人们在驾驶二轮车时，依靠手的操作和体重的移动力求稳定行走。这种陀螺二轮车，把与车体倾斜成比例的力矩作用在轴系上，利用陀螺效果使车体稳定。

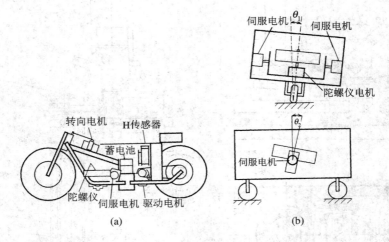

图 2.57　利用陀螺仪的二轮车

(a) 陀螺二轮车结构；(b) 陀螺二轮车原理

2. 由三组轮子组成的轮系

三轮移动机构是车轮型机器人的基本移动机构。目前，作为移动机器人移动机构的三轮机构的原理如图 2.58 所示。

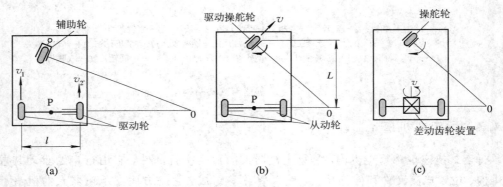

图 2.58　三轮机构的原理图

(a) 后二轮为独立驱动，前轮为辅助轮；(b) 前轮由操舵机构和驱动机构合并而成；

(c) 通过差动齿轮进行驱动

图 2.58(a) 所示为后轮用二轮独立驱动，前轮用小脚轮构成的辅助轮组合而成。这种机构的特点是机构组成简单，而且旋转半径可从 0 到无限大，任意设定。但是，它的旋转中心是在连接两驱动轴的直线上，所以旋转半径即使是 0，旋转中心也与车体的中心不一致。

图 2.58(b) 所示为前轮由操舵机构和驱动机构合并而成。与图 2.58(a) 相比，操舵和驱动的驱动器都集中在前轮部分，所以机构复杂。它的旋转半径可以从 0 到无限大连续变化。

图 2.58(c) 所示为避免了图 2.58(b) 机构的缺点，通过差动齿轮进行驱动的方式。近年来不再用差动齿轮，而采用左右轮分别独立驱动的方式。

图 2.59 所示的三组轮是由美国 Unimation-stanford 行走机器人课题研究小组设计研制的。它采用了三组轮子，呈等边三角形分布在机器人的下部。

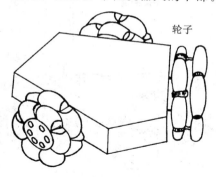

图 2.59 三组轮

在该轮系中，每组轮子由若干个滚轮组成。这些轮子能够在驱动电机的带动下自由地转动，使机器人移动。驱动电机控制系统既可以同时驱动所有三组轮子，也可以分别驱动其中两组轮子，这样，机器人就能够在任何方向上移动。该机器人行走部分设计得非常灵活，它不但可以在工厂地面上运动，而且能够沿小路行驶。存在的问题是，机器人的稳定性不够，容易倾倒，而且运动稳定性随着负载轮子的相对位置不同而变化。另外，在轮子与地面的接触点从一个滚轮移到另一个滚轮上的时候，还会出现颠簸。

为了改进该机器人的稳定性，Unimation-stanford 研究小组重新设计了一种三组轮。改进后的特点是使用长度不同的两种滚轮，长滚轮呈锥形，固定在短滚轮的凹槽里。这样可大大减小滚轮之间的间隙，减小了轮子的厚度，提高了机器人的稳定性。此外，滚轮上还附加了软橡皮，具有足够的变形能力，可使滚轮的接触点在相互替换时不发生颠簸。

3. 四轮车

四轮车的驱动机构和运动基本上与三轮车相同。图 2.60 所示为两轮独立驱动，前后带有辅助轮的方式。与图 2.58(a)相比，当旋转半径为 0 时，由于能绕车体中心旋转，因此有利于在狭窄场所改变方向。图 2.61 是所谓的汽车方式，适合于高速行走，但用于低速的运输搬运时，费用不合算，所以小型机器人不大采用此种方式。

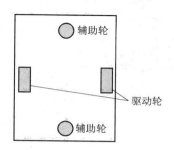

图 2.60 两轮独立驱动方式

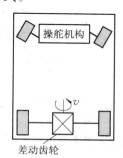

图 2.61 汽车方式

4. 六轮车

另外，还有依据使用目的使用六轮驱动车和车轮直径不同的轮胎车；也有的提出利用具有柔性机构车辆的方案。图 2.62 是火星探测用的小漫游车。

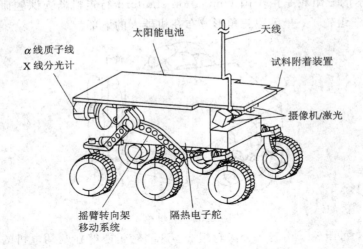

图 2.62　火星探测用的小漫游车

5．三角轮系统

图 2.63 所示为三角轮系的机构图。这是日本东京大学研制的一种机器人轮系，它所装备的机器人用于核电厂的自动检测和维修。该机器人除了采用三角轮系外，还具有一个传感器系统和一个计算机控制系统。该轮系使机器人不但能在地面上运动，而且还能够爬楼梯。

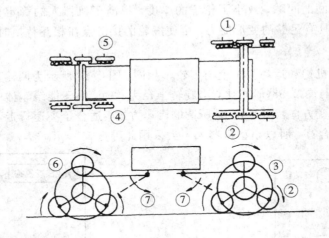

图 2.63　三角轮系的机构图

6．全方位移动车

过去的车轮式移动机构基本上是 2 自由度的，因此不可能简单地实现任意的定位和定向。机器人的定位，用四轮构成的车可通过控制各轮的转向角来实现。自由度多、能简单设定机器人所需位置及方向的移动车称为全方位移动车。图 2.64 是表示全方位移动车移动方式的各车轮的转向角。

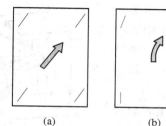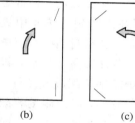

图 2.64　全方位移动车移动方式的各车轮的转向角

（a）全方位方式；（b）转弯方式；（c）旋转方式；（d）制动方式

7. 两足步行机构

车轮式行走机构只有在平坦坚硬的地面上行驶才有理想的运动特性。如果地面凸凹程度和车轮直径相当，或地面很软，则它的运动阻力将大增。足式步行机构有很大的适应性，尤其在有障碍物的通道（如管道、台阶或楼梯）上或很难接近的工作场地更有优越性。足式步行机构有两足、三足、四足、六足、八足等形式，其中两足步行机器人具有最好的适应性，也最接近人类，故也称为类人两足行走机器人。

类人两足行走机构是多自由度的控制系统，是现代控制理论很好的应用对象。这种机构除结构复杂外，在静/动状态下的行走性能、稳定性和高速运动等都不是很理想。如图 2.65 所示，两足步行机器人行走机构是一空间连杆机构。在行走过程中，行走机构始终满足静力学的静平衡条件，也就是机器人的重心始终落在支撑在地面的一脚上。

两足步行机器人的动步行有效地利用了惯性力和重力。人的步行就是动步行，动步行的典型例子是踩高跷。高跷与地面只是单点接触，两根高跷不动时在地面站稳是非常困难的，要想原地停留，必须不断踏步，不能总是保持步行中的某种瞬间姿态。

图 2.66 所示为北京森汉科技公司研制的双足机器人。该机器人全部采用自制元件，驱动部分采用 23 个直流伺服电机，行走平稳，能直立、前进、后退、单腿站立、原地旋转、跳舞、打太极拳等。其中，二足共有 10 个自由度，由腰部、大腿、小腿和脚掌组成，髋部有前向和侧向关节各一对，膝部有前向关节一对，踝部有前向关节和侧向关节各一对。前向关节用来实现重心在前进方向上的运动。侧向关节用来实现重心的侧向运动。

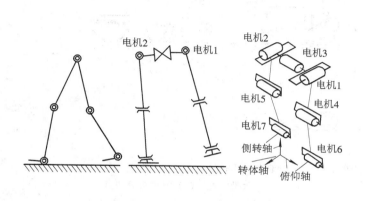

图 2.65　两足步行式行走机构原理图

图 2.66　森汉科技公司的双足机器人

KAMRO 机器人是 Karlsrube 大学开发的自治式行走机器人，如图 2.67 所示。该机器人用在柔性制造单元中进行工件搬运和装配作业。KAMRO 机器人从材料储存系统中挑选所需的零件并把它搬运到装配站，零件准备好以后，机器人的两个手臂在传感器系统监控下把零件装配成成品件。手部具有装配工作不可少的力和力矩传感器，以便测量装配过程中零件之间的碰撞和力；由视觉系统监视装配过程，即由超声波传感器探测可能存在的障碍物，并避开障碍物寻找安全路径。

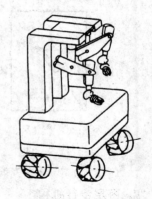

图 2.67　KAMRO 机器人

8. 履带式机构

履带式机构的最大特征是将圆环状的轨道带卷绕在多个车轮上，使车轮不直接与路面接触。利用履带可以缓冲路面状态，因此可以在各种路面条件下行走。

机器人采用履带方式有以下一些优点：

（1）能登上较高的台阶；

（2）由于履带的突起，路面保持力强，因此适合在荒地上移动；

（3）能够原地旋转；

（4）重心低，稳定。

图 2.68 所示的排爆机器人的行走机构即为履带行走机构。

图 2.68　排爆机器人

通过进一步采用适应地形的履带，可产生更有效地利用履带特性的方法。图 2.69 是适应地形的履带的各种例子。

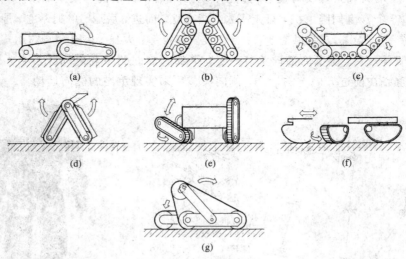

图 2.69　适应地形的履带

(a) 辅助履带方式；(b) 4 履带方式；(c) 6 履带方式；(d) 中央折叠方式；
(e) 有转向机构的 4 履带方式；(f) 半月形履带方式；(g) 形状可变履带方式

2.5　工业机器人的驱动与传动

　　驱动装置是使机器人各个关节运行起来的传动装置。机器人的驱动方式一般有三种：液压、气动、电动。

　　液压驱动以高压油为工作介质。液压驱动机器人的抓取能力可达上百公斤，液压力可达 7 MPa，传动平稳，但对密封性要求高。

　　气动驱动是最简单的驱动方式，原理与液压驱动相似。这种机器人结构简单，动作迅速，价格低廉。由于空气具有可压缩性，因此这种机器人的工作速度慢，稳定性差；其气压一般为 0.7 MPa，因而抓取力小。

　　电动驱动是目前在工业机器人中用得最多的一种驱动方式。早期多采用步进电机（SM），后来发展了直流伺服电机（DC），现在，交流伺服电机（AC）也开始广泛应用。直流伺服电机用得较多的原因是它可以产生很大的力矩，精度高，加速迅速，可靠性高，在两个方向连续旋转，运动平滑，且本身设有位置控制能力。步进电机是通过脉冲电流实现步进的，每给一个脉冲，便转动一个步距。

　　也有的机器人将三种驱动方式结合起来使用。

2.5.1　直线驱动机构

　　机器人采用的直线驱动方式包括直角坐标结构的 X、Y、Z 向驱动；圆柱坐标结构的径向驱动和垂直升降驱动；以及极坐标结构的径向伸缩驱动。直线运动可以直接由气缸或液压缸和活塞产生，也可以采用齿轮齿条、丝杠、螺母等传动元件把旋转运动转换成直线运动。

1. 齿轮齿条装置

　　通常，齿条是固定不动的，当齿轮传动时，齿轮轴连同拖板沿齿条方向做直线运动，这样，齿轮的旋转运动就转换成为拖板的直线运动，如图 2.70 所示。拖板是由导杆或导轨支承的。该装置的回差较大。

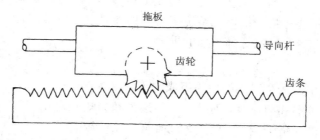

图 2.70　齿轮齿条装置

2. 普通丝杠

　　普通丝杠驱动是由一个旋转的精密丝杠驱动一个螺母沿丝杠轴向移动。由于普通丝杠的摩擦力较大、效率低、惯性大，在低速时容易产生爬行现象，而且精度低，回差大，因此在机器人上很少采用。

3. 滚珠丝杠

　　在机器人上经常采用滚珠丝杠，这是因为滚珠丝杠的摩擦力很小且运动响应速度快。

由于滚珠丝杠在丝杠螺母的螺旋槽里放置了许多滚珠，传动过程中所受的摩擦是滚动摩擦，可极大地减小摩擦力，因此传动效率高，消除了低速运动时的爬行现象。在装配时施加一定的预紧力，可消除回差。

　　如图 2.71 所示，滚珠丝杠里的滚珠从钢套管中出来，进入经过研磨的导槽，转动 2～3 圈以后，返回钢套管。滚珠丝杠的传动效率可以达到 90％，所以只需要使用极小的驱动力，并采用较小的驱动连接件就能够传递运动。

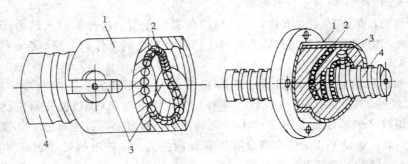

1—螺母；2—滚珠；3—回程引导装置；4—丝杠

图 2.71　滚球丝杠副

　　通常，人们还使用两个背靠背的双螺母对滚珠丝杠进行预加载来消除丝杠和螺母之间的间隙，提高运动精度。

2.5.2　旋转驱动机构

　　多数普通电机和伺服电机都能够直接产生旋转运动，但其输出力矩比所需要的力矩小，转速比所需要的转速高。因此，需要采用各种齿轮链、皮带传动装置或其他运动传动机构，把较高的转速转换成较低的转速，并获得较大的力矩。有时也采用直线液压缸或直线气缸作为动力源，这就需要把直线运动转换成旋转运动。这种运动的传递和转换必须高效率地完成，并且不能有损于机器人系统所需要的特性，特别是定位精度、重复精度和可靠性。运动的传递和转换可以选择下面的方式。

1. 齿轮链

　　齿轮链是由两个或两个以上的齿轮组成的传动机构。它不但可以传递运动角位移和角速度，而且可以传递力和力矩。现以具有两个齿轮的齿轮链为例，说明其传动转换关系。其中一个齿轮装在输入轴上，另一个齿轮装在输出轴上，如图 2.72 所示。

　　使用齿轮链机构应注意两个问题：一是齿轮链的引入会改变系统的等效转动惯量，从而使驱动电机的响应时间减小，这样伺服系统就更加容易控制，输出轴转动惯量转换到驱动电机上，等效转动惯量的下降与输入/输出齿轮齿数的平方成正比；二是在引入齿轮链的同时，由于齿轮间隙误差，将会导

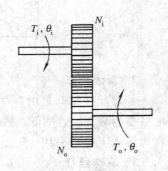

图 2.72　齿轮链机构

致机器人手臂的定位误差增加，而且，假如不采取一些补救措施，齿隙误差还会引起伺服系统的不稳定性。

通常，齿轮链转动有以下几种类型，如图 2.73 所示。其中圆柱齿轮的传动效率约为 90%，因为结构简单，传动效率高，圆柱齿轮在机器人设计中最常见；斜齿轮传动效率约为 80%，斜齿轮可以改变输出轴方向；锥齿轮传动效率约为 70%，锥齿轮可以使输入轴与输出轴不在同一个平面，传动效率低；蜗轮蜗杆传动效率约为 70%，蜗轮蜗杆机构的传动比大，传动平稳，可实现自锁，但传动效率低，制造成本高，需要润滑；行星轮系传动效率约为 80%，传动比大，但结构复杂。

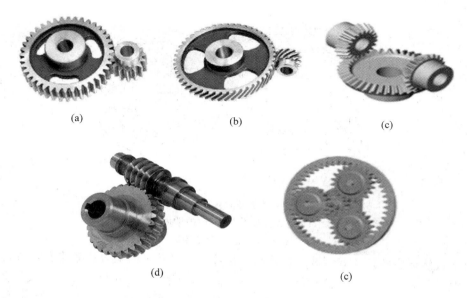

图 2.73　常用的齿轮链
（a）圆柱齿轮；（b）斜齿轮；（c）锥齿轮；（d）蜗轮蜗杆；（e）行星轮系

2. 同步皮带

同步皮带类似于工厂的风扇皮带和其他传动皮带，所不同的是这种皮带上具有许多型齿，它们和同样具有型齿的同步皮带轮齿相啮合。工作时，它们相当于柔软的齿轮，具有柔性好、价格便宜两大优点。另外，同步皮带还被用于输入轴和输出轴方向不一致的情况。这时，只要同步皮带足够长，使皮带的扭角误差不太大，则同步皮带仍能够正常工作。在伺服系统中，如果输出轴的位置采用码盘测量，则输入传动的同步皮带可以放在伺服环外面，这对系统的定位精度和重复性不会有影响，重复精度可以达到 1 mm 以内。此外，同步皮带比齿轮链价格低得多，加工也容易得多。有时，齿轮链和同步皮带结合起来使用更为方便。

3. 谐波齿轮

虽然谐波齿轮已问世多年，但直到最近人们才开始广泛地使用它。目前，机器人的旋转关节有 60%～70% 都使用谐波齿轮。谐波齿轮传动机构由刚性齿轮、谐波发生器和柔性齿轮三个主要零件组成，如图 2.74 所示。工作时，刚性齿轮固定安装，各齿均布于圆周，具有外齿形的柔性齿轮沿刚性齿轮的内齿转动。柔性齿轮比刚性齿轮少两个齿，所以柔性齿轮沿刚性齿轮每转一圈就反方向转过两个齿的相应转角。谐波发生器具有椭圆形轮廓，装在谐波发生器上的滚珠用于支承柔性齿轮，谐波发生器驱动柔性齿轮旋转并使之发生塑性变形。转动时，柔性齿轮的椭圆形端部只有少数齿与刚性齿轮啮合，只有这样，柔性齿轮才能相对于刚性齿轮自由地转过一定的角度。假设刚性齿轮有 100 个齿，柔性齿轮比它少 2 个齿，则当谐波发生器转 50 圈时，柔性齿轮转 1 圈，这样只占用很小的空间就可得到 1：50 的减速比。由于同时啮合的齿数较多，因此谐波发生器的力矩传递能力很强。在 3 个零件中，尽管任何两个都可以选为输入元件和输出元件，但通常总是把谐波发生器装在输入轴上，把柔性齿轮装在输出轴上，以获得较大的齿轮减速比。

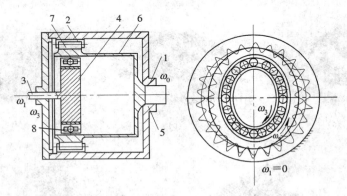

1—刚齿固定架；2—刚性齿轮；3—输入轴；4—谐波发生器；
5—输出轴；6—柔齿安装架；7—柔性齿轮；8—滚珠
图 2.74　谐波齿轮传动

　　由于自然形成的预加载谐波发生器啮合齿数较多以及齿的啮合比较平稳，谐波齿轮传动的齿隙几乎为零，因此传动精度高，回差小。但是，柔性齿轮的刚性较差，承载后会出现较大的扭转变形，引起一定的误差，而对于多数应用场合，这种变形不会引起太大的问题。

2.5.3　直线驱动和旋转驱动的选用和制动

1. 驱动方式的选用

　　在廉价的计算机问世以前，控制旋转运动的主要困难之一是计算量大，所以，当时认为采用直线驱动方式比较好。直流伺服电机是一种较理想的旋转驱动元件，但需要通过较昂贵的伺服功率放大器来进行精确的控制。例如，在 1970 年，尚没有可靠的大功率晶体管，需要用许多大功率晶体管并联，才能驱动一台大功率的伺服电机。

　　今天，电机驱动和控制的费用已经大大地降低，大功率晶体管已经广泛使用，只需采用几个晶体管就可以驱动一台大功率伺服电机。同样，微型计算机的价格也越来越便宜，计算机费用在机器人总费用中所占的比例大大降低，有些机器人在每个关节或自由度中都采用一个微处理器。

　　由于上述原因，许多机器人公司在制造和设计新机器人时，都选用了旋转关节。然而也有许多情况采用直线驱动更为合适，因此，直线气缸仍是目前所有驱动装置中最廉价的动力源，凡能够使用直线气缸的地方，还是应该选用它。另外，有些精度要求高的地方也要选用直线驱动。

2. 制动器

许多机器人的机械臂都需要在各关节处安装制动器，其作用是：在机器人停止工作时，保持机械臂的位置不变；在电源发生故障时，保护机械臂和它周围的物体不发生碰撞。假如齿轮链、谐波齿轮机构和滚珠丝杠等元件的质量较大，一般其摩擦力都很小，在驱动器停止工作的时候，它们是不能承受负载的。如果不采用某种外部固定装置，如制动器、夹紧器或止挡装置等，一旦电源关闭，机器人的各个部件就会在重力的作用下滑落。因此，为机器人设计制动装置是十分必要的。

制动器通常是按失效抱闸方式工作的，即要松开制动器就必须接通电源，否则，各关节不能产生相对运动。这种方式的主要目的是在电源出现故障时起保护作用，其缺点是在工作期间要不断通电使制动器松开。假如需要的话，也可以采用一种省电的方法，其原理是：需要各关节运动时，先接通电源，松开制动器，然后接通另一电源，驱动一个挡销将制动器锁在放松状态。这样，所需要的电力仅仅是把挡销放到位所花费的电力。

为了使关节定位准确，制动器必须有足够的定位精度。制动器应当尽可能地放在系统的驱动输入端，这样利用传动链的速比，能够减小制动器的轻微滑动所引起的系统振动，保证在承载条件下仍具有较高的定位精度。在许多实际应用中，许多机器人都采用了制动器。

图 2.75 为三菱装配机器人 Movemaster EX RV - M1 的肩部制动闸安装图。

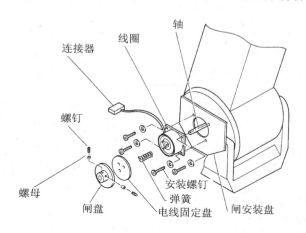

图 2.75　三菱装配机器人肩部制动闸安装图

2.5.4　工业机器人的传动

工业机器人的传动装置与一般机械的传动装置的选用和计算大致相同。但工业机器人的传动系统要求结构紧凑、重量轻、转动惯量和体积小，要求消除传动间隙，提高其运动和位置精度。工业机器人传动装置除齿轮传动、蜗杆传动、链传动和行星齿轮传动外，还常用滚珠丝杆、谐波齿轮、钢带、同步齿形带和绳轮传动。表 2.1 为工业机器人常用传动方式的比较与分析。

表 2.1 工业机器人常用传动方式的比较与分析

传动方式	特点	运动形式	传动距离	应用部件	实例（机器人型号）
圆柱齿轮	用于手臂第一转动轴提供大扭矩	转—转	近	臂部	Unimate PUMA560
锥齿轮	转动轴方向垂直相交	转—转	近	臂部 腕部	Unimate
蜗轮蜗杆	大传动比，重量大，有发热问题	转—转	近	臂部 腕部	FANUC M1
行星传动	大传动比，价格高，重量大	转—转	近	臂部 腕部	Unimate PUMA560
谐波传动	很大的传动比，尺寸小，重量轻	转—转	近	臂部 腕部	ASEA
链传动	无间隙，重量大	转—转 转—移 移—转	远	移动部分 腕部	ASEA IR66
同步齿形带	有间隙和振动，重量轻	转—转 转—移 移—转	远	腕部 手爪	KUKA
钢丝传动	远距离传动很好，有轴向伸长问题	转—转 转—移 移—转	远	腕部 手爪	S. Hirose
四杆传动	远距离传动力性能很好	转—转	远	臂部 手爪	Unimate2000
曲柄滑块机构	适合特殊应用场合	转—移 移—转	远	腕部 手爪 臂部	大量的手爪将油（气）缸的运动转化为手指摆动，如图2.50所示的双臂机器人
丝杆螺母	传动比大，存在摩擦与润滑问题	转—移	远	腕部 手爪	精工 PT300H
滚珠丝杆螺母	很大的传动比，精度高，可靠性高，昂贵	转—移	远	臂部 腕部	Motorman L10
齿轮齿条	精度高，价格低	转—移 移—转	远	腕部 手爪 臂部	Unimate2000
液压 气压	效率高，寿命长	移—移	远	腕部 手爪 臂部	Unimate

2.5.5 新型的驱动方式

1. 磁致伸缩驱动

铁磁材料和亚铁磁材料由于磁化状态的改变，其长度和体积都要发生微小的变化，这种现象称为磁致伸缩。20 世纪 60 年代发现某些稀土元素在低温时磁伸率达 $3000 \times 10^{-6} \sim 10\,000 \times 10^{-6}$，人们开始关注研究有使用价值的大磁致伸缩材料。研究发现，$TbFe_2$（铽铁）、$SmFe_2$（钐铁）、$DyFe_2$（镝铁）、$HoFe_2$（钬铁）、$TbDyFe_2$（铽镝铁）等稀土-铁系化合物不仅磁致伸缩值高，而且居里点高于室温，室温磁致伸缩值为 $1000 \times 10^{-6} \sim 2500 \times 10^{-6}$，是传统磁致伸缩材料如铁、镍等的 10～100 倍。这类材料被称为稀土超磁致伸缩材料（Rear Earth - Giant Magneto Strictive Materials，RE - GMSM）。这一现象已用于制造具有微英寸量级位移能力的直线电机。为使这种驱动器工作，要将被磁性线圈覆盖的磁致伸缩小棒的两端固定在两个架子上。当磁场改变时，会导致小棒收缩或伸展，这样其中一个架子就会相对于另一个架子产生运动。一个与此类似的概念是用压电晶体来制造具有毫微英寸量级位移的直线电机。

美国波士顿大学已经研制出了一台使用压电微电机驱动的机器人——"机器蚂蚁"。"机器蚂蚁"的每条腿是长 1 mm 或不到 1 mm 的硅杆，通过不带传动装置的压电微电机来驱动各条腿运动。这种"机器蚂蚁"可用在实验室中收集放射性的尘埃以及从活着的病人体中收取患病的细胞。

2. 形状记忆金属

有一种特殊的形状记忆合金叫做 Biometal（生物金属），它是一种专利合金，在达到特定温度时缩短大约 4%。通过改变合金的成分可以设计合金的转变温度，但标准样品都将温度设在 90℃ 左右。在这个温度附近，合金的晶格结构会从马氏体状态变化到奥氏体状态，并因此变短。然而，与许多其他形状记忆合金不同的是，它变冷时能再次回到马氏体状态。如果线材上负载低的话，上述过程能够持续变化数十万个循环。实现这种转变的常用热源来自当电流通过金属时，金属因自身的电阻而产生的热量。结果是，来自电池或者其他电源的电流轻易就能使生物金属线缩短。这种线的主要缺点在于它的总应变仅发生在一个很小的温度范围内，因此除了在开关情况下以外，要精确控制它的拉力很困难，同时也很难控制位移。

根据以往的经验，尽管生物金属线并不适合用做驱动器，但有可能期望它在将来会变得有用。如果那样的话，机器人的胳膊就会安上类似人或动物肌肉的物质，并由电流来操纵。

图 2.76 显示了一个三指末端操作器，其中生物金属线用作驱动器。

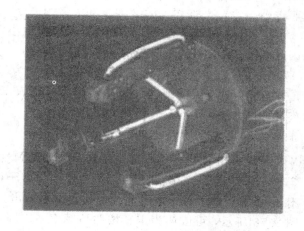

图 2.76 形状记忆金属制作的末端操作器

3. 静电驱动器

图 2.77 是一个带有电阻器移动子的三相静电驱动器的工作原理图。

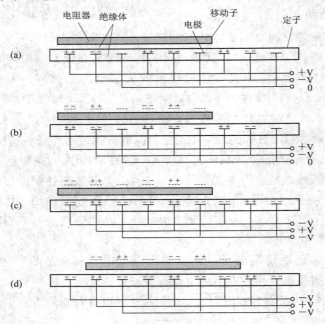

图 2.77　三相静电驱动器工作原理

在图 2.77(b)中，表示了当把电压施加到定子的电极上时，在移动子中会感应出极性与其相反的电荷来。

在图 2.77(c)中，当外加电压变化时，因为移动子上的电荷不能立即变化，所以由于电极的作用，移动子会受到右上方向的合力作用，驱动其向右方移动。反复进行上述操作，移动子就会连续地向右方移动。

这种驱动器有下列特征：

（1）因为移动子中没有电极，所以不必确定与定子的相对位置，定子电极的间距可以非常小。

（2）因为驱动时会产生浮力，所以摩擦力小，在停止时由于存在着吸引力和摩擦力，因此可以获得比较大的保持力。

（3）因为构造简单，所以可以实现以薄膜为基础的大面积多层化结构。

基于上述各点，把这种驱动器作为实现人工肌肉的一种方法，受到了人们的关注。

4. 超声波电机

超声波电机的工作原理是用超声波激励弹性体定子，使其表面形成椭圆运动，由于其上与转子（或滑块）接触，在摩擦的作用下转子获得推力输出。如图 2.78 所示，可以认为定子按照角频率 ω_0 进行超声波振动，在预压 W 作用下，转子被推动。

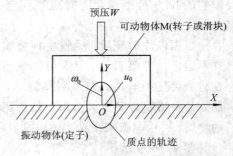

图 2.78　超声波电机的工作原理图

超声波电机的负载特性与 DC 电机相似，相对于负载增加，转速有垂直下降的趋势，超声波电机与 DC 电机相比，其特点为：① 可达到低速、高效率；② 同样的尺寸，能得到大的转矩；③ 能保持大转矩；④ 无电磁噪声；⑤ 易控制；⑤ 外形的自由度大等。

2.5.6 驱动传动方式的应用

1. Movemaster EX RV - M1 的驱动传动

图 2.79 为三菱装配机器人 Movemaster EX RV - M1 的驱动传动简图。该机器人采用电动方式驱动，有 5 个自由度，分别为腰部旋转、肩部旋转、肘部转动、腕部俯仰与翻转。各关节均由直流伺服电机驱动，其中，腰部旋转部分与腕关节的翻转为直接驱动。为了减小惯性矩，肩关节、肘关节和腕关节的俯仰都采用同步带传动。实验室常用的末端操作器（在零件装配时有开闭动作）采用直流电机驱动。

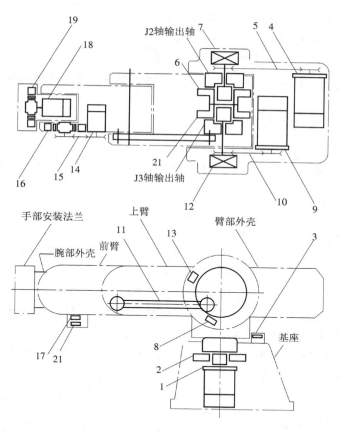

1—J1轴电机；2—J1轴谐波减速器；3—J1轴极限开关；4—J2轴电机；5—J2轴同步带；
6—J2轴谐波减速器；7—J2轴制动闸；8—J2轴极限开关；9—J3轴电机；10—J3轴同步带；
11—J3轴驱动杆；12—J3轴制动闸；13— J3轴极限开关；14— J4轴电机；15—J4轴同步带；
16—J4轴谐波减速器；17—J4轴极限开关；18—J5轴电机；19—J5轴谐波减速器；
20—J5轴极限开关；21—J3轴谐波减速器

图 2.79　三菱装配机器人 Movemaster EX RV - M1 的驱动传动简图

1）腰部旋转（J1 轴）

（1）腰部（J1 轴）由基座内的电机 1 和谐波减速器 2 驱动。

（2）J1 轴限位（极限）开关 3 装在基座顶部。

2）肩部旋转（J2 轴）

（1）肩部（J2 轴）由肩关节处的谐波减速器 6 驱动，由连接在 J2 轴电机 4 上的同步带 5 带动旋转。

（2）电磁制动闸 7 装在谐波减速器 6 的输入轴上，以防止断电时肩部由于自重而下转。

（3）J2 轴限位开关 8 装在肩壳内上臂处。

3）肘部转动（J3 轴）

（1）J3 轴电机 9 的转动由同步带 10 传送至谐波减速器 21。

（2）谐波减速器 21 上 J3 轴输出轴的转动由 J3 轴的驱动连杆传送至肘部的轴上，从而带动前臂伸展。

（3）电磁制动闸 12 装在谐波减速器 21 的输入轴上。

（4）J3 轴限位开关 13 安装在肩壳内上臂处。

4）腕部俯仰（J4 轴）

（1）J4 轴的电机 14 安装在前臂内。J4 轴同步带 15 将该电机的转动传送到谐波减速器 16 上，从而带动手腕俯仰。

（2）J4 轴的限位开关 17 安装在前臂下侧。

5）腕部翻转（J5 轴）

（1）J5 轴电机 18 和 J5 轴谐波减速器 19 安装在腕壳内的同一轴上，由它们带动手爪安装法兰旋转。

（2）J5 轴的限位开关 20 安装在前臂下。

2. PUMA 562 机器人传动

如图 2.80 所示为 PUMA 562 机器人的传动示意图，该机器人有 6 个自由度。由图可看出：

电机 1 通过两对齿轮 Z_1、Z_2 和 Z_3、Z_4 传动带动立柱回转。

电机 2 通过联轴器、一对圆锥齿轮 Z_5、Z_6 和一对圆柱齿轮 Z_7、Z_8 带动齿轮 Z_9，齿轮 Z_9 绕与立柱固联的齿轮 Z_{10} 转动，于是形成了大臂相对于立柱的回转。

电机 3 通过两个联轴器和一对圆锥齿轮 Z_1、Z_2，两对圆柱齿轮 Z_{13}、Z_{14} 和 Z_{15}、Z_{16}（Z_{16} 固联于小臂上）驱动小臂相对于大臂回转。

电机 4 先通过一对圆柱齿轮 Z_{17}、Z_{18}，两个联轴器和另一对圆柱齿轮 Z_{19}、Z_{20}（Z_{20} 固联于手腕的套筒上）驱动手腕相对于小臂回转。

电机 5 通过联轴器、一对圆柱齿轮 Z_{21}、Z_{22} 和一对圆锥齿轮 Z_{23}、Z_{24}（Z_{24} 固联于手腕的球壳上）驱动手腕相对于小臂（亦即相对于手腕的套筒）摆动。

电机 6 通过联轴器、两对圆锥齿轮 Z_{25}、Z_{26} 和 Z_{27}、Z_{28} 及一对圆柱齿轮 Z_{29}、Z_{30} 驱动机器人的机械接口（法兰盘）相对于手腕的球壳回转。

总之，6 个电机通过一系列的联轴器和齿轮副，形成了 6 条传动链，得到了 6 个转动自由度，从而形成了一定的工作空间并使机器人有各式各样的运动姿势。

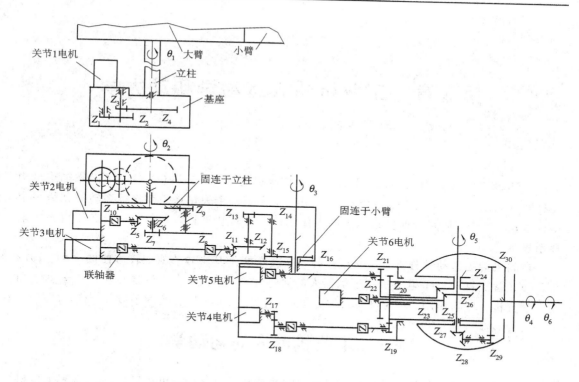

图 2.80 PUMA 562 机器人的传动示意图

习 题

1. 工业机器人手部的特点是什么？大致分为哪几类？

2. 试述磁力吸盘的基本原理。

3. 真空吸盘有哪几种？试述它们的工作原理。

4. 什么叫 R 关节、B 关节和 Y 关节？什么叫 RPY 运动？

5. 机器人的行走机构有哪些？各有什么特点？

6. 机器人的驱动方式有哪些？各有什么特点？

7. 机器人的新型驱动方式有哪些？

8. 试解释图 2.79 机器人 Movemaster EX RV - M1、图 2.80 PUMA 562 机器人的驱动传动原理。

第 3 章　　工业机器人运动学和动力学

　　1955 年，J. Denavit 和 R. S. Hartenberg 首次提到用齐次矩阵（D－H 矩阵）来描述机构连杆间的关系。D－H 矩阵是一个 4×4 的矩阵，它把一个矢量从一个坐标系转换到另一个坐标系；每一个矩阵可同时实现以下两个作用——旋转和平移。原来的矢量必须用齐次坐标系表示。

　　空间机构的运动学分析方法有很多种，齐次变换是其中较直观、较方便的一种。1972年，Paul 首次将 D－H 矩阵应用于机器人的轨迹计算，从此，齐次变换在机器人运动学和动力学分析中广为应用，它为机器人的分析与控制提供了一种有效的手段。

3.1　　工业机器人的运动学

　　本节研究机器人的正逆运动学。当所有的关节变量已知时，可用正向运动学来确定机器人末端手部的位姿。要使机器人手部放到特定的点上，并且具有特定的姿态，可用逆向运动学来计算出每一个关节变量的值。我们的研究方法是：首先利用矩阵建立物体、位置、姿态以及运动的表示方法，然后研究直角坐标型、圆柱坐标型及球坐标型等不同构型机器人的正逆运动学问题，最后推出机器人可能有的构型的正逆运动学方程。

3.1.1　　工业机器人位姿描述

　　以工业上常见的关节式机器人为例，机器人实际上可视为由一系列关节连接起来的连杆组成，把坐标系固定在机器人的每一个连杆的关节上，可用齐次变换来描述这些坐标系之间的相对位置和姿态方向（简称位姿）。齐次变换既有较直观的几何意义，又可描述各杆件之间的关系，所以常用于解决运动学问题。

　　1. 点的位置描述

　　如图 3.1 所示，在直角坐标系 $\{A\}$ 中，空间任一点 P 的位置可用（3×1）的位置矢量 $^A\boldsymbol{P}$ 表示为

$$^A\boldsymbol{P} = \begin{bmatrix} p_x \\ p_y \\ p_z \end{bmatrix} \tag{3.1}$$

其中，p_x、p_y、p_z 是点 P 的三个位置坐标分量。

　　2. 点的齐次坐标

　　如果用 4 个数组成的（4×1）列阵表示三维空

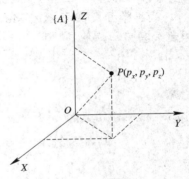

图 3.1　点的位置描述

间直角坐标系{A}中点 P，则该列阵称为三维空间点 P 的齐次坐标，如下：

$$P = \begin{bmatrix} p_x \\ p_y \\ p_z \\ 1 \end{bmatrix}$$ (3.2)

齐次坐标并不是唯一的，当列阵的每一项分别乘以一个非零因子 ω 时，即

$$P = \begin{bmatrix} p_x \\ p_y \\ p_z \\ 1 \end{bmatrix} = \begin{bmatrix} a \\ b \\ c \\ \omega \end{bmatrix}$$ (3.3)

其中：$a = \omega p_x$，$b = \omega p_y$，$c = \omega p_z$。该列阵也表示 P 点，即齐次坐标的表示不是唯一的。

3. 坐标轴方向的描述

用 i、j、k 来表示直角坐标系中 X、Y、Z 坐标轴的单位向量，用齐次坐标来描述 X、Y、Z 轴的方向，则有

$$X = \begin{bmatrix} 1 \\ 0 \\ 0 \\ 0 \end{bmatrix}, \quad Y = \begin{bmatrix} 0 \\ 1 \\ 0 \\ 0 \end{bmatrix}, \quad Z = \begin{bmatrix} 0 \\ 0 \\ 1 \\ 0 \end{bmatrix}$$

规定：

列阵 $[a \quad b \quad c \quad 0]^{\mathrm{T}}$ 中第四个元素为零，且 $a^2 + b^2 + c^2 = 1$，表示某轴（或某矢量）的方向；列阵 $[a \quad b \quad c \quad \omega]^{\mathrm{T}}$ 中第四个元素不为零，则表示空间某点的位置。

例如，在图 3.2 中，矢量 v 的方向用(4×1)列阵表示为

$$v = \begin{bmatrix} a \\ b \\ c \\ 0 \end{bmatrix}$$

其中：$a = \cos\alpha$，$b = \cos\beta$，$c = \cos\gamma$。

矢量 v 所坐落的点为坐标原点，表示为

$$o = \begin{bmatrix} 0 \\ 0 \\ 0 \\ 1 \end{bmatrix}$$

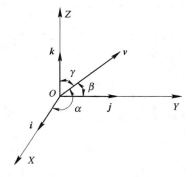

图 3.2　坐标轴方向的描述

当 $\alpha = 60°$，$\beta = 60°$，$\gamma = 45°$时，矢量为

$$v = \begin{bmatrix} 0.5 \\ 0.5 \\ 0.707 \\ 0 \end{bmatrix}$$

4. 动坐标系位姿的描述

动坐标系位姿的描述就是用位姿矩阵对动坐标系原点位置和坐标系各坐标轴方向的描述，该位姿矩阵为(4×4)的方阵，如上述直角坐标系可描述为

$$A = \begin{bmatrix} 1 & 0 & 0 & 0 \\ 0 & 1 & 0 & 0 \\ 0 & 0 & 1 & 0 \\ 0 & 0 & 0 & 1 \end{bmatrix} \tag{3.4}$$

5. 刚体位姿的描述

机器人的每一个连杆均可视为一个刚体，若给定了刚体上某一点的位置和该刚体在空中的姿态，则这个刚体在空间上是唯一确定的，可用唯一一个位姿矩阵进行描述。

如图 3.3 所示，设 $O'X'Y'Z'$ 为与刚体 Q 固连的一个坐标系，称为动坐标系。刚体 Q 在固定坐标系 $OXYZ$ 中的位置可用齐次坐标形式表示为

$$p = \begin{bmatrix} x_0 \\ y_0 \\ z_0 \\ 1 \end{bmatrix}$$

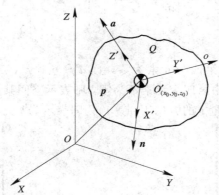

图 3.3　刚体的位姿

令 n、o、a 分别为 X'、Y'、Z' 坐标轴的单位方向矢量，即

$$n = \begin{bmatrix} n_x \\ n_y \\ n_z \\ 0 \end{bmatrix}, \quad o = \begin{bmatrix} o_x \\ o_y \\ o_z \\ 0 \end{bmatrix}, \quad a = \begin{bmatrix} a_x \\ a_y \\ a_z \\ 0 \end{bmatrix} \tag{3.5}$$

则刚体的位姿可表示为(4×4)矩阵：

$$T = \begin{bmatrix} n & o & a & p \end{bmatrix} = \begin{bmatrix} n_x & o_x & a_x & x_0 \\ n_y & o_y & a_y & y_0 \\ n_z & o_z & a_z & z_0 \\ 0 & 0 & 0 & 1 \end{bmatrix} \tag{3.6}$$

6. 手部位姿的描述

机器人手部的位姿如图 3.4 所示，可用固连于手部的坐标系$\{B\}$的位姿来表示。坐标系$\{B\}$由原点位置和三个单位矢量唯一确定，即：

(1) 原点：取手部中心点为原点 O_B；

(2) 接近矢量：关节轴方向的单位矢量 a；

(3) 姿态矢量：手指连线方向的单位矢量 o；

(4) 法向矢量：n 为法向单位矢量，同时垂直于 a、o 矢量，即 $n = o \times a$。

手部位姿矢量为从固定参考坐标系 $OXYZ$ 原点指向手部坐标系$\{B\}$原点的矢量 p。手部的位姿可由(4×4)矩阵表示：

$$T = \begin{bmatrix} n & o & a & p \end{bmatrix} = \begin{bmatrix} n_x & o_x & a_x & p_x \\ n_y & o_y & a_y & p_y \\ n_z & o_z & a_z & p_z \\ 0 & 0 & 0 & 1 \end{bmatrix} \tag{3.7}$$

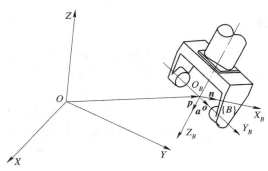

图 3.4 机器人手部的位姿

7. 目标物位姿的描述

任何一个物体在空间的位置和姿态都可以用齐次矩阵来表示，如图 3.5 所示。楔块 Q 在图 3.5(a)的情况下可用 6 个点描述，矩阵表达式为

$$Q = \begin{bmatrix} 1 & -1 & -1 & 1 & 1 & -1 \\ 0 & 0 & 0 & 0 & 4 & 4 \\ 0 & 0 & 2 & 2 & 0 & 0 \\ 1 & 1 & 1 & 1 & 1 & 1 \end{bmatrix}_{(4 \times 6)} \tag{3.8}$$

若让其绕 Z 轴旋转 $90°$，记为 $\mathrm{Rot}(z, 90°)$；再绕 Y 轴旋转 $90°$，即 $\mathrm{Rot}(y, 90°)$，然后再沿 X 轴方向平移 4，即 $\mathrm{Trans}(4, 0, 0)$，则楔块成为图 3.5(b)的位姿，其齐次矩阵表达式为

$$Q = \begin{bmatrix} 4 & 4 & 6 & 6 & 4 & 4 \\ 1 & -1 & -1 & 1 & 1 & -1 \\ 0 & 0 & 0 & 0 & 4 & 4 \\ 1 & 1 & 1 & 1 & 1 & 1 \end{bmatrix}_{(4 \times 6)} \tag{3.9}$$

用符号表示对目标物的变换方式可以记录物体移动的过程，也便于矩阵的运算，所以应该熟练掌握。

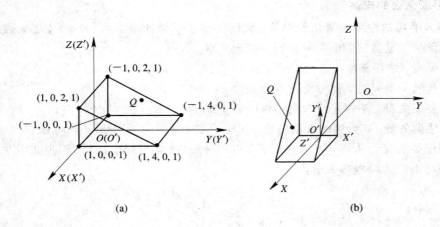

图 3.5　目标物的位姿

（a）楔块的初始姿态；（b）楔块绕 Z 轴旋转 $90°$ 后的姿态

3.1.2　齐次变换及运算

受机械结构和运动副的限制，在工业机器人中，被视为刚体的连杆的运动一般包括平移运动、旋转运动和平移加旋转运动。我们把每次简单的运动用一个变换矩阵来表示，那么，多次运动即可用多个变换矩阵的积来表示，表示这个积的矩阵称为齐次变换矩阵。这样，用连杆的初始位姿矩阵乘以齐次变换矩阵，即可得到经过多次变换后该连杆的最终位姿矩阵。通过多个连杆位姿的传递，我们可以得到机器人末端操作器的位姿，下面进行机器人正运动学的讨论。

1. 平移的齐次变换

如图 3.6 所示为空间某一点在直角坐标系中的平移，由 $A(x，y，z)$ 平移至 $A'(x'，y'，z')$，即

$$\begin{cases} x' = x + \Delta x \\ y' = y + \Delta y \\ z' = z + \Delta z \end{cases} \qquad (3.10)$$

或写成

$$\begin{bmatrix} x' \\ y' \\ z' \\ 1 \end{bmatrix} = \begin{bmatrix} 1 & 0 & 0 & \Delta x \\ 0 & 1 & 0 & \Delta y \\ 0 & 0 & 1 & \Delta z \\ 0 & 0 & 0 & 1 \end{bmatrix} \begin{bmatrix} x \\ y \\ z \\ 1 \end{bmatrix}$$

$$(3.11)$$

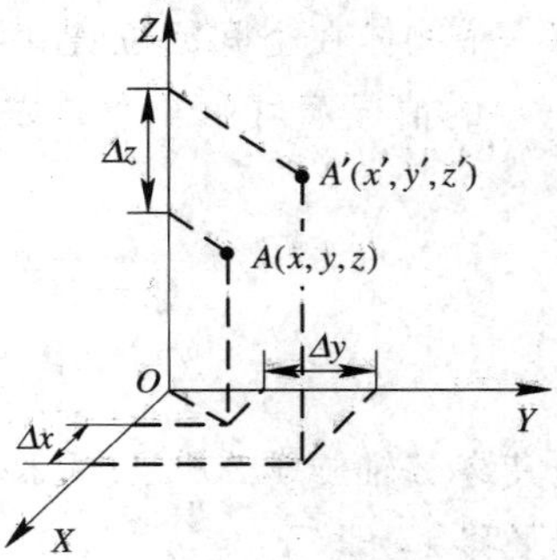

图 3.6　点在直角坐标系中的平移

记为

$$a' = \text{Trans}(\Delta x，\Delta y，\Delta z)a$$

其中，$\text{Trans}(\Delta x，\Delta y，\Delta z)$ 称为平移算子，Δx、Δy、Δz 分别表示沿 X、Y、Z 轴的移动量。即

$$\mathrm{Trans}(\Delta x,\ \Delta y,\ \Delta z) = \begin{bmatrix} 1 & 0 & 0 & \Delta x \\ 0 & 1 & 0 & \Delta y \\ 0 & 0 & 1 & \Delta z \\ 0 & 0 & 0 & 1 \end{bmatrix} \tag{3.12}$$

注：① 算子左乘表示点的平移是相对固定坐标系进行的坐标变换。

② 算子右乘表示点的平移是相对动坐标系进行的坐标变换。

③ 该公式亦适用于坐标系的平移变换、物体的平移变换，如机器人手部的平移变换。

2. 旋转的齐次变换

点在空间直角坐标系中的旋转如图 3.7 所示，$A(x,\ y,\ z)$ 绕 Z 轴旋转 θ 角后至 $A'(x',\ y',\ z')$，A 与 A' 之间的关系为

$$\begin{cases} x' = x\cos\theta - y\sin\theta \\ y' = x\sin\theta + y\cos\theta \\ z' = z \end{cases} \tag{3.13}$$

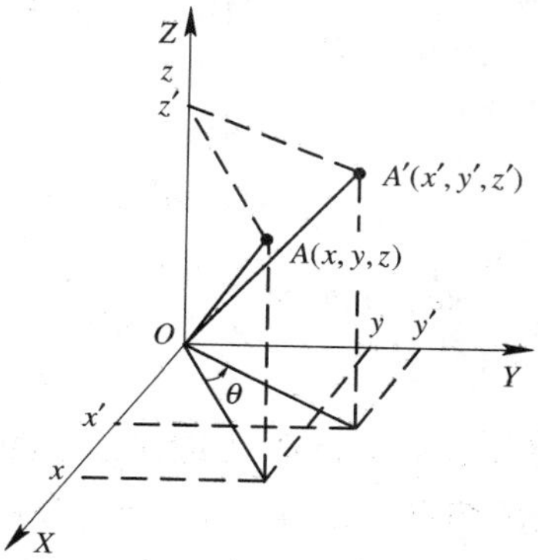

推导如下：

因 A 点是绕 Z 轴旋转的，所以把 A 与 A' 投影到 XOY 平面内，设 $OA=r$，则有

$$\begin{cases} x = r\cos\alpha \\ y = r\sin\alpha \end{cases} \tag{3.14}$$

同时有

$$\begin{cases} x' = r\cos\alpha' \\ y' = r\sin\alpha' \end{cases} \tag{3.15}$$

图 3.7　点在空间直角坐标系中的旋转

其中，$\alpha'=\alpha+\theta$，即

$$\begin{cases} x' = r\cos(\alpha+\theta) \\ y' = r\sin(\alpha+\theta) \end{cases} \tag{3.16}$$

所以

$$\begin{cases} x' = r\cos\alpha\cos\theta - r\sin\alpha\sin\theta \\ y' = r\sin\alpha\cos\theta + r\cos\alpha\sin\theta \end{cases} \tag{3.17}$$

故

$$\begin{cases} x' = x\cos\theta - y\sin\theta \\ y' = y\cos\theta + x\sin\theta \end{cases} \tag{3.18}$$

由于 Z 坐标不变，因此有

$$\begin{cases} x' = x\cos\theta - y\sin\theta \\ y' = x\sin\theta + y\cos\theta \\ z' = z \end{cases} \tag{3.19}$$

写成矩阵形式为

$$\begin{bmatrix} x' \\ y' \\ z' \\ 1 \end{bmatrix} = \begin{bmatrix} \cos\theta & -\sin\theta & 0 & 0 \\ \sin\theta & \cos\theta & 0 & 0 \\ 0 & 0 & 1 & 0 \\ 0 & 0 & 0 & 1 \end{bmatrix} \begin{bmatrix} x \\ y \\ z \\ 1 \end{bmatrix} \tag{3.20}$$

记为

$$a' = \text{Rot}(z, \theta)a$$

其中，绕 Z 轴旋转算子左乘是相对于固定坐标系，即

$$\text{Rot}(z,\theta) = \begin{bmatrix} \cos\theta & -\sin\theta & 0 & 0 \\ \sin\theta & \cos\theta & 0 & 0 \\ 0 & 0 & 1 & 0 \\ 0 & 0 & 0 & 1 \end{bmatrix} \tag{3.21}$$

同理，有

$$\text{Rot}(x,\theta) = \begin{bmatrix} 1 & 0 & 0 & 0 \\ 0 & \cos\theta & -\sin\theta & 0 \\ 0 & \sin\theta & \cos\theta & 0 \\ 0 & 0 & 0 & 1 \end{bmatrix} \tag{3.22}$$

$$\text{Rot}(y,\theta) = \begin{bmatrix} \cos\theta & 0 & \sin\theta & 0 \\ 0 & 1 & 0 & 0 \\ -\sin\theta & 0 & \cos\theta & 0 \\ 0 & 0 & 0 & 1 \end{bmatrix} \tag{3.23}$$

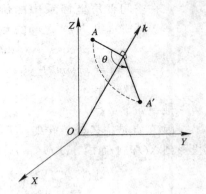

图 3.8 点的一般旋转变换

图 3.8 所示为点 A 绕任意过原点的单位矢量 k 旋转 θ 角的情况。k_x、k_y、k_z 分别为 k 矢量在固定参考坐标轴 X、Y、Z 上的三个分量，且 $k_x^2 + k_y^2 + k_z^2 = 1$。可以证明，其旋转齐次变换矩阵为

$$\text{Rot}(k,\theta) = \begin{bmatrix} k_x k_x(1-\cos\theta)+\cos\theta & k_y k_x(1-\cos\theta)-k_z\sin\theta & k_z k_x(1-\cos\theta)+k_y\sin\theta & 0 \\ k_x k_y(1-\cos\theta)+k_z\sin\theta & k_y k_y(1-\cos\theta)+\cos\theta & k_z k_y(1-\cos\theta)-k_x\sin\theta & 0 \\ k_x k_z(1-\cos\theta)-k_y\sin\theta & k_y k_z(1-\cos\theta)+k_x\sin\theta & k_z k_z(1-\cos\theta)+\cos\theta & 0 \\ 0 & 0 & 0 & 1 \end{bmatrix} \tag{3.24}$$

注：① 该式为一般旋转齐次变换通式，概括了绕 X、Y、Z 轴进行旋转变换的情况。反之，当给出某个旋转齐次变换矩阵，则可求得 k 及转角 θ。

② 变换算子公式不仅适用于点的旋转，也适用于矢量、坐标系、物体的旋转。

③ 左乘是相对固定坐标系的变换；右乘是相对动坐标系的变换。

3. 平移加旋转的齐次变换

平移变换和旋转变换可以组合在一起，计算时只要用旋转算子乘上平移算子即可实现在旋转上加平移，在此不做赘述。

3.1.3　工业机器人的连杆参数和齐次变换矩阵

机器人运动学研究的是各杆件尺寸、运动副类型、杆间相互关系（包括位移关系、速度关系和加速度关系）等。手部相对固定坐标系的位姿和运动是我们研究的重点，因此，首先要建立相邻连杆之间的相互关系，即要建立连杆坐标系。

1. 连杆参数及连杆坐标系的建立

以机器人手臂的某一连杆为例，如图 3.9 所示，连杆 n 两端有关节 n 和 $n+1$。描述该连杆可以通过两个几何参数：连杆长度和扭角。由于连杆两端的关节分别有其各自的关节轴线，通常情况下这两条轴线是空间异面直线，那么这两条异面直线的公垂线段的长 a_n 即为连杆长度，这两条异面直线间的夹角 α_n 即为连杆扭角。

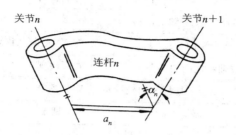

图 3.9　连杆的几何参数

如图 3.10 所示，相邻杆件 n 与 $n-1$ 的关系参数可由连杆转角和连杆距离描述。沿关节 n 轴线两个公垂线间的距离 d_n 即为连杆距离；垂直于关节 n 轴线的平面内两个公垂线的夹角 θ_n 即为连杆转角。

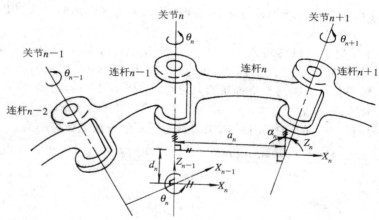

图 3.10　连杆的关系参数

这样，每个连杆可以由 4 个参数来描述，其中两个是连杆尺寸，两个表示连杆与相邻连杆的连接关系。当连杆 n 旋转时，θ_n 随之改变，为关节变量，其他 3 个参数不变；当连杆进行平移运动时，d_n 随之改变，为关节变量，其他 3 个参数不变。确定连杆的运动类型，同时根据关节变量即可设计关节运动副，从而进行整个机器人的结构设计。已知各个关节变量的值，便可从基座固定坐标系通过连杆坐标系的传递推导出手部坐标系的位姿形态。

建立连杆坐标系的规则如下：

（1）连杆 n 坐标系的坐标原点位于关节 $n+1$ 的轴线上，是关节 $n+1$ 的关节轴线与 n 和 $n+1$ 关节轴线公垂线的交点；

（2）Z 轴与关节 $n+1$ 的轴线重合；

（3）X 轴与公垂线重合，从关节 n 指向 n 关节 $+1$；

（4）Y 轴按右手法则确定。

连杆参数与坐标系的建立如表 3.1 所示。

表 3.1　连杆参数及坐标系

连杆的参数				
名　称		含　义	正　负	性　质
转角	θ_n	连杆 n 绕关节 n 的 Z_{n-1} 轴的转角	右手法则	关节转动时为变量
距离	d_n	连杆 n 沿关节 n 的 Z_{n-1} 轴的位移	沿 Z_{n-1} 正向为＋	关节移动时为变量
长度	a_n	沿 X_n 方向上连杆 n 的长度	与 X_n 正向一致	尺寸参数，常量
扭角	α_n	连杆 n 两关节轴线之间的扭角	右手法则	尺寸参数，常量
连杆 n 的坐标系 $O_n X_n Y_n Z_n$				
原点 O_n		轴 X_n	轴 Y_n	轴 Z_n
位于关节 $n+1$ 轴线与连杆 n 两关节轴线的公垂线的交点处		沿连杆 n 两关节轴线之公垂线，并指向关节 $n+1$	根据轴 X_n、Z_n 按右手法则确定	与关节 $n+1$ 轴线重合

2. 连杆坐标系之间的齐次变换矩阵

各连杆坐标系建立后，$n-1$ 系与 n 系间变换关系可用坐标系的平移、旋转来实现。从 $n-1$ 系到 n 系的变换步骤如下：

(1) 令 $n-1$ 系绕 Z_{n-1} 轴旋转 θ_n 角，使 X_{n-1} 与 X_n 平行，算子为 $\mathrm{Rot}(z,\theta_n)$；

(2) 沿 Z_{n-1} 轴平移 d_n，使 X_{n-1} 与 X_n 重合，算子为 $\mathrm{Trans}(0,0,d_n)$；

(3) 沿 X_n 轴平移 a_n，使两个坐标系原点重合，算子为 $\mathrm{Trans}(a_n,0,0)$；

(4) 绕 X_n 轴旋转 α_n 角，使得 $n-1$ 系与 n 系重合，算子为 $\mathrm{Rot}(x,\theta_n)$。

该变换过程用一个总的变换矩阵 $\boldsymbol{A}_n$ 来表示连杆 n 的齐次变换矩阵为

$$\boldsymbol{A}_n = \underbrace{\mathrm{Rot}(z,\theta_n)}_{(1)}\ \underbrace{\mathrm{Trans}(0,0,d_n)}_{(2)}\ \underbrace{\mathrm{Trans}(a_n,0,0)}_{(3)}\ \underbrace{\mathrm{Rot}(x,\alpha_n)}_{(4)}$$

$$= \begin{bmatrix} \cos\theta_n & -\sin\theta_n & 0 & 0 \\ \sin\theta_n & \cos\theta_n & 0 & 0 \\ 0 & 0 & 1 & 0 \\ 0 & 0 & 0 & 1 \end{bmatrix} \begin{bmatrix} 1 & 0 & 0 & 0 \\ 0 & 1 & 0 & 0 \\ 0 & 0 & 1 & d_n \\ 0 & 0 & 0 & 1 \end{bmatrix} \begin{bmatrix} 1 & 0 & 0 & a_n \\ 0 & 1 & 0 & 0 \\ 0 & 0 & 1 & 0 \\ 0 & 0 & 0 & 1 \end{bmatrix} \begin{bmatrix} 1 & 0 & 0 & 0 \\ 0 & \cos\alpha_n & -\sin\alpha_n & 0 \\ 0 & \sin\alpha_n & \cos\alpha_n & 0 \\ 0 & 0 & 0 & 1 \end{bmatrix}$$

$$= \begin{bmatrix} \cos\theta_n & -\sin\theta_n\cos\alpha_n & \sin\theta_n\sin\alpha_n & a_n\cos\theta_n \\ \sin\theta_n & \cos\theta_n\cos\alpha_n & -\cos\theta_n\sin\alpha_n & a_n\sin\theta_n \\ 0 & \sin\alpha_n & \cos\alpha_n & d_n \\ 0 & 0 & 0 & 1 \end{bmatrix} \tag{3.25}$$

实际中，多数机器人连杆参数取特殊值，如 $\alpha_n=0°$ 或 $d_n=0$，可以使计算简单且控制方便。

3.1.4　工业机器人的运动学方程

1. 机器人运动学方程

通常把描述一个连杆坐标系与下一个连杆坐标系间相对关系的齐次变换矩阵叫 $\boldsymbol{A}_i$ 变

换矩阵，简称 A_i 矩阵。如 A_1 矩阵表示第一个连杆坐标系相对固定坐标系的位姿；A_2 矩阵表示第二个连杆坐标系相对第一个连杆坐标系的位姿；A_i 表示第 i 个连杆相对于第 $i-1$ 个连杆的位姿变换矩阵。那么，第二个连杆坐标系在固定坐标系中的位姿可用 A_1 和 A_2 的乘积来表示，即：

$$T_2 = A_1 A_2 \tag{3.26}$$

以此类推，对于六连杆机器人，有下列矩阵：

$$T_6 = A_1 A_2 A_3 A_4 A_5 A_6 \tag{3.27}$$

该等式称为机器人运动学方程。方程右边为从固定参考系到手部坐标系的各连杆坐标系之间变换矩阵的连乘；方程左边 T_6 表示这些矩阵的乘积，即机器人手部坐标系相对于固定参考系的位姿。

分析该矩阵。前 3 列表示手部的姿态；第四列表示手部中心点的位置。可写成如下形式：

$$T_6 = \begin{bmatrix} {}_n^0R & {}_n^0p \\ 0 & 1 \end{bmatrix} = \begin{bmatrix} n_x & o_x & a_x & p_x \\ n_y & o_y & a_y & p_y \\ n_z & o_z & a_z & p_z \\ 0 & 0 & 0 & 1 \end{bmatrix} \tag{3.28}$$

2. 正向运动学及实例

正向运动学主要解决机器人运动学方程的建立及手部位姿的求解，即已知各个关节的变量，求手部的位姿。

图 3.11 所示为一款 SCARA 装配机器人，机器人的 4 个关节轴线是相互平行的，其中关节Ⅰ，Ⅱ，Ⅳ为旋转关节，关节Ⅲ为平移关节。

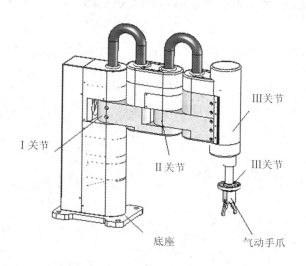

图 3.11　SCARA 装配机器人关节配置图

根据 D-H 方法建立机器人的笛卡尔坐标系，并且标出每个关节坐标系的原点及各轴方向，如图 3.12 所示。

机器人的连杆参数如表 3.2 所示。

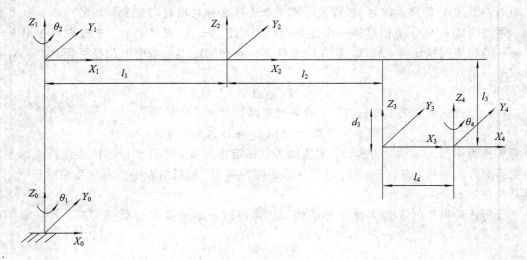

图 3.12　SCARA 机器人的坐标系

表 3.2　SCARA 装配机器人的连杆参数

连杆	θ_n	α_n	a_n	d_n
1	θ_1	0	0	l_0
2	θ_2	0	l_1	0
3	0	0	l_2	$-l_3+d_3$
4	θ_4	0	l_4	0

把各参数代入式(3.25)，可计算出各连杆的变换矩阵为

$$\boldsymbol{A}_1 = \begin{bmatrix} c_1 & -s_1 & 0 & 0 \\ s_1 & c_1 & 0 & 0 \\ 0 & 0 & 1 & l_0 \\ 0 & 0 & 0 & 1 \end{bmatrix} \tag{3.29}$$

$$\boldsymbol{A}_2 = \begin{bmatrix} c_2 & -s_2 & 0 & l_1 \\ s_2 & c_2 & 0 & 0 \\ 0 & 0 & 1 & 0 \\ 0 & 0 & 0 & 1 \end{bmatrix} \tag{3.30}$$

$$\boldsymbol{A}_3 = \begin{bmatrix} c_3 & -s_3 & 0 & l_1 \\ s_3 & c_3 & 0 & 0 \\ 0 & 0 & 1 & 0 \\ 0 & 0 & 0 & 1 \end{bmatrix} \tag{3.31}$$

$$\boldsymbol{A}_4 = \begin{bmatrix} c_4 & -s_4 & 0 & l_4 \\ s_4 & c_4 & 0 & 0 \\ 0 & 0 & 1 & 0 \\ 0 & 0 & 0 & 1 \end{bmatrix} \tag{3.32}$$

计算出手部位姿的矩阵表达式为

$$T_4 = A_1 A_2 A_3 A_4 = \begin{bmatrix} n_x & o_x & a_x & p_x \\ n_y & o_y & a_y & p_y \\ n_z & o_z & a_z & p_z \\ 0 & 0 & 0 & 1 \end{bmatrix} \tag{3.33}$$

其中：

$$n_x = c_1\,c_2\,c_4 - s_1\,s_2\,c_4 - c_1\,s_2\,s_4 - s_1\,c_2\,s_4$$

$$n_y = s_1\,c_2\,c_4 + c_1\,s_2\,c_4 - s_1\,s_2\,s_4 + c_1\,c_2\,s_4$$

$$o_x = -c_1\,c_2\,s_4 + s_1\,s_2\,s_4 - c_1\,s_2\,c_4 - s_1\,c_2\,c_4$$

$$o_y = -s_1\,c_2\,s_4 - c_1\,s_2\,s_4 - s_1\,s_2\,c_4 + c_1\,c_2\,c_4$$

$$p_x = c_1\,c_2\,(l_2 + l_4) - s_1\,s_2\,(l_2 + l_4) + c_1\,l_1$$

$$p_y = s_1\,c_2\,(l_2 + l_4) + c_1\,s_2\,(l_2 + l_4) + s_1\,l_1$$

$$p_z = l_0 - l_3 + d_3$$

$$a_{z=1}$$

当给定每个关节的输入值后，可求出手部的姿态。表 3.3 为给定各关节变量时手部的位姿的各分量取值。

表 3.3　SCARA 机器人正运动学计算举例

输入值	θ_1	10	θ_2	-15	d_3	23	θ_4	45
输出值	n_x	0.766044	o_x	-0.642788	a_x	0	P_x	395.318165
	n_y	0.642788	o_y	0.766044	a_y	0	P_y	14.777604
	n_z	0	o_z	0	a_z	1	P_z	103

3. 反向运动学及实例

反向运动学解决的问题是：已知手部的位姿，求各个关节的变量。在机器人的控制中，往往已知手部到达的目标位姿，需要求出关节变量，以驱动各关节的电机，使手部的位姿得到满足，这就是运动学的反向问题，也称逆运动学。

仍然以图 3.12 的 SCARA 为例，其运动学方程如式(3.33)所示。

其中：

$$A_1 = \begin{bmatrix} c_1 & -s_1 & 0 & 0 \\ s_1 & c_1 & 0 & 0 \\ 0 & 0 & 1 & l_0 \\ 0 & 0 & 0 & 1 \end{bmatrix} \tag{3.34}$$

只要列出 A_1^{-1}，在式(3.33)两边分别左乘 A_1^{-1}，即可得

$$A_1^{-1} T_4 = A_2 A_3 A_4 \tag{3.35}$$

展开方程两边矩阵，对应项相等，即可求得

$$\theta_1 = \arctan\left(\frac{A}{\pm\sqrt{1 - A^2}}\right) - \varphi$$

式中：$A = \dfrac{l_1^2 - (l_2 + l_4)^2 + p_x^2 + p_y^2}{2l_1 \cdot \sqrt{p_x^2 + p_y^2}}$；$\varphi = \arctan\dfrac{p_x}{p_y}$。

$$\theta_2 = \arctan\left[\frac{r\cos(\theta_1 + \varphi)}{r\sin(\theta_1 + \varphi) - l_1}\right]$$

式中：$r = \sqrt{p_x^2 + p_y^2}$；$\varphi = \arctan\dfrac{p_x}{p_y}$。

$$d_3 = p_z - (l_0 - l_3)$$

$$\theta_4 = \arctan\left(\frac{-\sin\theta_1 \cdot n_x + \cos\theta_1 n_y}{\cos\theta_1 \cdot n_x + \sin\theta_1 n_y}\right) - \theta_2$$

表 3.4 列出了特定位姿下各关节的输出值。

表 3.4 SCARA 机器人逆运动学计算举例

输入值	p_x	395.318165	p_y	14.777604	p_z	103		
	n_x	0.766044	n_y	0.642788	O_x	-0.642788	O_y	0.766044
输出值	θ_1	10 -18.074538	θ_2	-15 37.026999	d_3	23 23	θ_4	45 21.047572

上述求解的过程称为分离变量法，即将一个未知数由矩阵方程的右边移向左边，使其与其他未知数分开，解出这个未知数，再把下一个未知数移到左边，重复进行，直到解出所有的未知数。

应该注意，求解逆解时可能存在的问题有：解不存在或解的多重性。

由于旋转关节的活动范围很难达到360°，仅为360°的一部分，即机器人都具有一定的工作区域，当给定手部位置在工作区域外时，则解不存在。

实际上，由于关节的活动范围的限制，机器人有多组解时，可能有某些解不能达到。一般来说，非零的连杆参数越多，达到某一目标的方式越多，运动学逆解的数目越多。所以，应该根据具体情况，在避免碰撞的前提下，按"最短行程"的原则来择优，即使每个关节的移动量最小。又由于工业机器人连杆的尺寸大小不同，因此应遵循"多移动小关节，少移动大关节"的原则。

3.2 工业机器人的动力学

3.2.1 工业机器人速度分析

机器人的运动学方程只局限于对静态位置的讨论，未涉及速度、加速度和受力。本节讨论与机器人速度和静力有关的雅可比矩阵，以及工业机器人的静力学问题和动力学问题。

1. 工业机器人速度雅可比矩阵

数学上，雅可比矩阵（Jacobian Matrix）是一个多元函数的偏导矩阵。假设有六个函数，每个函数有六个变量，即

$$\begin{cases} y_1 = f_1(x_1, x_2, x_3, x_4, x_5, x_6) \\ y_2 = f_2(x_1, x_2, x_3, x_4, x_5, x_6) \\ \qquad\vdots \\ y_6 = f_6(x_1, x_2, x_3, x_4, x_5, x_6) \end{cases} \tag{3.36}$$

可写成

$$Y = F(X)$$

将其微分，得

$$
\begin{cases}
\mathrm{d}y_1 = \dfrac{\partial f_1}{\partial x_1}\mathrm{d}x_1 + \dfrac{\partial f_1}{\partial x_2}\mathrm{d}x_2 + \cdots + \dfrac{\partial f_1}{\partial x_6}\mathrm{d}x_6 \\[2mm]
\mathrm{d}y_2 = \dfrac{\partial f_2}{\partial x_1}\mathrm{d}x_1 + \dfrac{\partial f_2}{\partial x_2}\mathrm{d}x_2 + \cdots + \dfrac{\partial f_2}{\partial x_6}\mathrm{d}x_6 \\[2mm]
\qquad\qquad\qquad\vdots \\[2mm]
\mathrm{d}y_6 = \dfrac{\partial f_6}{\partial x_1}\mathrm{d}x_1 + \dfrac{\partial f_6}{\partial x_2}\mathrm{d}x_2 + \cdots + \dfrac{\partial f_6}{\partial x_6}\mathrm{d}x_6
\end{cases}
\tag{3.37}
$$

可简写成

$$\mathrm{d}Y = \frac{\partial F}{\partial X}\mathrm{d}x$$

式中，(6×6) 矩阵 $\dfrac{\partial F}{\partial X}$ 称为雅可比矩阵。

　　对于工业机器人速度分析和静力分析中遇到类似的矩阵，我们称为机器人的雅可比矩阵，简称雅可比。

　　以 2 自由度平面关节机器人为例，如图 3.13 所示，机器人的手部坐标 (x,y) 相对于关节变量 (θ_1,θ_2) 有

$$
\begin{cases}
x = l_1\cos\theta_1 + l_2\cos\theta_2 \\
y = l_1\sin\theta_1 + l_2\sin\theta_2
\end{cases}
\tag{3.38}
$$

即

$$
\begin{cases}
x = x(\theta_1,\ \theta_2) \\
y = y(\theta_1,\ \theta_2)
\end{cases}
\tag{3.39}
$$

求微分有

$$
\begin{cases}
\mathrm{d}x = \dfrac{\partial x}{\partial\theta_1}\mathrm{d}\theta_1 + \dfrac{\partial x}{\partial\theta_2}\mathrm{d}\theta_2 \\[2mm]
\mathrm{d}y = \dfrac{\partial y}{\partial\theta_1}\mathrm{d}\theta_1 + \dfrac{\partial y}{\partial\theta_2}\mathrm{d}\theta_2
\end{cases}
\tag{3.40}
$$

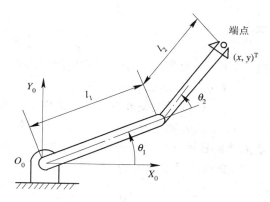

图 3.13　2 自由度平面关节机器人

写成矩阵为

$$
\begin{bmatrix} \mathrm{d}x \\ \mathrm{d}y \end{bmatrix}
=
\begin{bmatrix}
\dfrac{\partial x}{\partial\theta_1} & \dfrac{\partial x}{\partial\theta_2} \\[2mm]
\dfrac{\partial y}{\partial\theta_1} & \dfrac{\partial y}{\partial\theta_2}
\end{bmatrix}
\cdot
\begin{bmatrix} \mathrm{d}\theta_1 \\ \mathrm{d}\theta_2 \end{bmatrix}
\tag{3.41}
$$

令

$$
\boldsymbol{J} =
\begin{bmatrix}
\dfrac{\partial x}{\partial\theta_1} & \dfrac{\partial x}{\partial\theta_2} \\[2mm]
\dfrac{\partial y}{\partial\theta_1} & \dfrac{\partial y}{\partial\theta_2}
\end{bmatrix}
\tag{3.42}
$$

则式(3.41)可简写为

$$\mathrm{d}\boldsymbol{X} = \boldsymbol{J}\,\mathrm{d}\boldsymbol{\theta}$$

其中，$\mathrm{d}\boldsymbol{X} = \begin{bmatrix} \mathrm{d}x \\ \mathrm{d}y \end{bmatrix}$，$\mathrm{d}\boldsymbol{\theta} = \begin{bmatrix} \mathrm{d}\theta_1 \\ \mathrm{d}\theta_2 \end{bmatrix}$。

由此可求得

$$\boldsymbol{J} = \begin{bmatrix} -l_1 s_1 - l_2 s_{12} & -l_2 s_{12} \\ l_1 c_1 + l_2 c_{12} & l_2 c_{12} \end{bmatrix} \tag{3.43}$$

对于 n 自由度机器人，关节变量 $\boldsymbol{q} = [q_1 \quad q_2 \quad \cdots \quad q_n]^\mathrm{T}$，当关节为转动关节时，$q_i = \theta_i$；当关节为移动关节时，$q_i = d_i$，则 $\mathrm{d}\boldsymbol{q} = [\mathrm{d}q_1 \quad \mathrm{d}q_2 \quad \cdots \quad \mathrm{d}q_n]^\mathrm{T}$ 反映关节空间的微小运动。由 $\boldsymbol{X} = \boldsymbol{X}(q)$ 可知：

$$\mathrm{d}\boldsymbol{X} = \boldsymbol{J}(q)\mathrm{d}\boldsymbol{q} \tag{3.44}$$

其中 $\boldsymbol{J}(q)$ 是 $(6 \times n)$ 的偏导数矩阵，称为 n 自由度机器人速度雅可比矩阵。

2. 工业机器人速度分析

把式(3.44)两边各除以 $\mathrm{d}t$，得

$$\frac{\mathrm{d}\boldsymbol{X}}{\mathrm{d}t} = \boldsymbol{J}(q)\frac{\mathrm{d}\boldsymbol{q}}{\mathrm{d}t} \tag{3.45}$$

或

$$\boldsymbol{V} = \boldsymbol{J}(q)\dot{\boldsymbol{q}} \tag{3.46}$$

其中：$\boldsymbol{V}$——机器人末端在操作空间中的广义速度，$\boldsymbol{V} = \dot{\boldsymbol{X}}$；

$\quad\quad \boldsymbol{J}(q)$——速度雅可比矩阵；

$\quad\quad \dot{\boldsymbol{q}}$——机器人关节在关节空间中的关节速度。

若把 $\boldsymbol{J}(q)$ 矩阵的第 1 列与第 2 列矢量分别记为 $\boldsymbol{J}_1$、$\boldsymbol{J}_2$，则有 $\boldsymbol{V} = \boldsymbol{J}_1\dot{\theta}_1 + \boldsymbol{J}_2\dot{\theta}_2$，说明机器人速度雅可比的每一列表示其他关节不动而某一关节运动时产生的端点速度。

2 自由度手部速度为

$$\boldsymbol{V} = \begin{bmatrix} v_x \\ v_y \end{bmatrix} = \begin{bmatrix} -l_1 s_1 - l_2 s_{12} & -l_2 s_{12} \\ l_1 c_1 + l_2 c_{12} & l_2 c_{12} \end{bmatrix} \cdot \begin{bmatrix} \dot{\theta}_1 \\ \dot{\theta}_2 \end{bmatrix} \tag{3.47}$$

若已知关节上 $\dot{\theta}_1$ 与 $\dot{\theta}_2$ 是时间的函数，$\dot{\theta}_1 = f_1(t)$，$\dot{\theta}_2 = f_2(t)$，则可求出该机器人手部在某一时刻的速度 $\boldsymbol{V} = f(t)$，即手部瞬时速度。反之，给定机器人手部速度，可由 $\boldsymbol{V} = \boldsymbol{J}(q)\dot{\boldsymbol{q}}$ 解出相应的关节速度，$\dot{\boldsymbol{q}} = \boldsymbol{J}^{-1}\boldsymbol{V}$，式中 $\boldsymbol{J}^{-1}$ 为机器人逆速度雅可比矩阵。

逆速度雅可比 $\boldsymbol{J}^{-1}$ 出现奇异解的情况如下：

① 工作域边界上的奇异。机器人手臂全部伸开或全部折回时，叫奇异形位，该位置产生的解称为工作域边界上的奇异。

② 工作域内部奇异。机器人两个或多个关节轴线重合引起的奇异，当出现奇异形位时，会产生退化现象，即在某空间某个方向(或子域)上，不管机器人关节速度怎样选择，手部也不可能动。

3.2.2　工业机器人静力学分析

机器人作业时，与外界环境的接触会在机器人与环境之间引起相互的作用力和力矩。

各关节的驱动力矩（或力）与末端操作器施加的力（广义力，包括力和力矩）之间的关系是机器人操作臂力控制的基础。

本部分讨论操作臂在静止姿态下力的平衡关系。

假定各关节"锁定"，机器人成为一个机构。该"锁定"用的关节力与手部所支持的载荷或受到外界环境作用力取得静力平衡。

求解这种"锁定"用的关节力或求解在已知驱动力矩作用下手部的输出力就是对机器人操作臂的静力计算。

1. 操作臂中的静力

如已知外界环境对机器人最末杆的作用力和力矩，则可以先分析最后一个连杆对上一个连杆的力和力矩，依次递推，直到分析完第一个连杆对机座的力和力矩，从而计算出每个连杆上的受力情况。操作臂中单个杆件的受力分析如图 3.14 所示。

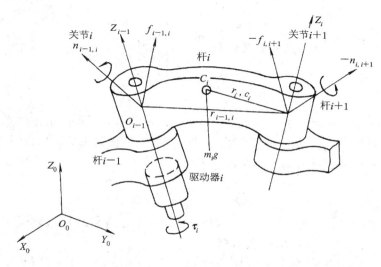

图 3.14　操作臂中单个杆件受力分析

利用静力平衡条件，杆上所受合力和合力矩为零。为方便表示手部端点的力和力矩，可写成一个 6 维矢量：

$$\boldsymbol{F} = \begin{bmatrix} f_{n,n+1} \\ n_{n,n+1} \end{bmatrix} \tag{3.48}$$

各关节驱动器的驱动力或力矩可写成一个 n 维矢量的形式，即

$$\boldsymbol{\tau} = \begin{bmatrix} \tau_1 \\ \tau_2 \\ \vdots \\ \tau_n \end{bmatrix} \tag{3.49}$$

其中：τ——关节力矩（或关节力）矢量；

n——关节的个数。

2. 机器人力雅可比矩阵

假定关节无摩擦，忽略各杆件的重力，则有

$$\boldsymbol{\tau} = \boldsymbol{J}^{\mathrm{T}} \boldsymbol{F} \tag{3.50}$$

其中：$\boldsymbol{\tau}$——广义关节力矩；

$\boldsymbol{F}$——机器人手部端点力；

$\boldsymbol{J}^{\mathrm{T}}$——($n \times 6$)阶机器人力雅可比矩阵，简称力雅可比。

式(3.50)可用虚功原理证明。

证明　如图 3.15 所示，各个关节的虚位移组成机器人关节虚位移矢量 $\delta \boldsymbol{q}_i$；末端操作器的虚位移矢量为 $\delta \boldsymbol{X}$，由线虚位移 $\boldsymbol{d}$ 矢量和角虚位移 $\boldsymbol{\delta}$ 矢量组成。

$$\delta \boldsymbol{X} = \begin{bmatrix} \boldsymbol{d} \\ \boldsymbol{\delta} \end{bmatrix} = \begin{bmatrix} d_x \\ d_y \\ d_z \\ \delta \phi_x \\ \delta \phi_y \\ \delta \phi_z \end{bmatrix} \tag{3.51}$$

$$\delta \boldsymbol{q} = \begin{bmatrix} \delta \boldsymbol{q}_1 & \delta \boldsymbol{q}_2 & \cdots & \delta \boldsymbol{q}_n \end{bmatrix}^{\mathrm{T}} \tag{3.52}$$

设发生上述虚位移时，各关节力为 $\boldsymbol{\tau}_i (i=1,2,\cdots,n)$，环境作用在机器人手部端点上的力和力矩分别为 $-\boldsymbol{f}_{n,n+1}$ 和 $-\boldsymbol{n}_{n,n+1}$，由上述力和力矩所做的虚功可以由下式求出：

$$\delta W = \boldsymbol{\tau}_1 \delta \boldsymbol{q}_1 + \boldsymbol{\tau}_2 \delta \boldsymbol{q}_2 + \cdots + \boldsymbol{\tau}_n \delta \boldsymbol{q}_n - \boldsymbol{f}_{n,n+1} \boldsymbol{d} - \boldsymbol{n}_{n,n+1} \boldsymbol{\delta} \tag{3.53}$$

或写成

$$\delta W = \boldsymbol{\tau}^{\mathrm{T}} \delta \boldsymbol{q} - \boldsymbol{F}^{\mathrm{T}} \delta \boldsymbol{X} \tag{3.54}$$

根据虚位移原理，机器人处于平衡状态的充分必要条件是对任意的符合几何约束的虚位移，有 $\delta W = 0$，又因 $\mathrm{d} \boldsymbol{X} = \boldsymbol{J} \mathrm{d} \boldsymbol{q}$，代入得

$$\delta W = \boldsymbol{\tau}^{\mathrm{T}} \delta \boldsymbol{q} - \boldsymbol{F}^{\mathrm{T}} \delta \boldsymbol{X} = \boldsymbol{\tau}^{\mathrm{T}} \delta \boldsymbol{q} - \boldsymbol{F}^{\mathrm{T}} \boldsymbol{J} \delta \boldsymbol{q} = (\boldsymbol{\tau} - \boldsymbol{J}^{\mathrm{T}} \boldsymbol{F})^{\mathrm{T}} \delta \boldsymbol{q} \tag{3.55}$$

式中，$\delta \boldsymbol{q}$ 表示几何上允许位移的关节独立变量，对任意的 $\delta \boldsymbol{q}$，欲使 $\delta W = 0$ 成立，必有

$$\boldsymbol{\tau} = \boldsymbol{J}^{\mathrm{T}} \boldsymbol{F} \tag{3.56}$$

式中，$\boldsymbol{J}^{\mathrm{T}}$ 与手部端点力和广义关节力矩之间的力传递有关，称为机器人力雅克比。机器人力雅克比正好是速度雅克比的转置。

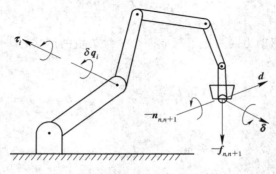

图 3.15　关节及末端操作器的虚位移

3. 机器人静力计算的两类问题

从操作臂手部端点力 F 与广义关节力矩 τ 之间的关系式 $\tau = J^\mathrm{T} F$ 可知，操作臂静力计算可分为两类：

（1）已知外界对手部的作用力 F'，求满足静力平衡条件的关节驱动力矩 $\tau(\tau = J^\mathrm{T} F)$。

（2）已知关节驱动力矩 τ，确定机器人手部对外界环境的作用力 F 或负荷质量（逆解，即求解 $F = (J^\mathrm{T})^{-1} \tau$）。

当自由度 $n > 6$ 时，力雅可比可能不是方阵，J^T 没有逆解，一般情况下不一定能得到唯一的解。

3.2.3　工业机器人动力学分析

随着工业机器人向高精度、高速、重载及智能化方向发展，对机器人设计和控制方面的要求就更高了，尤其是对控制方面，要求机器人动态实时控制的场合越来越多，所以机器人的动力学分析尤为重要。机器人是一个非线性的复杂的动力学系统。动力学问题的求解比较困难，而且需要较长的运算时间。因此，简化解的过程、最大限度地减少工业机器人动力学在线计算的时间是一个受到关注的研究课题。

1. 动力学分析的两类问题

工业机器人动力学分析的两类问题是：

（1）给出已知的轨迹点的关节变量 θ、$\dot\theta$、$\ddot\theta$，即机器人的关节位置、速度和加速度，求相应的关节力矩向量 τ，用以实现对机器人的动态控制；

（2）已知关节驱动力矩，求机器人系统相应的各瞬时的运动，用于模拟机器人运动。

分析机器人动力学的方法很多，有拉格朗日方法、牛顿-欧拉方法、高斯方法、凯恩方法等。其中，拉格朗日方法不仅求解复杂的系统动力学方程简单，而且容易理解。

2. 拉格朗日方程

首先，定义拉格朗日函数是一个机械系统的动能 E_K 和势能 E_P 之差，即

$$L = E_K - E_P \tag{3.57}$$

由于系统的动能 E_K 是广义关节变量 q_i 和 $\dot q_i$ 的函数，系统势能 E_P 是 q_i 的函数，因此，拉格朗日函数 L 也是 q_i 和 $\dot q_i$ 的函数。

机器人系统的拉格朗日方程为

$$F_i = \frac{\mathrm{d}}{\mathrm{d}t} \frac{\partial L}{\partial \dot q_i} - \frac{\partial L}{\partial q_i} \qquad i = 1, 2, \cdots, n \tag{3.58}$$

其中，F_i 是关节广义驱动力（对于移动关节为驱动力；对于转动关节为驱动力矩）。

那么，用拉格朗日法建立机器人动力学方程的步骤如下所述：

（1）选取坐标系，选定独立的广义关节变量 q_i，$i = 1, 2, \cdots, n$；

（2）选定相应的广义力 F_i；

（3）求出各构件的动能和势能，构造拉格朗日函数；

（4）代入拉格朗日方程求得机器人系统的动力学方程。

3. 关节空间和操作空间动力学

关节空间即 n 个自由度操作臂末端位姿 X 是由 n 个关节变量决定的，这 n 个关节变量

叫 n 维关节矢量 $\boldsymbol{q}$，$\boldsymbol{q}$ 所构成的空间称为关节空间。

操作空间即末端操作器的作业是在直角坐标空间中进行的，位姿 X 是在直角坐标空间中描述的，这个空间叫操作空间。

关节空间动力学方程为

$$\boldsymbol{\tau} = \boldsymbol{D}(\boldsymbol{q})\ddot{\boldsymbol{q}} + \boldsymbol{H}(\boldsymbol{q}, \dot{\boldsymbol{q}}) + \boldsymbol{G}(\boldsymbol{q}) \tag{3.59}$$

其中：

$$\boldsymbol{\tau} = \begin{bmatrix} \tau_1 \\ \tau_2 \end{bmatrix}, \quad \boldsymbol{q} = \begin{bmatrix} \theta_1 \\ \theta_2 \end{bmatrix}, \quad \dot{\boldsymbol{q}} = \begin{bmatrix} \dot{\theta}_1 \\ \dot{\theta}_2 \end{bmatrix}, \quad \ddot{\boldsymbol{q}} = \begin{bmatrix} \ddot{\theta}_1 \\ \ddot{\theta}_2 \end{bmatrix}$$

对于 n 个关节的操作臂，$\boldsymbol{D}(\boldsymbol{q})$ 是 $(n \times n)$ 的正定对称矩阵，是 $\boldsymbol{q}$ 的函数。如图 3.16 所示，2 自由度平面关节机器人有

$$\boldsymbol{D}(\boldsymbol{q}) = \begin{bmatrix} m_1 p_1^2 + m_2(l_1^2 + p_2^2 + 2l_1 p_2 c_2) & m_2(p_2^2 + l_1 p_2 c_2) \\ m_2(p_2^2 + l_1 p_2 c_2) & m_2 p_2^2 \end{bmatrix} \tag{3.60}$$

$\boldsymbol{H}(\boldsymbol{q}, \dot{\boldsymbol{q}})$ 是 $(n \times 1)$ 的离心力和哥氏力矢量，2 自由度平面关节机器人有

$$\boldsymbol{H}(\boldsymbol{q}, \dot{\boldsymbol{q}}) = \begin{bmatrix} -m_2 l_1 p_2 s_2 \dot{\theta}_2^2 - 2m_2 l_1 p_2 s_2 \dot{\theta}_1 \dot{\theta}_2 \\ m_2 l_1 p_2 s_2 \dot{\theta}_1^2 \end{bmatrix} \tag{3.61}$$

$\boldsymbol{G}(\boldsymbol{q})$ 是 $(n \times 1)$ 的重力矢量，与操作臂的形位 $\boldsymbol{q}$ 有关，2 自由度平面关节机器人有

$$\boldsymbol{G}(\boldsymbol{q}) = \begin{bmatrix} (m_1 p_1 + m_2 l_1) s_1 + m_2 p_2 s_{12} \\ m_2 p_2 s_{12} \end{bmatrix} g \tag{3.62}$$

式(3.59)是操作臂在关节空间中的动力学方程的一般形式，它反映了关节力矩与关节变量、速度、加速度之间的函数关系。

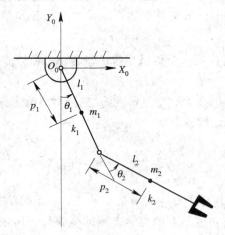

图 3.16　2 自由度平面关节机器人

与关节空间动力学方程相对应，在笛卡尔操作空间中，可用直角坐标变量，即末端操作器的位姿矢量来表示机器人动力学方程。操作空间动力学方程如下：

$$\boldsymbol{F} = \boldsymbol{M}_x(\boldsymbol{q})\ddot{\boldsymbol{X}} + \boldsymbol{U}_x(\boldsymbol{q}, \dot{\boldsymbol{q}}) + \boldsymbol{G}_x(\boldsymbol{q}) \tag{3.63}$$

其中：$\boldsymbol{M}_x(\boldsymbol{q})$——操作空间的惯性矩阵；

$\boldsymbol{U}_x(\boldsymbol{q}, \dot{\boldsymbol{q}})$——离心力和哥氏力矢量；

$G_x(q)$——重力矢量；

F——广义操作力矢量。

两个空间之间的关系可由以下三式求出：

$$\tau = J^{\mathrm{T}}(q)F \tag{3.64}$$

$$\dot{X} = J(q)\dot{q} \tag{3.65}$$

$$\ddot{X} = J(q)\ddot{q} + \dot{J}(q)\dot{q} \tag{3.66}$$

3.3　并联机器人的运动学及动力学

3.3.1　并联机器人机构位置分析

本节以 Steward 平台机构为例，讨论并联机构的位置分析方法。

1. 位置反解

在串联机器人机构的位置分析中，正解比较容易，而反解比较困难；但在并联机器人机构的位置分析中，反解比较简单，而正解却十分复杂，这正是并联机器人机构分析的特点。下面以 6 - SPS 并联机构为例，讨论并联机构的位置反解方法。

6 - SPS 并联机构（如图 3.17 所示）的上下平台以 6 个分支相连，每个分支两端是两个球铰，中间是一个移动副。驱动器推动移动副移动，改变各杆的长度，从而改变平台在空间的位置和姿态。当给定上平台在空间的位置和姿态时，求各个杆长，即各运动副的位移，这就是该机构的位置反解。

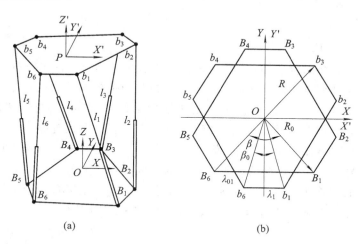

(a)　　　　　　　　　　　　　　　(b)

图 3.17　6 - SPS 并联机构

(a) 机构简图；(b) 坐标系示意图

首先，在机构的上、下平台上各建立一个坐标系，如图 3.18 所示，动坐标系 $PX'Y'Z'$ 建立在上平台上，坐标系 $OXYZ$ 建立在下平台上。在动坐标系中的任一向量 R' 可以通过坐标变换方法变换到固定坐标系中

$$R = TR' + P \tag{3.67}$$

其中，$\boldsymbol{T} = \begin{bmatrix} d_{11} & d_{12} & d_{13} \\ d_{21} & d_{22} & d_{23} \\ d_{31} & d_{32} & d_{33} \end{bmatrix}$，$\boldsymbol{P} = \begin{bmatrix} X_p & Y_p & Z_p \end{bmatrix}^{\mathrm{T}}$。

式中的 $\boldsymbol{T}$ 为平台姿势的方向余弦矩阵，其中的第 1、2、3 列分别为动坐标系的 X'、Y' 和 Z' 在固定坐标系中的方向余弦，$\boldsymbol{P}$ 为上平台选定的参考点矢量，即动坐标系的原点在固定坐标系中的位置矢量。当给定机构的各个结构尺寸后，利用几何关系可以很容易地写出上、下平台各铰链点 $\boldsymbol{b}_i$、$\boldsymbol{B}_i (i=1, 2, 3, \cdots, 6)$ 在各自坐标系中的坐标值，再由式(3.67)即可求出上、下平台铰链点在固定坐标系 $OXYZ$ 中的坐标值。这时，6 个驱动器杆长矢量 $\boldsymbol{l}_i (i=1, 2, 3, \cdots, 6)$，可在固定坐标系中表示为

$$\boldsymbol{l}_i = \boldsymbol{b}_i - \boldsymbol{B}_i, \quad i = 1, 2, 3, \cdots, 6 \tag{3.68}$$

或

$$\boldsymbol{l}_i = \begin{bmatrix} d_{11} b'_{ix} + d_{12} b'_{iy} + X_p - B_{ix} \\ d_{21} b'_{ix} + d_{22} b'_{iy} + Y_p - B_{iy} \\ d_{31} b'_{ix} + d_{32} b'_{iy} + Z_p \end{bmatrix} \tag{3.69}$$

从而，得到机构的位置反解计算方程为

$$\boldsymbol{l}_i = \sqrt{l_{ix}^2 + l_{iy}^2 + l_{iz}^2}, \quad i = 1, 2, 3, \cdots, 6 \tag{3.70}$$

式(3.70)是 6 个独立的显式方程。当已知机构的基本尺寸和上平台的位置和姿态后，就可以利用该式求出 6 个驱动器的位移。由此可见，6-SPS 类型的并联机构的位置反解较简单，这正是此类机构的优点之一。这种求解方法不仅适用于 6-SPS 机构，而且普遍适用于从 5-SPS 机构演化出来的许多其他平台机构。

2. 位置正解

1) 位置正解的数值方法

由于并联机构结构的复杂性，位置正解的难度较大，其中一种比较有效的方法是采用数值方法求解一组非线性方程，从而求得与输入位移对应的动平台的位置和姿态。数值法的优点是数学模型的建立相对容易，并且省去了烦琐的数学推导；可求解任何并联机构，并可立即进行位置分析和后续的研究工作；应用比较方便，而且对那些尚未得到封闭解的并联机构，这种方法仍有重要的意义。但这种方法的不足之处是计算速度比较慢，不能求得机构的所有位置解，并且最终的结果与初值的选取有直接的关系。

式(3.67)中的矩阵 $\boldsymbol{T}$ 虽然有 9 个元素，但它们皆依赖于上平台的动坐标系相对于固定平台的定坐标系的 3 个独立的转角 θ_x、θ_y、θ_z，矩阵 $\boldsymbol{T}$ 的各元素可以具体写成

$$\boldsymbol{T} = \begin{bmatrix} c\theta_z c\theta_y & c\theta_z s\theta_y s\theta_x - s\theta_x c\theta_x & c\theta_z s\theta_y c\theta_x + s\theta_z s\theta_x \\ s\theta_z s\theta_y & s\theta_z s\theta_y s\theta_x - s\theta_z c\theta_x & s\theta_z s\theta_y c\theta_x - c\theta_z s\theta_x \\ -s\theta_y & c\theta_y s\theta_x & c\theta_y c\theta_x \end{bmatrix} \tag{3.71}$$

式中，$c(\theta) = \cos\theta$，$s(\theta) = \sin\theta$。因此确定上平台的位置和姿势的独立参数有 6 个，它们确定上平台动坐标系的原点位置的坐标 X_p、Y_p、Z_p，以及确定上平台姿势的 3 个独立转角 θ_x、θ_y、θ_z。上平台上的各铰链点在固定坐标系中的位置向量都可以表示为这 6 个独立参数的函数，即

$$\boldsymbol{b}_i = f_i(X_p, Y_p, Z_p, \theta_x, \theta_y, \theta_z), \quad i = 1, 2, 3, \cdots, 6 \tag{3.72}$$

当给定 6 个驱动器的位移 $l_i (i = 1, 2, 3, \cdots, 6)$ 后，为求上平台 6 个独立的输出参数，可以建立如下方程组：

$$l_i^2 = (\boldsymbol{b}_i - \boldsymbol{B}_i)^{\mathrm{T}} (\boldsymbol{b}_i - \boldsymbol{B}_i), \quad i = 1, 2, 3, \cdots, 6 \tag{3.73}$$

式(3.73)为含 6 个未知数、6 个非线性方程的方程组，可以借助非线性方程组的解法从式(3.73)中解出 6 个未知数。例如，若采用最小二乘法，则可以建立下面的目标函数：

$$F(X_p, Y_p, Z_p, \theta_x, \theta_y, \theta_z) = \sum_{i=1}^{6} \left[l_i - \sqrt{(\boldsymbol{b}_i - \boldsymbol{B}_i)^{\mathrm{T}} (\boldsymbol{b}_i - \boldsymbol{B}_i)} \right]^2 \tag{3.74}$$

数值算法可求解出使式(3.74)为极小的上平台位姿参数 $(X_p, Y_p, Z_p, \theta_x, \theta_y, \theta_z)$。

非线性方程组(3.73)所含未知数的数目越多，求解方程组的时间就会越长。在实际中还可以对方程组进行进一步化简，从而减少未知数的个数，以达到提高计算机求解速度的目的。

2）6 - SPS 并联机构位置正解的解析法

由前述可知，数值解法速度慢、效率低，并且不能求出所有可能的解，因此人们希望用解析法来求并联机构的所有封闭解。由于并联机构结构复杂，对于一般形式的 6 - SPS 平台式并联机构的解析位置，正解还没有解决，但是通过改变上、下平台上的铰链点的分布或是采用复合铰的方法，6 - SPS 机构可以演化出许多结构形式，其中有许多形式的机构已有封闭解。在此，给出一种典型平台式并联机构的位置正解的解析方法。

如图 3.18 所示，这是一个上、下平台都是六边形的常见的 Steward 平台机构。下面介绍一种较简便的位置正解方法。首先，分别在下平台和上平台上建立坐标系，坐标系 $X_0 Y_0 Z_0$（或称为坐标系 S_0）固联于下平台，其原点位于球面副 B_1 的中心，X_0 轴通过运动副 B_2，Z_0 轴垂直于下平台。坐标系 $X_N Y_N Z_N$（或称为坐标系 S_N）固联于上平台，其原点位于球面副 E_1 的中心，X_N 轴通过运动副 E_2，Z_N 轴垂直于上平台。从坐标系 S_N 到 S_0 的变换矩阵 $^0 \boldsymbol{T}_N$ 为

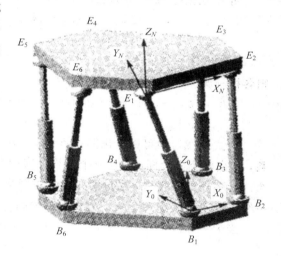

图 3.18　六边形平台并联机构

$$^0 \boldsymbol{T}_N = \begin{bmatrix} \boldsymbol{R} & \boldsymbol{P} \\ 0 & 1 \end{bmatrix} \tag{3.75}$$

其中，$\boldsymbol{P} = [x, y, z]^{\mathrm{T}}$ 是 O_N 在坐标系 S_0 中的位置向量；矩阵 $\boldsymbol{R}$ 是一个 3×3 的方向余弦矩阵，其每一列为坐标系 S_N 中的 X、Y、Z 轴在坐标系 S_0 中的方向余弦，即

$$\boldsymbol{R} = \begin{bmatrix} l_x & m_x & n_x \\ l_y & m_y & n_y \\ l_z & m_z & n_z \end{bmatrix} \tag{3.76}$$

$\boldsymbol{R}$ 矩阵中的 9 个元素，只有 3 个元素是独立的，其他 6 个元素可以通过下列关系求得

$$l_x^2 + l_y^2 + l_z^2 = 1 \tag{3.77}$$

$$m_x^2 + m_y^2 + m_z^2 = 1 \tag{3.78}$$

$$l_x m_x + l_y m_y + l_z m_z = 0 \tag{3.79}$$

$$n_x = l_y m_z - l_z m_y \tag{3.80}$$

$$n_y = l_z m_x - l_x m_z \tag{3.81}$$

$$n_z = l_x m_y - l_y m_x \tag{3.82}$$

从数学上讲，位置的正解就是当 6 个输入杆的长度给定后，求解上述矩阵 $\boldsymbol{R}$ 和 $\boldsymbol{P}$ 中的 12 个元素，因此除了式(3.78)～式(3.82)的 6 个方程外，还需要另外 6 个方程，这 6 个方程可以通过 6 个杆长的约束方程给出。下平台的每个球面副的坐标在 S_0 坐标系中可以表示为

$$\begin{bmatrix} x_{bi} \\ y_{bi} \\ z_{bi} \end{bmatrix}_{S_0} = \begin{bmatrix} a_i \\ b_i \\ 0 \end{bmatrix}, \quad i = 1, 2, 3, \cdots, 6 \tag{3.83}$$

其中 $a_1 = b_1 = b_2 = 0$。

而 E_i 在坐标系 S_N 中的坐标为

$$\begin{bmatrix} x_{ei} \\ y_{ei} \\ z_{ei} \end{bmatrix}_{S_N} = \begin{bmatrix} p_i \\ q_i \\ 0 \end{bmatrix}, \quad i = 1, 2, 3, \cdots, 6 \tag{3.84}$$

其中 $p_1 = q_1 = q_2 = 0$。

而 E_i 在坐标系 S_0 中的坐标经坐标变换，可得

$$\begin{bmatrix} x_{ei} \\ y_{ei} \\ z_{ei} \end{bmatrix} = \begin{bmatrix} p_i l_x + q_i m_x + x \\ p_i l_y + q_i m_y + y \\ p_i l_z + q_i m_z + z \end{bmatrix}, \quad i = 1, 2, 3, \cdots, 6$$

则各杆长为

$$l_i^2 = (p_i l_x + q_i m_x + x - a_i)^2 + (p_i l_y + q_i m_y + y - b_i)^2 + (p_i l_z + q_i m_z + z)^2, \tag{3.85}$$
$$i = 1, 2, 3, \cdots, 6$$

从式(3.85)中可以看出其中不含 n_x、n_y 和 n_z，所以在位置正解中只需要求解 9 个未知数，列出 9 个方程即可。这 9 个方程为式(3.77)～式(3.79)及式(3.85)，其中式(3.85)为 6 个二阶多项式方程组。通过引入两个中间变量 w_1、w_2，这个方程组可以进一步简化为只有一个二次多项式和 5 个线性方程的方程组。

当 $i=1$ 时，因为 $a_1 = b_1 = p_1 = q_1 = 0$，所以式(3.85)可以简化为

$$x^2 + y^2 + z^2 = l_1^2 \tag{3.86}$$

当 $i=1, 2, 3 \cdots 6$ 时，可将式(3.77)～式(3.79)代入式(3.85)中，经化简后得

$$p_i w_1 + q_i w_2 - a_i x - b_i y - C_i m_x - A_i l_x + B_i l_y + D_i m_y + E_i, \quad i = 1, 2, 3, \cdots, 6 \tag{3.87}$$

其中，两个中间变量 w_1、w_2 分别为

$$w_1 = l_x x + l_y y + l_z z \tag{3.88}$$

$$w_2 = m_x x + m_y y + m_z z \tag{3.89}$$

而 A_i、B_i、C_i、D_i 及 E_i 为常数，即 $A_i = p_i a_i$，$B_i = p_i b_i$，$C_i = q_i a_i$，$D_i = q_i b_i$，$E_i = (l_i^2 - l_1^2 - a_i^2 - b_i^2 - q_i^2 - p_i^2)/2$。因为引入了中间变量，所以未知数的个数变为 11 个，即 l_x、l_y、l_z、m_x、m_y、m_z、x、y、z、w_1 和 w_2。这 11 个未知数可以通过 11 个基本方程式

(3.77)~式(3.79)及式(3.86)~式(3.89)联立求解。求解的关键是要从上述 11 个方程中消去 10 个未知数,进而把方程表示为一个未知数的多项式形式的输入/输出方程。(本书在此给出一个思路,详细的计算方法可参考黄真的《高等空间机构学》。)

3. 并联机构的工程案例

【例 3 - 1】 并联机构位置分析举例。现有一个 Stewart 平台,如图 3.19 所示,上平台直径为 16.5 cm,下平台直径为 24 cm,上下平台高度为 20 cm(起始状态)。给定上平台中心点的运动轨迹如式(3.90)所示:

$$\begin{cases} x = 0.5 \sin(3t) \\ y = 0.25 \sin\left(3t + \dfrac{\pi}{2}\right) \\ z = 0.25 \sin(3t) + 3 \\ \Psi = -0.3 \sin(3t) \\ \theta = 0.3 \sin(3t) \\ \phi = 0.3 \sin(3t) \end{cases} \tag{3.90}$$

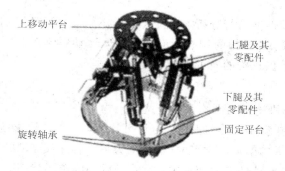

图 3.19 并联机构图

上平台中心的规划轨迹为空间上一条封闭的曲线,如图 3.20(a)所示;上平台中心点的 x、y、z 轴轨迹如图 3.20(b)所示。

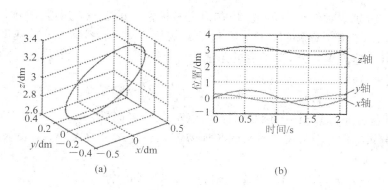

图 3.20 并联机构的上平台中心点轨迹

(a) 空间轨迹图;(b) x、y、z 轴轨迹图

运动反解后每一条腿的运动如图 3.21 所示。

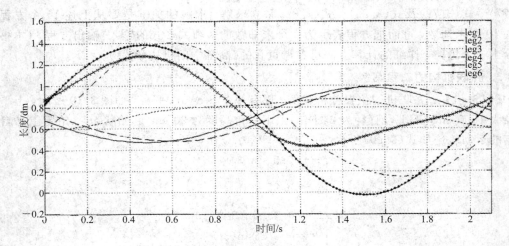

图 3.21　并联机构每条腿的长度变化

3.3.2　并联机构的性能分析

为了对机构的运动性能进行分析，先引入一个概念——运动影响系数。它是与运动分离的一阶、二阶偏导数。当机构的位置形态改变时，运动影响系数也随着改变，它可方便地以显函数的形式表示出机构的速度与加速度。

1. 机构运动分析

Tesar 教授提出了机构运动影响系数，这是机构中一个十分重要的概念。影响系数法包括建立一阶运动影响系数矩阵（即常说的雅可比矩阵）和二阶影响系数矩阵（即黑塞矩阵）。运动影响系数与机构的运动学尺寸（铰链的方向、位置及移动的副方向、位置）和原动件的角位置有关，而与原动件的运动无关，反映了机构的位形状态。

现在以图 3.18 所示的 6 - SPS 机构为例来说明运动影响系数矩阵的建立。以 L_i 表示第 i 条支路中两铰链的矢量，则有

$$L_i = r_{bi} - r_{Bi} \tag{3.91}$$

式中，r_{bi} 和 r_{Bi} 分别表示铰链点 b_i 和 B_i 在固定坐标系中的矢量；用 Q_i 表示沿 L_i 的单位向量，$Q_i = L_i / l_i$，l_i 为第 i 根杆的长度；用 V_{bi}、A_{bi} 表示活动平台铰链点 b_i 的速度和加速度，而动平台铰链点的速度 V_{bi} 可由动平台的角速度 $\omega = [\omega_x \quad \omega_y \quad \omega_z]$ 和动平台上的动坐标系原点 O_p 的速度 $V = [V_x \quad V_y \quad V_z]$ 求得，即

$$V_{bi} = V + \omega \times r_{bi} \tag{3.92}$$

式中，r_{bi} 是动坐标系原点至运动平台的铰链点 b_i 的位置向量。

若以 $\boldsymbol{\varepsilon} = [\varepsilon_x \quad \varepsilon_y \quad \varepsilon_z]^T$ 表示平台的角加速度，$A = [A_x \quad A_y \quad A_z]^T$ 表示动坐标系原点 O_p 的加速度，则有

$$A_{bi} = A + \boldsymbol{\varepsilon} \times r_{bi} + \omega \times (\omega \times r_{bi})$$

令 $\dot{P}$ 和 $\ddot{P}$ 为平台的位姿速度和位姿加速度，即

$$\dot{P} = \{\omega_x \quad \omega_y \quad \omega_z; \ V_x \quad V_y \quad V_z\}^T$$

$$\ddot{P} = \{\varepsilon_x \quad \varepsilon_y \quad \varepsilon_z; \ A_x \quad A_y \quad A_z\}^T$$

则有

$$\dot{q} = G_p^q \dot{P} \tag{3.93}$$

其中，$\dot{q} = [\dot{l}_1 \quad \dot{l}_2 \quad \cdots \quad \dot{l}_6]^T$，故

$$G_p^q = \begin{bmatrix} Q_1^T G_p^{b1} \\ Q_2^T G_b^T \\ \vdots \\ Q_6^T G_p^{b6} \end{bmatrix}$$

G_p^q 为输入速度对末端操作器位姿速度的一阶影响系数矩阵。

式(3.93)为机构的速度反解方程式，机构的速度正解为

$$\dot{P} = G_q^p \dot{q}$$

式中，$G_q^p = G_p^{q-1}$，G_q^p 为末端操作器位姿速度对输入速度的一阶影响系数矩阵，即通常的雅可比矩阵。

对式(3.93)求导，可得机构的加速度反解表达式，即

$$\ddot{q} = G_p^q \dot{P} + \dot{P}^T H_p^q \dot{P} \tag{3.94}$$

式中，$\ddot{q} = [\ddot{l}_1 \quad \ddot{l}_2 \quad \cdots \quad \ddot{l}_6]^T$。

令 $U_i = \left[Q_i^T [H_p^{bi}] + \dfrac{1}{l_i}([G_p^{bi}]^T G_p^{bi} - [G_p^{bi}]^T Q_i [Q_i]^T G_p^{bi}) \right]$，则机构的二阶影响系数矩阵 H_p^q 的每一个元素为

$$[H_p^q]_{m,n} = [(U_1)_{m,n} \quad (U_2)_{m,n} \quad \cdots \quad (U_6)_{m,n}]^T \tag{3.95}$$

机构的加速度正解表达式为

$$\ddot{P} = G_p^q \ddot{q} + \dot{q}^T H_q^p \{\dot{q}\} \tag{3.96}$$

式中，机构的正解二阶影响系数矩阵 H_q^p 为

$$H_q^p = -[G_q^p]^T (G_q^p * H_p^q) G_q^p \tag{3.97}$$

【例 3-2】 并联机构运动学分析举例。在如图 3.19 所示的 Stewart 机构中，当上平台中心以式(3.89)给定的位姿运动时，可求得六根杆件的位置、速度、加速度变化曲线分别如图 3.22～图 3.24 所示。

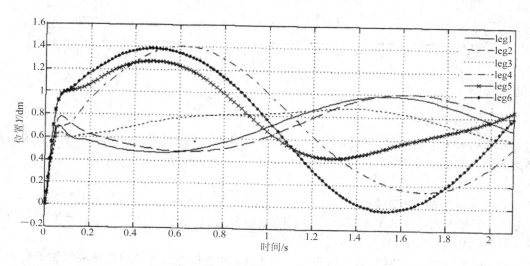

图 3.22 六根杆件的位置变化曲线

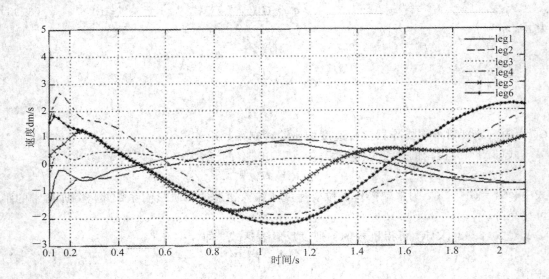

图 3.23　六根杆件的速度变化曲线

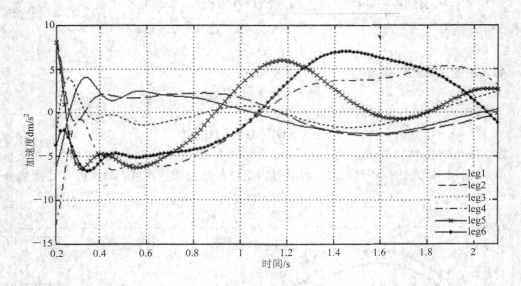

图 3.24　六根杆件的加速度变化曲线

2. 机构受力分析

并联机器人的动力学模型用于分析其动力学响应、动态仿真及计算机控制等。采用拉格朗日动力学模型分析，可得到动力学方程为

$$\boldsymbol{T}_q^i + \boldsymbol{T}_q^A + \boldsymbol{T}_q^L + \boldsymbol{T}_q^S = 0 \tag{3.98}$$

其中，$\boldsymbol{T}_q^i$ 是系统惯性力折算到广义坐标上的力矩；$\boldsymbol{T}_q^L$ 是系统外力对广义坐标的力矩；$\boldsymbol{T}_q^S$ 为弹簧、阻尼等对广义坐标引起的力矩；$\boldsymbol{T}_q^A$ 是驱动力矩。利用此方程，可在已知运动时求输入主动力矩 $\boldsymbol{T}_q^A$，已知输入力矩时求系统的运动。

六自由度并联多支路空间机构的惯性力计算，涉及所有构件的加速度的计算及各种一阶、二阶影响系数矩阵。引用式(3.96)，可得中央平台的加速度为

$$A_H = G_p^H \ddot{q} + \dot{q}^{\mathrm{T}} H_q^H \dot{q} \tag{3.99}$$

处于并联分支的任一构件 K 的加速度为

$$A_K = G_p^K \ddot{q} + \dot{q}^{\mathrm{T}} H_q^K \dot{q} \tag{3.100}$$

其中，$\dot{q}$ 和 $\ddot{q}$ 分别为六个广义坐标 q 对时间的一阶和二阶导数，即输入轴的角速度和角加速度，矩阵 G 和 H 分别为相应构件对广义坐标的一阶和二阶影响系数。

若构件惯性力及力矩以六维矢量的形式表示，记为

$$F_c^i = \begin{bmatrix} T_c^i \\ \vdots \\ f_c^i \end{bmatrix} = \begin{bmatrix} T_x^i & T_y^i & T_z^i & f_{cx}^i & f_{cy}^i & f_{cz}^i \end{bmatrix}^{\mathrm{T}} \tag{3.101}$$

则中央平台及分支 r 中的第 K 杆的六维惯性力矢可用下式求得：

$$F_H^i = -I_{hs}^0 A_H - \begin{bmatrix} [\boldsymbol{\omega}_h]^{\mathrm{T}} I_{hc}^0 \boldsymbol{\omega}_h \\ \vdots \\ 0 \end{bmatrix} \tag{3.102}$$

$$F_H^{i(r)} = -I_{ks}^0 A_K - \begin{bmatrix} [\boldsymbol{\omega}_k]^{\mathrm{T}} I_{kc}^0 \boldsymbol{\omega}_k \\ \vdots \\ 0 \end{bmatrix}^{(r)} \tag{3.103}$$

式中，I_{hc}^0 是构件关于原点为 C 且与固定参考系平行的坐标系的三阶惯量矩阵；I_{kc}^0 是六阶惯量矩阵，$\boldsymbol{\omega}$ 为

$$\boldsymbol{\omega} = \begin{bmatrix} 0 & -\omega_z & \omega_y \\ \omega_z & 0 & -\omega_x \\ -\omega_y & \omega_x & 0 \end{bmatrix} \tag{3.104}$$

设平台上有包括惯性力的外力及外力矩，经向质心简化后成为一个六维力矢量，即

$$F_H = \{ T_{hx} \quad T_{hy} \quad T_{hz} \quad f_{hcx} \quad f_{hcy} \quad f_{hcz} \}^{\mathrm{T}} \tag{3.105}$$

此作用于上平台的六维力矢转化到六个选定的主动副轴上的等效力矩，可用对应的一阶影响系数作为乘子，直接得到：

$$T_q^H = [G_q^H]^{\mathrm{T}} F_H \tag{3.106}$$

式中，T_q^H 是上平台上六维作用力对六个广义坐标的等效力矩列矢；G_q^H 是平台对六个广义坐标的 6×6 一阶影响系数矩阵。

同理可得分支 r 中的第 K 个构件上包括惯性力的六维作用力 F_K，G_q^K 是 $K^{(r)}$ 构件对六个广义坐标的一阶影响系数矩阵，则六维力矢量 F_K 对广义坐标的等效力矩为

$$T_q^K = [G_q^K]^{\mathrm{T}(r)} F_H^{(r)} \tag{3.107}$$

对于整个机构，包括平台、所有连杆，外力及惯性力对六个输入件的总等效力矩为

$$T_q = \sum_{r=1}^{6} \sum_{K=1}^{6} T_q^{K(r)} + T_q^H \tag{3.108}$$

由达朗贝尔原理可知，所有外力包括驱动力及惯性力处于平衡状态，有

$$T_q^A + T_q = 0 \tag{3.109}$$

因此，六个轴上的驱动力矩 T_q^A 应为

$$T_q^A = -\sum_{r=1}^{6} \sum_{K=1}^{5} [G_q^K]^{\mathrm{T}(r)} F_K^{(r)} + [G_q^H]^{\mathrm{T}} F_H \tag{3.110}$$

当 6 - SPS 机构位形一定时，l_1，l_2，$\cdots$，l_6 确定，其上平台经由六个杆与机架相连，每杆两端为两个球铰。当六个杆长不变时，成为一个稳定的结构，如图 3.25 所示。若在上平台上作用有六维力矢，在六个杆上有反作用力，且忽略杆上其他作用力，则这些反作用力是沿杆的方向传递的。

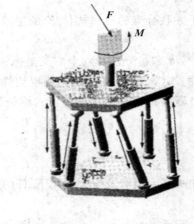

在此不加证明，直接引用矩阵形式的平衡方程

$$F = G_f^F f \qquad (3.111)$$

式中，$F = \begin{bmatrix} F_x & F_y & F_z & M_x & M_y & M_z \end{bmatrix}^T$，$F_i (i = x, y, z)$ 和 $M_i (i = x, y, z)$ 分别为平台上作用力的主矢和对坐标原点的主矩，$f = \begin{bmatrix} f_1 & f_2 & \cdots & f_6 \end{bmatrix}^T$，$f_i$ 为第 i 杆受到的轴力。

图 3.25　6 - SPS 机构受力分析

若上平台六个球铰点分别以 b_1，b_2，$\cdots$，b_6 表示，而对固定坐标系的空间位置以矢量 b_1，b_2，$\cdots$，b_6 表示；下平台六个球铰分别以 B_1，B_2，$\cdots$，B_6 表示，而对固定坐标系的位置以矢量 B_1，B_2，$\cdots$，B_6 表示，则

$$G_f^F = \begin{bmatrix} \dfrac{b_1 - B_1}{|b_1 - B_1|} & \dfrac{b_2 - B_2}{|b_2 - B_2|} & \cdots & \dfrac{b_6 - B_6}{|b_6 - B_6|} \\ \dfrac{B_1 \times b_1}{|b_1 - B_1|} & \dfrac{B_2 \times b_2}{|b_2 - B_2|} & \cdots & \dfrac{B_6 \times b_6}{|b_6 - B_6|} \end{bmatrix} \qquad (3.112)$$

当已知六角平台的结构尺寸及位形参数 l_1，l_2，$\cdots$，l_6 时，则矩阵 G_f^F 易于求得，可算出六维力 F。当已知上平台作用的六维力 F 时，则可以通过反解来求 f。当 G_f^F 不奇异时，则有

$$f = \begin{bmatrix} G_f^F \end{bmatrix}^{-1} F \qquad (3.113)$$

式中 $G_F^f = \begin{bmatrix} G_f^F \end{bmatrix}^{-1}$。

由于在机构学中运动传递与力传递之间的对偶关系，即式（3.93）和式（3.113）中存在着 $G_F^f = (G_q^p)^T = J^T$，也就是雅可比矩阵的转置，可写成 $J = G_q^H = (\begin{bmatrix} G_f^F \end{bmatrix}^{-1})^T$。

【例 3 - 3】 并联机构多力分析。对于图 3.19 所示的 Stewart 机构，当上平台中心以式（3.89）给定的位姿运动，且上平台只受重力作用时，六根杆件的受力曲线如图 3.26 所示。

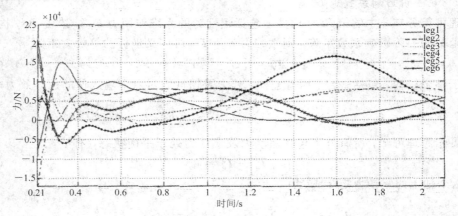

图 3.26　六根杆件的受力曲线

3. 机构的特殊形位分析

特殊形位是机构的固有性质，它可对机构的工作性能产生各种影响，特别是对于机器人机构更具有重要意义。当机构处于某些特定的形位时，其雅可比矩阵（即一阶影响系数矩阵）为奇异阵，其行列式为零，则这时机构的速度反解不存在，这种机构的形位就称为奇异形位或特殊形位。当并联机构处于特殊形位时，其操作平台具有多余的自由度，这时机构就失去了控制，因此在设计和应用并联机器人时应该避开特殊形位。机构的特殊形位可以通过令其雅可比矩阵的行列式等于零而求得。分析机构特殊形位的另一种有效的方法是Grassmann 线几何法，这种方法通过线丛和线汇的特性来判别机构的特殊形位，比矩阵分析法直观，且可以找出机构所有的特殊形位。实际上，机器人不仅应该避免特殊形位，而且当机器人工作在特殊形位附近时，其运动传递性能也是很差的，因此机器人也应该避免工作在特殊形位附近的区域。本节将主要讨论和分析 6 - SPS 并联机构的特殊形位。

6 - SPS 并联机器人机构是具有六个自由度的空间机构，如图 3.17 所示，由上、下两个平台和六组线性驱动器组成。机构的上平台在六个驱动器的驱动下做空间运动。当六个作为驱动器的液压缸不动时，平台的自由度是零，此时平台是一个稳定的结构，即

$$\boldsymbol{F} = \boldsymbol{G}_f^F \boldsymbol{f} \tag{3.114}$$

式中，$\boldsymbol{G}_f^F$ 为一阶静力影响系数。式(3.114)的逆解为

$$\boldsymbol{f} = \left[\boldsymbol{G}_f^F\right]^{-1} \boldsymbol{F} \tag{3.115}$$

由式(3.114)和式(3.115)可以看出，当一阶静力影响系数矩阵 $\boldsymbol{G}_f^F$ 为非奇异时，对于已知的矢量 $\boldsymbol{F}$，总有确定的主动力矢量 $\boldsymbol{f}$ 与之对应，使上平台处于平衡状态，因此机构是稳定的。而当矩阵 $\boldsymbol{G}_f^F$ 为奇异时，因为代表工作载荷的矢量 $\boldsymbol{F}$ 是非零的，所以此时约束反力矢量 $\boldsymbol{f}$ 无解。也就是说，对于给定的 $\boldsymbol{F}$ 矢量，无约束反力与之平衡，力系的平衡条件被破坏了，平台显然不再处于稳定状态。因此，可以通过研究矩阵 $\boldsymbol{G}_f^F$ 是否奇异来判断机构特殊形位的存在。这时，影响系数矩阵 $\boldsymbol{G}_f^F$ 起到了特殊形位判别矩阵的作用。

若矩阵变成了奇异阵，机构出现不稳定状态，则有以下两种情况：

① 平台处于特殊位形。此条件是当 Z' 轴方向与 Z 轴方向一致时，平台由初始位置绕 Z 轴水平转过 $90°$。此条件只包括方位角而不含任何尺寸。在这一条件下，对于任何尺寸的Steward 平台，都会出现位形的不稳定。在此瞬时，机构出现了多余的自由度，运动及动力性能均降低。因此，机器人操作器平台绕 Z 轴转动的正常工作范围应在 $-90° \sim 90°$ 之间。

② 几何奇异机构。若机构的不稳定性与机构所处位置无关，而只与它的基本几何尺寸有关时，则可以称这种机构为几何奇异机构。用下式来表述：

$$\boldsymbol{\Delta} = \begin{vmatrix} \lambda_{01} & \lambda_{02} \\ \lambda_1 & \lambda_2 \end{vmatrix} = 0 \tag{3.116}$$

即

$$\lambda_{01}\lambda_2 = \lambda_{02}\lambda_1$$

式中，λ_1、λ_2 和 λ_{01}、λ_{02} 分别为上、下平台的边长。

式(3.116)是由边长表示的 Steward 平台的几何奇异形位的判别式。若机构的基本尺寸以径角形式给出，则还可以得到几何奇异判别式的另一种形式，即

$$\beta_0 = \beta \tag{3.117}$$

这个判别式非常明显地给出了奇异形位存在的几何特征，即上、下平台图形相似而各对应点相连，如图 3.27 所示。

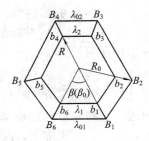

图 3.27　几何奇异条件

4. 并联机器人工作空间分析

并联机器人工作空间的解析求解是一个非常复杂的问题，它在很大程度上依赖于机构位置解的研究结果，至今仍没有完善的方法。对于比较简单的机构，如平面并联机器人，其工作空间的边界有解析解法，而对空间 6/6 型并联机器人，目前还只有数值解法。同时要根据各关节转角的约束、各连杆长度的约束和机构各构件的干涉来确定并联机器人操作器的工作空间，这种方法比较接近实际，本节将主要介绍这种方法。

1）影响并联机器人工作空间的因素

（1）杆长的限制。杆件长度变化时受到其结构的限制，每一根杆件的长度 L_i 必须满足 $L_{i\min}<l_i<L_{i\max}$，其中 $L_{i\min}$ 和 $L_{i\max}$ 分别表示第 i 杆的最短值和最长值。当某杆长达到其极限值时，运动平台上给定的参考点也就到达了工作空间的边界。

（2）转动副转角的限制。各种铰链，包括球铰链和万向铰链的转角都是受到结构限制的，每一铰链的转角 $\theta_i<\theta_{i\max}$，其中 $\theta_{i\max}$ 是第 i 个铰链的球面副和万向铰链的最大转角，其大小由运动副的具体结构确定。

（3）杆件的尺寸干涉。连接动平台和固定平台的杆件都具有几何尺寸，因此各杆件之间在运动过程中可能发生相互干涉。设杆件直径为 D 的圆柱体，若两相邻杆件轴线之间的距离为 D_i，则 $D_i>D$。

2）并联机器人工作空间的确定方法

机器人的工作空间是操作器上某一给定参考点可以到达的点的集合，这里的参考点选为运动平台的中心点，即坐标系 P 的原点。当给定上平台的位姿后，各连杆的长度 L_i、关节的转角 θ_{pi} 和 θ_{bi}，以及相邻杆之间的距离 D_i，都可以用前面讨论的方法计算，然后将这些计算结果分别与相应的允许值 $L_{\min}$、$L_{\max}$、$\theta_{p\max}$、$\theta_{b\max}$、D 比较。若其中的任一值超出了其允许值，则此时操作器的位姿是不可能实现的，即参考点在工作空间之外；若其中的任一值等于其允许值，则此时操作器的参考点位于工作空间的边界上；若所有的参数值都小于允许值，则此时操作器的参考点位于工作空间内。工作空间常用其体积 V 的值来定量表示，具体的工作空间边界的确定和体积的计算，可以按照下列方法进行：

（1）将操作器可能到达的某一空间定为搜索空间，将该空间用平行于 XY 面的平面分割成厚度为 ΔZ 的微小子空间，并设该子空间是一个高度为 ΔZ 的圆柱。

（2）对于每个微小子空间，按照上面给出的约束条件，搜索其对应于给定姿势的边界，

这一步骤应从 $Z=Z_0$ 开始。若是对应于约束条件的工作空间在 Z 轴方向的最低点，则 Z_0 应该比 $Z_{\min}$ 小。在完成某一子空间的搜索后，其在 Z 方向上增量为 ΔZ，直到 $Z=Z_{\max}$ 为止，这里的 $Z_{\max}$ 是约束条件允许的工作空间的最高点。

（3）在进行子空间边界的确定时，可采用快速极坐标搜索法，如图 3.29 所示。将工作空间内的坐标点用极坐标表示，在起始角为 γ_0 时，极径 A_0 从零递增直至机构的各杆长、关节的最大转角和相邻杆的最短距离等参数满足下面约束条件之一：

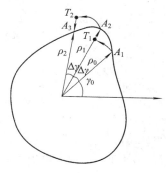

$$\begin{cases} L=L_{\min} \\ L=L_{\max} \\ \theta_{bi}=\theta_{b\max} \\ \theta_{pi}=\theta_{p\max} \\ D_i=D \end{cases} \qquad (3.118)$$

这时的坐标点 A_1 就是工作空间的边界点，其极径为 ρ_0，如图 3.28 所示。然后，给极角 γ 一个增量 $\Delta\gamma$ 后，得到极坐标为 $(\rho_0, \gamma+\Delta\gamma)$ 的点 T。如果点在工作空间内，如图 3.28 所示的点 T_1，则递增极径直至满足式（3.118）的条件之一，即可得到工作空间的边界 A_2。如果点 T 在工作空间的外边，如图 3.28 所示的点 T_2，则可以递减极径直至满足式（3.118）的条件之一，即可得到工作空间的边界点 A_3。重复上述的步骤，直至找到所有的工作空间边界点，这样该微分工作空间的体积可以用下式计算：

图 3.28　多域工作空间截面

$$V_i = \frac{1}{2}\sum_j \rho_j^2 \Delta\gamma\Delta Z \qquad (3.119)$$

（4）若要求的工作空间的截面是多域的，这时对于工作空间的每一条边界都要采用（3）中的搜索方法，因此搜索的最大极径 $\rho_{\max}$ 要足够大。这时，工作空间的体积可以采用下述公式：

$$V_i = \frac{1}{2}\sum_j (\rho_{j1}^2 + \rho_{j2}^2 - \rho_{j3}^2)\Delta\gamma\Delta Z \qquad (3.120)$$

工作空间的体积 V 就是上述各微小子空间的体积的总和，即 $V=\sum V_i$。

通过对工作空间的研究，可得出如下结论：

① 工作空间的边界由三部分组成：第一部分是由受最大杆长限制而产生的工作空间的上部边界；第二部分是由受最短杆长限制而产生的工作空间的下部边界；第三部分是由受关节转角限制而产生的两侧边界。

② 当上、下平台始终平行时，工作空间是关于 X、Y 两轴对称的。

③ 对运动平台的姿势角要求越大，则工作空间越小。

3）平行机构工作空间分析举例

【例 3-4】　在如图 3.29 所示的 Stewart 平台中，大平台为固定平台，固定平台与支腿间由虎克铰连接，移动平台与支腿间由球铰连接。虎克铰中心和球铰中心分别分

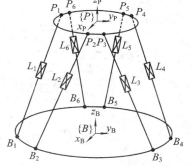

图 3.29　Stewart 平台

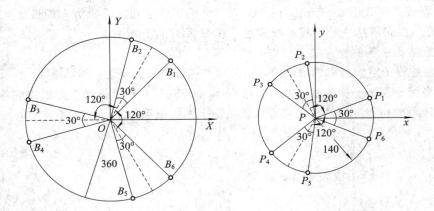

图 3.30　Stewart 平台铰链点在 XY 平面的投影图

布在半径为 360 mm、140 mm 的圆周上，如图 3.30 所示。装配完成后，大平台的直径为 900 mm，支腿的最小长度为 570.5 mm，每条腿的最大伸长量为 206.1 mm，每个虎克铰的摆角为 ±30°，每个球铰的摆角为 ±20°。其中

$$\Omega = \{(x,\ y,\ z,\ \phi,\ \theta,\ \psi) \mid x^2 + y^2 + (z+630)^2 \leqslant 75^2,$$
$$-10 \leqslant \phi \leqslant 10,\ -10 \leqslant \theta \leqslant 10,\ -10 \leqslant \psi \leqslant 10\}$$

和

$$\Omega_0 = \{(x,\ y,\ z,\ \phi,\ \theta,\ \psi) \mid x^2 + y^2 + (z+630)^2 \leqslant 75^2,\ \phi = 0,\ \theta = 0,\ \psi = 0\}$$

分别为该 Stewart 平台的灵活工作空间 Ω 和位置工作空间 Ω_0。按照极坐标快速搜索方法，确定 Stewart 平台的灵活工作空间 Ω 和位置工作空间 Ω_0 的关系，如图 3.31 和图 3.32 所示。

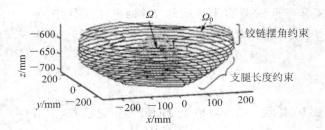

图 3.31　灵活工作空间和位置工作空间三维图

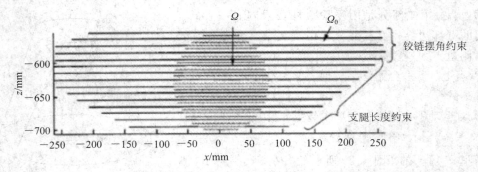

图 3.32　灵活工作空间和位置工作空间 XZ 平面投影图

3.4　工业机器人的运动轨迹规划

前面研究了机器人的运动学和动力学。可以看出，只要知道机器人的关节变量，就能根据其运动方程确定机器人的位置，或者已知机器人的期望位姿，就能确定相应的关节变量和速度。路径和轨迹规划与受到控制的机器人从一个位置移动到另一个位置的方法有关。本部分将研究在运动段之间如何产生受控的运动序列，这里所述的运动段可以是直线运动或者是依次的分段运动。路径和轨迹规划既要用到机器人的运动学，也要用到机器人的动力学。此外，随着实际应用中对机器人运动要求的提高，必须用到各种逼近处理方法。

3.4.1　路径和轨迹

机器人的轨迹指操作臂在运动过程中的位移、速度和加速度。路径是机器人位姿的一定序列，而不考虑机器人位姿参数随时间的变化。如图 3.33 所示，如果有关机器人从 A 点运动到 B 点，再到 C 点，那么这中间位姿序列就构成了一条路径。而轨迹则与何时到达路径中的每个部分有关，强调的是时间。因此，图中不论机器人何时到达 B 点和 C 点，其路径是一样的；而轨迹则依赖于速度和加速度，如果机器人抵达 B 点和 C 点的时间不同，则相应的轨迹也不同。我们的研究不仅涉及机器人的运动路径，而且还要关注其速度和加速度。

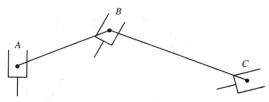

图 3.33　机器人在路径上的依次运动

3.4.2　轨迹规划

轨迹规划是指根据作业任务要求确定轨迹参数并实时计算和生成运动轨迹。轨迹规划一般包括如下三项内容：

（1）对机器人的任务进行描述，即运动轨迹的描述；

（2）根据已经确定的轨迹参数，在计算机上模拟所要求的轨迹；

（3）对轨迹进行实际计算，即在运行时间内按一定的速率计算出位置、速度和加速度，从而生成运动轨迹。

在规划中，不仅要规定机器人的起始点和终止点，而且要给出中间点（路径点）的位姿及路径点之间的时间分配，即给出两个路径点之间的运动时间。

轨迹规划既可在关节空间中进行，即将所有的关节变量表示为时间的函数，用其一阶、二阶导数描述机器人的预期动作，也可在直角坐标空间中进行，即将手部位姿参数表示为时间的函数，而相应的关节位置、速度和加速度由手部信息导出。

以 2 自由度平面关节机器人为例解释轨迹规划的基本原理。如图 3.34 所示，要求机器人从 A 点运动到 B 点。机器人在 A 点时形位角为 $\alpha=20°$，$\beta=30°$；达到 B 点时的形位角是 $\alpha=40°$，$\beta=80°$。两关节运动的最大速率均为 $10°/s$。当机器人的所有关节均以最大速度运动时，下方的连杆将用 2 s 到达，而上方的连杆还需再运动 3 s，可见路径是不规则的，手部掠过的距离点也是不均匀的。

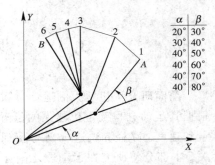

图 3.34　2 自由度机器人关节
空间的非归一化运动

对机器人手臂两个关节的运动用有关公共因子做归一化处理，使手臂运动范围较小的关节运动成比例地减慢，这样，两个关节就能够同步开始和结束运动，即两个关节以不同速度一起连续运动，速率分别为 $4°/s$ 和 $10°/s$。如图 3.35 所示为该机器人两关节运动轨迹，与前面的不同，其运动更加均衡，且实现了关节速率归一化。

如果希望机器人的手部可以沿 AB 这条直线运动，最简单的方法是将该直线等分为几部分（图 3.36 中分成 5 份），然后计算出各个点所需的形位角 α 和 β 的值，这一过程称为两点间的插值。可以看出，这时路径是一条直线，而形位角变化并不均匀。很显然，如果路径点过少，将不能保证机器人在每一小段内为严格的直线轨迹，因此，为获得良好的沿循精度，应对路径进行更加细致的分割。由于对机器人轨迹的所有运动段的计算均基于直角坐标系，因此该法属直角坐标空间的轨迹规划。

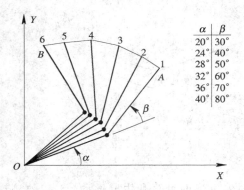

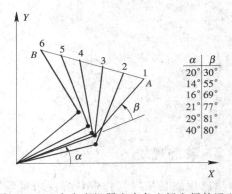

图 3.35　2 自由度机器人关节空间的归一化运动　　图 3.36　2 自由度机器人直角坐标空间的运动

3.4.3　关节空间的轨迹规划

利用受控参数在关节空间中对机器人的运动进行轨迹规划有许多方法，如不同阶次的多项式函数及抛物线过渡线性函数等方法。

1. 三次多项式轨迹规划

假设机器人的初始位姿是已知的，通过求解逆运动学方程可以求得期望的机器人手部位姿对应的形位角。若考虑其中某一关节的运动开始时刻 t_i 的角度为 θ_i，希望该关节在时刻 t_f 运动到新的角度 θ_f。轨迹规划的一种方法是使用多项式函数以使得初始和末端的边界条件与已知条件相匹配，这些已知条件为 θ_i、θ_f 及机器人在运动开始和结束时的速度，这些速度通常为 0 或其他已知值。这 4 个已知信息可用来求解下列三次多项式方程中的 4 个未知量：

$$\theta(t) = c_0 + c_1 t + c_2 t^2 + c_3 t^3 \tag{3.121}$$

这里初始和末端条件是：

$$\begin{cases} \theta(t_i) = \theta_i \\ \theta(t_f) = \theta_f \\ \dot{\theta}(t_i) = 0 \\ \dot{\theta}(t_f) = 0 \end{cases} \tag{3.122}$$

对式(3.121)求一阶导数得到：

$$\dot{\theta}(t) = c_1 + 2c_2 t + 3c_3 t^2 \tag{3.123}$$

将初始和末端条件代入式(3.121)和(3.122)得到：

$$\begin{cases} \theta(t_i) = c_0 = \theta_i \\ \theta(t_f) = c_0 + c_1 t_f + c_2 t_f^2 + c_3 t_f^3 \\ \dot{\theta}(t_i) = c_1 = 0 \\ \dot{\theta}(t_f) = c_1 + 2c_2 t_f + 3c_3 t_f^2 = 0 \end{cases} \tag{3.124}$$

通过联立求解这 4 个方程，得到方程中的 4 个未知的数值，便可算出任意时刻的关节位置，控制器则据此驱动关节所需的位置。尽管每一关节是用同样的步骤分别进行轨迹规划的，但是所有关节从始至终都是同步驱动。如果机器人初始和末端的速率不为零，则同样可以通过给定数据得到未知的数值。

如果要求机器人依次地通过两个以上的点，那么每一段末端求解出的边界速度和位置都可用作下一段的初始条件，每一段的轨迹均可用类似的三次多项式方法加以规划。尽管位置和速度都是连续的，但加速度并不连续，这也可能产生问题。所以，除了制定运动段的起点和终点的位置和速度外，也可指定该运动段的起点和终点的加速度。这样，边界条件的数量就增加到了 6 个，相应地可采用五次多项式方法来规划，方法类似，在此不再赘述。

2. 抛物线过渡的线性运动轨迹

在关节空间进行轨迹规划的另一种方法是让机器人关节以恒定速度在起点和终点位置之间运动，轨迹方程相当于一次多项式，其速度是常数，加速度为零。这表示在运动段的起点和终点的加速度必须为无穷大，才能在边界点瞬间产生所需的速度。为避免这一现象出现，线性运动段在起点和终点处可以用抛物线来进行过渡，从而产生连续位置和速度，如图 3.37 所示。

假设 $t_i = 0$ 和 t_f 时刻对应的起点和终点位置为 θ_i 和 θ_f，抛物线与直线部分的过渡段在时间 t_b 和 $t_f - t_b$ 处是对称的，得到：

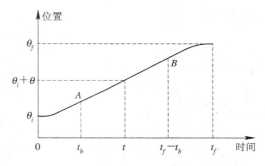

图 3.37　抛物线过渡的线性段规划方法

$$\begin{cases} \theta(t) = c_0 + c_1 t + \dfrac{1}{2} c_2 t^2 \\[2mm] \dot{\theta}(t) = c_1 + c_2 t \\[2mm] \ddot{\theta}(t) = c_2 \end{cases} \qquad (3.125)$$

显然，这时抛物线运动段的加速度是一个常数，并在公共点 A 和 B（称这些点为节点）上产生连续的速度。将边界条件代入抛物线段的方程，得到：

$$\begin{cases} \theta(0) = \theta_i = c_0 \\[2mm] \dot{\theta}(0) = 0 = c_1 \\[2mm] \ddot{\theta}(t) = c_2 \end{cases} \qquad (3.126)$$

整理，得

$$\begin{cases} c_0 = \theta_i \\[2mm] c_1 = 0 \\[2mm] c_2 = \ddot{\theta} \end{cases} \qquad (3.127)$$

从而简化抛物线段的方程为

$$\begin{cases} \theta(t) = \theta_i + \dfrac{1}{2} c_2 t^2 \\[2mm] \dot{\theta}(t) = c_2 t \\[2mm] \ddot{\theta}(t) = c_2 \end{cases} \qquad (3.128)$$

显然，对于直线段，速度将保持为常数，可以根据驱动器的物理性能来加以选择。将零初速度、线性段常量速度 ω 以及零末端速度代入式（3.128）中，可得 A 点和 B 点以及终点的关节位置和速度如下：

$$\begin{cases} \theta_A = \theta_i + \dfrac{1}{2} c_2 t_b^2 \\[2mm] \dot{\theta}_A = c_2 t_b = \omega \\[2mm] \theta_B = \theta_A + \omega[(t_f - t_b) - t_b] = \theta_A + \omega(t_f - 2t_b) \\[2mm] \dot{\theta}_B = \dot{\theta}_A = \omega \\[2mm] \theta_f = \theta_B + (\theta_A - \theta_i) \\[2mm] \dot{\theta}_f = 0 \end{cases} \qquad (3.129)$$

由上式可以求得

$$\begin{cases} c_2 = \dfrac{\omega}{t_b} \\[2mm] \theta_f = \theta_i + c_2 t_b^2 + \omega(t_f - 2t_b) \end{cases} \qquad (3.130)$$

把 c_2 代入，得

$$\theta_f = \theta_i + \left(\dfrac{\omega}{t_b} \right) t_b^2 + \omega(t_f - 2t_b) \qquad (3.131)$$

进而求出过渡时间 t_b：

$$t_b = \frac{\theta_i - \theta_f + \omega t_f}{\omega} \qquad (3.132)$$

t_b 不能总大于总时间 t_f 的一半，否则，在整个过程中将没有直线运动段，而只有抛物线加速和抛物线减速段。由 t_b 表达式可以计算出对应的最大速度：

$$\omega_{\max} = \frac{2(\theta_f - \theta_i)}{t_f} \tag{3.133}$$

如果初始时间不是零，则可采用平移时间轴的方法使初始时间为零。终点的抛物线段和起点的抛物线段是对称的，只不过加速度为负，因此可以表示为

$$\theta(t) = \theta_f - \frac{1}{2} c_2 (t_f - t)^2 \tag{3.134}$$

其中，$c_2 = \omega / t_b$，从而得到

$$\begin{cases} \theta(t) = \theta_f - \dfrac{\omega}{2t_b}(t_f - t)^2 \\[2mm] \dot{\theta}(t) = \dfrac{\omega}{t_b}(t_f - t) \\[2mm] \ddot{\theta}(t) = -\dfrac{\omega}{t_b} \end{cases} \tag{3.135}$$

除了前面介绍的方法外，还有许多其他方法可用于轨迹规划。这些方法包括高次多项式运动轨迹方法，具有中间点及用抛物线过渡的线性运动轨迹方法，棒-棒函数轨迹方法，加速度曲线为方形或梯形函数轨迹方法以及正弦函数轨迹方法等。此外，还可以用其他多项式或函数进行轨迹规划。

习　题

1. 点矢量为 $v = [10.00 \quad 20.00 \quad 30.00]^T$，相对参考系做如下齐次变换：

$$A = \begin{bmatrix} 0.866 & -0.500 & 0.000 & 11.0 \\ 0.500 & 0.866 & 0.000 & -3.0 \\ 0.000 & 0.000 & 1.000 & 9.0 \\ 0 & 0 & 0 & 1 \end{bmatrix}$$

写出变换后矢量 v 的表达式，并说明是什么性质的变换。写出 $\mathrm{Rot}(?,?)$，$\mathrm{Trans}(?,?,?)$，并说明什么是机器人运动学逆解的多重性。

2. 有一旋转变换，先绕固定坐标系 Z_0 轴转 $45°$，再绕其 X_0 轴转 $30°$，最后绕其 Y_0 轴转 $60°$。试求该齐次变换矩阵。

3. 坐标系 $\{B\}$ 起初与固定坐标系 $\{O\}$ 相重合，现坐标系 $\{B\}$ 绕 Z_B 旋转 $30°$，然后绕旋转后的动坐标系的 X_B 轴旋转 $45°$。试写出该坐标系 $\{B\}$ 的起始矩阵表达式和最终矩阵表达式。

4. 如图 3.38 所示为 2 自由度平面机械手，关节 1 为转动关节，关节变量为 θ_1；关节 2 为移动关节，关节变量为 d_2。

(1) 建立关节坐标系，并写出该机械手的运动方程式。

(2) 按下列关节变量参数，求出手部中心的位置值。

θ_1	$0°$	$30°$	$60°$	$90°$
d_2	0.50	0.80	1.00	0.70

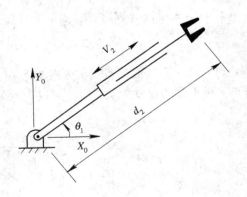

图 3.38　2 自由度平面机械手

5. 3 自由度机械手如图 3.39 所示，臂长为 l_1 和 l_2，手部中心离手腕中心的距离为 H，转角为 θ_1、θ_2、θ_3，试建立杆件坐标系，并推导出该机械手的运动学方程。

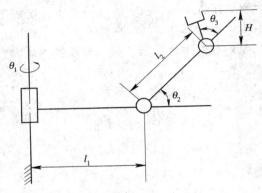

图 3.39　3 自由度机械手

6. 图 3.40 所示为一个 2 自由度机械手，两连杆长度均为 1 m，试建立各杆件坐标系，求出该机械手的运动学逆解。

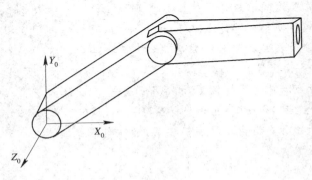

图 3.40　2 自由度机械手

7. 图 3.41 所示为 2 自由度机械手，杆长为 $l_1 = l_2 = 0.5$ m，试求在下表中的 3 种情况下的关节瞬时速度 $\dot{\theta}_1$ 和 $\dot{\theta}_2$。

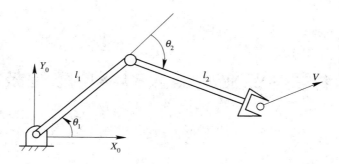

图 3.41　2 自由度机械手

V_x/(m/s)	-1.0	0	1.0
V_y/(m/s)	0	1.0	1.0
θ_1	$30°$	$30°$	$30°$
θ_2	$-60°$	$120°$	$-30°$

8. 图 3.41 所示为 2 自由度机械手,杆长为 $l_1 = l_2 = 0.5$ m,手部中心受到外界环境的作用力 F'_x 及 F'_y,试求在下表中的 3 种情况下,机械手取得静力平衡时的关节力矩 τ_1 和 τ_2。

F'_x/N	-10.0	0	10.0
F'_y/N	0	-10.0	10.0
θ_1	$30°$	$30°$	$30°$
θ_2	$-60°$	$120°$	$-30°$

9. 图 3.42 所示为 3 自由度平面关节机械手,手部握有焊接工具。已知:

$$\theta_1 = 30°, \quad \dot{\theta}_1 = 0.04 \text{ rad/s}$$
$$\theta_2 = 45°, \quad \dot{\theta}_2 = 0$$
$$\theta_3 = 45°, \quad \dot{\theta}_3 = 0.1 \text{ rad/s}$$

求焊接工具末端 A 点的线速度 V_x 及 V_y。

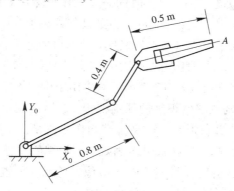

图 3.42　3 自由度平面关节机械手

第 4 章　　工业机器人的环境感觉技术

研究机器人，首先从模仿人开始。通过考察人的劳动（与环境交互过程），我们发现，人是通过五感（视觉、听觉、嗅觉、味觉、触觉）接收外界信息的。这些信息通过神经传递给大脑，大脑对这些分散的信息进行加工、综合后发出行为指令，调动肌体（如手足等）执行某些动作。通过前面的学习我们已经知道，机器人的计算机相当于人类大脑，执行机构相当于人类四肢，传感器相当于人类五感。其中，传感器处于连接外界环境与机器人的接口位置，是机器人获取信息的窗口。要使机器人拥有智能，对环境变化做出反应，首先，必须使机器人具有感知环境的能力，用传感器采集环境信息是机器人智能化的第一步；其次，采用适当的方法，将多个传感器获取的环境信息加以综合处理，控制机器人进行智能作业，更是机器人智能化的重要体现。所以，传感器及其信息处理系统相辅相成，构成了机器人的智能，为机器人智能作业提供了基础。

4.1　　工业机器人的视觉

每个人都能体会到，眼睛对人来说是多么重要。可以说人类从外界获得的信息，大多数都是通过眼睛得到的，有研究表明，视觉获得的感知信息占人从外界获得的感知信息的80%。人类视觉细胞数量的数量级大约为 10^6，是听觉细胞的 300 多倍，是皮肤感觉细胞的100 多倍，从这个角度也可以看出视觉系统的重要性。

从 20 世纪 60 年代开始，人们着手研究机器人视觉系统。一开始，视觉系统只能识别平面上的类似积木的物体。到了 20 世纪 70 年代，视觉系统已经可以识别某些加工部件，也能识别室内的桌子、电话等物品了。当时的研究工作虽然进展很快，却无法应用于实际，这是因为视觉系统的信息量极大，处理这些信息的硬件系统十分庞大，花费的时间也很长。

随着大规模、超大规模集成电路技术的发展，计算机内存的体积不断缩小，价格急剧下降，速度不断提高，视觉系统也因此走向了实用化。进入 20 世纪 80 年代后，由于微计算机的飞速发展，实用的视觉系统已经进入各个领域，其中用于机器人的视觉系统的数量也很多。

机器人视觉与文字识别或图像识别的区别在于，机器人视觉系统一般需要处理三维图像，不仅需要了解物体的大小、形状，还要知道物体之间的关系，即要掌握机器人能够作业的空间。为了实现这一目标，要克服很多困难，因为视觉传感器只能得到二维图像，那么从不同角度来看同一物体，就会得到不同的图像。光源的位置和强度不同，得到的图像的明暗程度与分布情况也不同；实际的物体虽然互不重叠，但是从某一个角度看，却能得到重叠的图像。为了解决这个问题，人们采取了很多措施，并在不断地研究新的方法。

通常，为了减轻视觉系统的负担，人们总是尽可能地改善外部环境条件，对视角、照明、物体的放置方式等作出某种限制，但更重要的还是加强视觉系统本身的功能和使用较好的信息处理方法。

4.1.1　视觉系统的硬件组成

视觉系统可以分为图像输入（获取）、图像处理、图像输出等几个部分（如图 4.1 所示）。实际系统可以根据需要选择其中的若干部件。

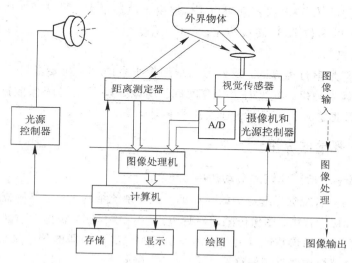

图 4.1　视觉系统的硬件组成

1. 视觉传感器

视觉传感器是将景物的光信号转换成电信号的器件。近年来主要使用 CCD（电荷耦合器件）和 MOS（金属氧化物半导体）器件等组成的固体视觉传感器。固体视觉传感器又可以分为一维线性传感器和二维线性传感器，目前二维线性传感器已经能做到 4000 个像素以上。由于固体视觉传感器具有体积小、重量轻等优点，因此应用日趋广泛。

由视觉传感器得到的电信号，经过 A/D 转换器转换成数字信号，称为数字图像。一般地，一个画面的像素可以分为 256×256 像素、512×512 像素或 1024×1024 像素，像素的灰度可以用 4 位或 8 位二进制数来表示。一般情况下，这么大的信息量对机器人系统来说是足够的。要求比较高的场合，还可以通过彩色摄像系统或在黑白摄像管前面加上红、绿、蓝等滤光器得到颜色信息和较好的反差。

如果能在传感器的信息中加入景物各点与摄像管之间的距离信息，显然是很有用的。每个像素都含有距离信息的图像，称之为距离图像。目前，有人正在研究获得距离信息的各种办法，但至今还没有一种简单实用的装置。

2. 摄像机和光源控制器

机器人的视觉系统直接把景物转化成图像输入信号，因此取景部分应当能根据具体情况自动调节光圈的焦点，以便得到一张容易处理的图像，为此，摄像机和光源控制器应能进行以下调节：① 焦点能自动对准要看的物体；② 根据光线强弱自动调节光圈；③ 自动转动摄像机，使被摄物体位于视野中央；④ 根据目标物体的颜色选择滤光器。

此外，还应当调节光源的方向和强度，使目标物体能够被看得更清楚。

3. 计算机

由视觉传感器得到的图像信息要由计算机进行存储和处理，并根据各种目的输出处理后的结果。20 世纪 80 年代以前，由于微计算机的内存量小，内存的价格高，因此往往另加一个图像存储器来储存图像数据。现在，除了某些大规模视觉系统之外，一般都使用微计算机或小型机。除了通过显示器显示图形之外，还可以用打印机或绘图仪输出图像，且使用转换精度为 8 位的 A/D 转换器就可以了。但由于数据量大，要求转换速度快，目前已在使用100 MB 以上的 8 位 A/D 转换芯片。

4. 图像处理机

一般计算机都是串行运算的，要处理二维图像很费时间。在要求较高的场合，可以设置一种专用的图像处理机，以便缩短计算时间。图像处理只是对图像数据做了一些简单、重复的预处理，数据进入计算机后，还要进行各种运算。

4.1.2　机器人视觉的应用

1. 弧焊过程中焊枪对焊缝的自动对中

图 4.2 所示为具有视觉焊缝对中的弧焊机器人的系统结构。图像传感器直接安装在机器人末端操作器。焊接过程中，图像传感器对焊缝进行扫描检测，获得焊前区焊缝的截面参数曲线，计算机根据该截面参数计算出末端操作器相对焊缝中心线的偏移量 Δ，然后发出位移修正指令，调整末端操作器直到偏移量 Δ＝0 为止。瑞典 ASEA 公司研制的Opotocator 弧焊用视觉系统，安装在距工件 175 mm 的高度，视野宽度 32 mm，分辨率0.06 mm；该视觉系统安装在 IRL6/2 弧焊机器人上能达到对中精度为 0.40 mm。这种传感器还可测量出钢板厚度，能自动调节弧焊电流，从而保证焊接质量，并使厚度为 0.80 mm 的薄钢板的焊接成为可能。弧焊机器人装上视觉系统后给编程带来了方便，编程时只需严格按图样进行即可。在焊接过程中产生的焊缝变形、装卡及传动系统的误差均可由视觉系统自动检测并加以补偿。

图 4.3 所示为用视觉技术实现机器人弧焊工作焊缝的自动跟踪的原理图。

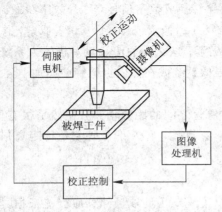

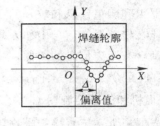

图 4.2　具有视觉焊缝对中的弧焊　　　图 4.3　用视觉技术实现机器人弧焊工作
机器人的系统结构　　　　　　　　焊缝的自动跟踪的原理图

2. 装配作业中的应用

图 4.4 所示为一个吸尘器自动装配实验系统，由两台关节机器人和七台图像传感器组成。组装的吸尘器部件包括底盘、气泵和过滤器等，都自由堆放在右侧备料区，该区上方装设三台图像传感器（α、β、γ），用以分辨物料的种类和方位。机器人的前部为装配区，这里有四台图像传感器 A、B、C 和 D，用来对装配过程进行监控。使用这套系统装配一台吸尘器只需 2 分钟。

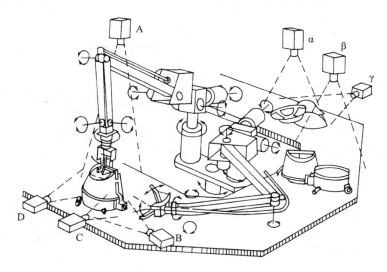

图 4.4　吸尘器自动装配实验系统

3. 机器人非接触式检测

在机器人腕部配置视觉传感器，可用于对异形零件进行非接触式检测，如图 4.5 所示。这种方法除了能完成常规的空间几何形状、形体相对位置的检测外，如果配上超声、激光、X 射线探测装置，还可进行零件内部的缺陷探伤、表面涂层厚度测量等作业。

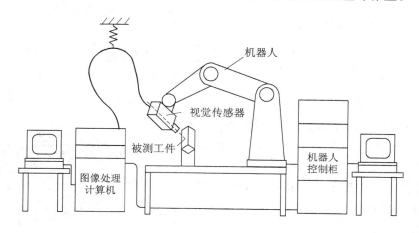

图 4.5　具有视觉系统的机器人进行非接触式检测

4. 利用视觉的自主机器人系统

日本日立中央研究所研制的具有自主控制功能的智能机器人，可以用来完成按图装配产品的作业，图 4.6 所示为其工作示意图。它的两个视觉传感器作为机器人的眼睛，一个用于观察装配图纸，并通过计算机来理解图中零件的立体形状及装配关系；另一个用于从实际工作环境中识别出装配所需的零件，并对其形状、位置、姿态等进行识别。此外，多关节机器人还带有触觉。利用这些传感器信息，可以确定装配顺序和装配方法，逐步将零件装成与图纸相符的产品。

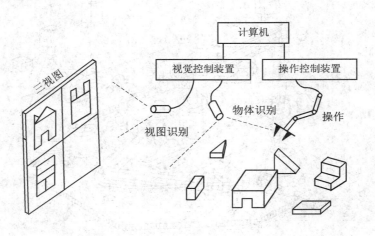

图 4.6　日立自主控制机器人工作示意图

从功能上看，这种机器人具有图形识别功能和决策规划功能，前者可以识别一定的目标（如宏指令）、装配图纸、多面体等；后者可以确定操作序列，包括装配顺序、手部轨迹、抓取位置等。这样，只要对机器人发出类似于人的表达形式的宏指令，机器人就会自动考虑执行这些指令的具体工作细节。此类机器人已成功地进行了印制板检查和晶体管、电动机等的装配工作。

4.2　工业机器人的触觉

为使机器人准确地完成工作，需时刻检测机器人与对象物体的配合关系。

机器人触觉可分成接触觉、接近觉、压觉、滑觉和力觉五种，如图 4.7 所示。触头可装配在机器人的手指上，用来判断工作中各种状况。

用接近觉可感知到对象物体在附近，手臂减速慢慢接近物体；用接触觉可感知已接触到物体，控制手臂运动使物体位于手指中间，合上手指握住物体；用压觉可控制握力。如果物体较重，则靠滑觉来检测滑动，修正设定的握力来防止滑动；靠力觉控制与被

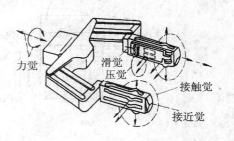

图 4.7　机器人触觉

测物体自重与转矩对应的力，或举起或移动物体，另外，力觉在旋紧螺母、轴与孔的嵌入等装配工作中也有广泛的应用。

4.2.1　机器人的接触觉

1. 接触觉传感器

图 4.8 所示的接触觉传感器由微动开关组成，根据用途不同配置也不同，一般用于探测物体位置、探索路径和安全保护。这类配置属于分散装置，即把单个传感器安装在机械手的敏感位置上。

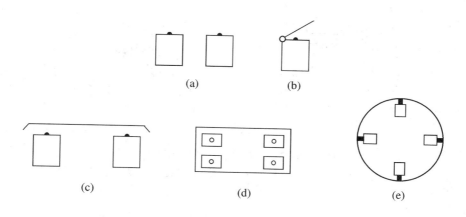

图 4.8　接触觉传感器
（a）点式；（b）棒式；（c）缓冲器式；（d）平板式；（e）环式

图 4.9 所示为二维矩阵接触觉传感器的配置方法，一般放在机器人手掌的内侧。图中柔软的电极可以使用导电橡胶、浸含导电涂料的氨基甲酸乙酯泡沫或碳素纤维等材料制成。矩阵式接触觉传感器可用于测定自身与物体的接触位置、被握物体中心位置和倾斜度，甚至还可以识别物体的大小和形状。

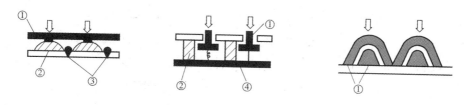

① —柔软的电极；② —柔软的绝缘体；③ —电极；④ —电极板
图 4.9　矩阵式接触觉传感器

2. 接触觉应用

图 4.10(a)所示为一个具有接触觉识别功能的机器人，共有 4 个自由度（两个移动和两个转动），由一台微机控制，各轴运动是由直流电机闭环驱动的。手部装有压电橡胶接触觉传感器，识别软件具有搜索和识别的功能。

1）搜索

机器人有一扇形截面柱状操作空间，手爪在高度方向进行分层搜索，对每一层可根据预先给定的程序沿一定轨迹进行搜索。搜索过程中，假定在①位置遇到障碍物，则手爪上的接触觉传感器就会发出停止前进的指令，使手臂向后缩回一段距离到达②位置。如果已经避开了障碍物，则再前进至③，又伸出到④，再运动到⑤处与障碍物再次相碰。根据①、⑤的位置计算机就能判断被搜索物体的位置，再按⑥、⑦的顺序接近就能对搜索的目标物进行抓取，如图 4.10（b）所示。

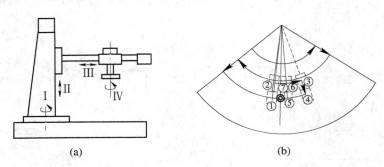

（a）　　　　　　　　　　　（b）

图 4.10　具有接触搜索识别功能的机器

（a）机器人的 4 个自由度示意图；（b）搜索过程示意图

2）识别

图 4.11 是一个配置在手上的由 3×4 个触觉元件组成的表面矩阵触觉传感器，识别对象为一长方体。假定手与搜索对象的已知接触目标模式为 x^*，手的每一步搜索得到的接触信息构成了接触模式 x_i，机器人根据每一步搜索的接触模式 x_1、x_2、x_3 等不断计算、估计、调整手的位姿，直到目标模式与接触模式符合为止。

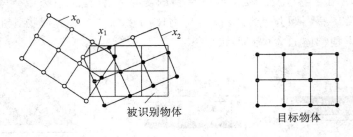

被识别物体　　　　　　　　　　目标物体

○ 表示未受压感的点　　　● 表示受压感的点

图 4.11　用表面矩阵触觉传感器引导随机搜索

每一步搜索过程由三部分组成：

（1）接触觉信息的获取、量化和对象表面形心位置的估算；

（2）对象边缘特征的提取和姿势估算；

（3）运动计算，执行运动。

要判定搜索结果是否满足形心对中、姿势符合要求，则还可设置一个目标函数，要求目标函数在某一尺度下最优，用这样的方法可判定对象的存在和位姿情况。

4.2.2　机器人的接近觉

接近觉是指机器人能感觉到距离几毫米到十几厘米远的对象物或障碍物，能检测出物体的距离、相对倾角或对象物表面的性质。这是非接触式感觉。

接近觉传感器可分为 6 种：电磁式（感应电流式）、光电式（反射或透射式）、静电容式、气压式、超声波式和红外线式，如图 4.12 所示。

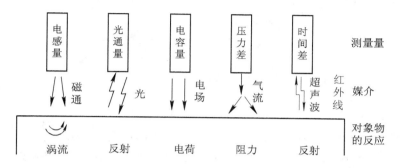

图 4.12　接近觉传感器

电磁式传感器在一个线圈中通入高频电流，就会产生磁场，这个磁场接近金属物时，会在金属物中产生感应电流，也就是涡流。涡流大小随对象物体表面和线圈距离的大小而变化，这个变化反过来又影响线圈内磁场强度。磁场强度可用另一组线圈检测出来，也可以根据励磁线圈本身电感的变化或激励电流的变化来检测。图 4.13 是电磁式接近觉传感器的原理图。这种传感器的精度比较高，而且可以在高温下使用。由于工业机器人的工作对象大多是金属部件，因此电磁式接近觉传感器应用较广，在焊接机器人中可用它来探测焊缝。

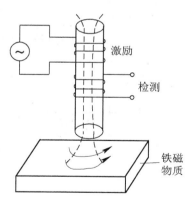

图 4.13　电磁式接近觉传感器原理图

光电式接近觉传感器由于光的反射量会受到对象物体的颜色、粗糙度和表面倾角的影响，故精度较差，应用范围小。

静电容式接近觉传感器是根据传感器表面与对象物体表面所形成的电容随距离变化而变化的原理制成的。将这个电容串接在电桥中，或者把它当作 *RC* 振荡器中的元件，都可以检测距离。

气压式接近觉传感器的原理如图 4.14 所示，由一根细的喷嘴喷出气流。如果喷嘴靠近物体，则内部压力会发生变化，这一变化可用压力计测量出来。图中曲线表示在气压为 P 的情况下，压力计的压力与距离 d 之间的关系。它可用于检测非金属物体，尤其适用于测量微小间隙。

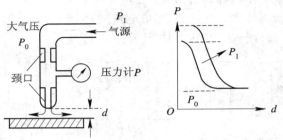

图 4.14　气压式接近觉传感原理图

超声波接近觉传感器适用于较长距离和较大物体的探测，其原理与视觉传感器相同。

红外线接近觉传感器可以探测到机器人是否靠近操作人员或其他热源，这对安全保护和改变机器人行走路径有实际意义。

4.2.3　机器人的压觉

图 4.15 所示为阵列式压觉传感器。其中图 4.15(a) 由条状的导电橡胶排成网状，每个棒上附上一层导体，引出至扫描电路；图 4.15(b) 则由单向导电橡胶和印制电路板组成，电路板上附有条状金属箔，两块板上的金属条方向互相垂直；图 4.15(c) 为与阵列式传感器相配的阵列式扫描电路。

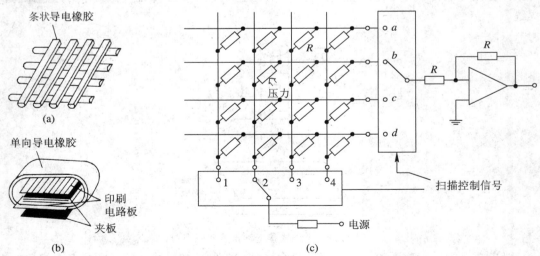

图 4.15　阵列式压觉传感器

(a) 网状排列的导电橡胶；(b) 单向导电橡胶和印制电路板；(c) 阵列式扫描电路

比较高级的压觉传感器是在阵列触点上附一层导电橡胶，并在硅基片上装有集成电路，压力的变化使各接点间的电阻发生变化，信号经集成电路处理后送出，如图 4.16 所示。

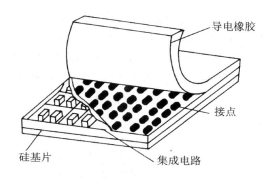

图 4.16 高级分布式压觉传感器

图 4.17 所示为变形检测器，用压力使橡胶变形，可用普通橡胶作传感器面，用光学和电磁学等手段检测其变形量。和直接检测压力的方法相比，这种方法可称为间接检测法。

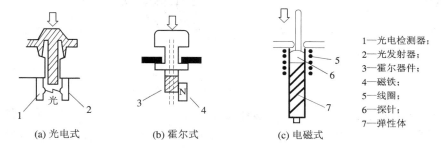

(a) 光电式   (b) 霍尔式   (c) 电磁式

1—光电检测器；
2—光发射器；
3—霍尔器件；
4—磁铁；
5—线圈；
6—探针；
7—弹性体

图 4.17 变形检测器

4.2.4 机器人的滑觉

机器人的握力应满足物体既不产生滑动而握力又为最小临界握力。如果能在刚开始滑动之后便立即检测出物体和手指间产生的相对位移且增加握力，就能使滑动迅速停止，那么该物体就可用最小的临界握力抓住。

检测滑动的方法有以下几种：

（1）根据滑动时产生的振动检测，如图 4.18(a)所示；

（2）把滑动的位移变成转动，检测其角位移，如图 4.18(b)所示；

（3）根据滑动时手指与对象物体间的动静摩擦力来检测，如图 4.18(c)所示；

（4）根据手指压力分布的改变来检测，如图 4.18(d)所示。

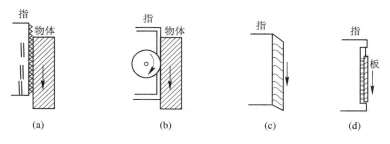

图 4.18 滑动引起的物理现象

（a）振动；（b）转动；（c）剪切；（d）移位

图 4.19 所示的是一种测振式滑觉传感器。传感器尖端用一个 $\Phi=0.05$ mm 的钢球接触被握物体，振动通过杠杆传向磁铁，磁铁的振动在线圈中感应交变电流并输出。在传感器中设有橡胶阻尼圈和油阻尼器。滑动信号能清楚地从噪声中被分离出来，但其检测头需直接与对象物接触，在握持类似于圆柱体的对象物时，就必须准确选择握持位置，否则就不能起到检测滑觉的作用；而且其接触为点接触，可能因接触压力过大而损坏对象表面。

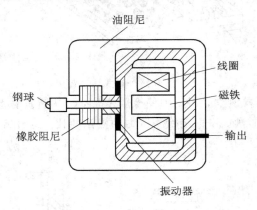

图 4.19 测振式滑觉传感器

图 4.20 所示的柱型滚轮式滑觉传感器比较实用。小型滚轮安装在机器人手指上，其表面稍高出手指表面，使物体的滑动变成转动。滚轮表面贴有高摩擦因数的弹性物质，一般用橡胶薄膜。用板型弹簧将滚轮固定，可以使滚轮与物体紧密接触，并使滚轮不产生纵向位移。滚轮内部装有发光二极管和光电三极管，通过圆盘形光栅把光信号转变为脉冲信号。

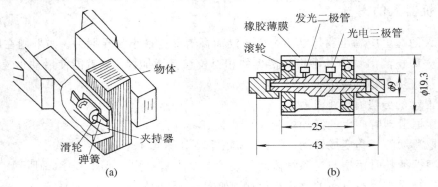

图 4.20 柱型滚轮式滑觉传感器
（a）机器人夹持器；（b）传感器

滚轮式滑觉传感器只能检测一个方向的滑动。图 4.21 所示为南斯拉夫贝尔格莱德大学研制的机器人专用球形滑觉传感器。它由一个金属球和触针组成，金属球表面分成许多个相间排列的导电和绝缘小格。触针头很细，每次只能触及一格。当工件滑动时，金属球也随之转动，在触针上输出脉冲信号。脉冲信号的频率反映了滑移速度，脉冲信号的个数对应滑移的距离。接触器触头面积小于球面上露出的导体面积，它不仅可做得很小，而且提高了检测灵敏度。球与被握物体相接触，无论滑动方向如何，只要球一转动，传感器就会产生脉冲输出。该球体在冲击力作用下不转动，因此抗干扰能力强。

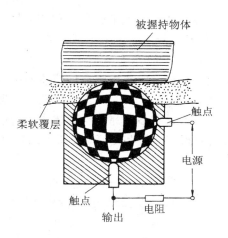

图 4.21　球形滑觉传感器

从机器人对物体施加力的大小看，握持方式可分为三类：

（1）刚力握持机器人手指用一个固定的力，通常是用最大可能的力握持物体；

（2）柔力握持根据物体和工作目的不同，使用适当的力握持物体，握力可变或是自适应控制的；

（3）零力握持可握住物体但不用力，即只感觉到物体的存在，它主要用于探测物体、探索路径、识别物体的形状等。

4.2.5　机器人的力觉

机器人作业是一个其与周围环境的交互过程。作业过程有两类：一类是非接触式的，如弧焊、喷漆等，基本不涉及力；另一类工作是通过接触才能完成的，如拧螺钉、点焊、装配、抛光、加工等。目前已有将视觉和力觉传感器用于非事先定位的轴孔装配，其中，视觉传感器完成大致的定位，装配过程靠孔的倒角作用不断产生的力反馈得以顺利完成。又如高楼清洁机器人，要擦干净玻璃，用力不能太大也不能太小，这要求机器人作业时具有力控制功能。当然，对于机器人的力传感器的功能，不仅仅是上面描述的机器人末端操作器与环境作用过程中发生的力测量，还有如机器人自身运动控制过程中的力反馈测量、机器手爪抓握物体时的握力测量等。

通常将机器人的力传感器分为以下 3 类：

（1）装在关节驱动器上的力传感器，称为关节力传感器，它测量驱动器本身的输出力和力矩；

（2）装在末端操作器和机器人最后一个关节之间的力传感器，称为腕力传感器，它能直接测出作用在末端操作器上的力和力矩；

（3）装在机器人手爪指关节上（或指上）的力传感器，称为指力传感器，它用来测量夹持物体时指上的受力情况。

机器人的这 3 种力传感器依其不同的用途有不同的特点。关节力传感器用来测量关节的受力（力矩）情况，信息量单一，传感器结构也较简单，是一种专用的力传感器。（手）指力传感器一般测量范围较小，同时受手爪尺寸和重量的限制，在结构上要求小巧，也是一种较专用的力传感器。腕力传感器从结构上来说是一种相对复杂的传感器，它能获得手爪3个方向的受力(力矩)情况，信息量较多，又由于其安装的部位在末端操作器与机器人手臂之间，故比较容易形成通用化的产品(系列)。

图 4.22 所示为 Draper 实验室研制的 6 维腕力传感器的结构。它将一个整体金属环周壁铣成按 120°周向分布的 3 根细梁。其上部圆环上有螺孔与手臂相连，下部圆环上的螺孔与手爪连接，传感器的测量电路置于空心的弹性构架体内。该传感器结构比较简单，灵敏度也较高，但 6 维力(力矩)的获得需要解耦运算，传感器的抗过载能力较差，较易受损。

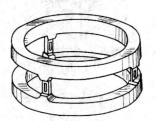

图 4.22 Draper 腕力传感器

图 4.23 所示是 SRI(Stanford Research Institute)研制的 6 维腕力传感器。它由一只直径为 75 mm 的铝管铣削而成，具有 8 个窄长的弹性梁，每一个梁的颈部开有小槽以使颈部只传递力，扭矩作用很小。在梁的另一头两侧贴有应变片，若应变片的阻值分别为 R_1、R_2，则将其连成如图 4.24 所示的形式输出，由于 R_1、R_2 所受应变方向相反，因此输出 V_{out} 比使用单个应变片时大一倍。

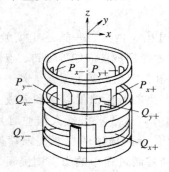

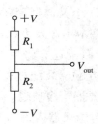

图 4.23 SRI 腕力传感器

图 4.24 SRI 腕力传感器应变片连接方式

图 4.25 是日本大和制衡株式会社林纯一在 JPL 实验室研制的腕力传感器的基础上提出的一种改进结构。它是一种整体轮辐式结构，传感器在十字梁与轮缘连接处有一个柔性环节，在 4 根交叉梁上总共贴有 32 个应变片(图中以小方块表示)，组成 8 路全桥输出，6维力的获得须通过解耦计算。这一传感器一般将十字交叉主杆与手臂的连接件设计成弹性体变形限幅的形式，可有效起到过载保护作用，是一种较实用的结构。

图 4.26 所示的是一种非径向中心对称 3 梁腕力传感器，传感器的内圈和外圈分别固定于机器人的手臂和手爪，力沿与内圈相切的 3 根梁进行传递。每根梁的上下、左右各贴一对应变片，这样，非径向的 3 根梁共粘贴 6 对应变片，分别组成 6 组半桥，对这 6 组电桥信号进行解耦可得到 6 维力(力矩)的精确解。这种力觉传感器结构有较好的刚性，最先由卡内基·梅隆大学提出。在我国，华中科技大学也曾对此结构的传感器进行过研究。

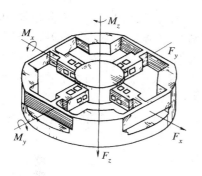

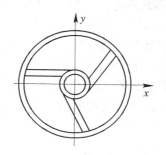

图 4.25　林纯一的腕力传感器　　　　图 4.26　非径向中心对称 3 梁腕力传感器

4.3　工业机器人的位置及位移

位置感觉和位移感觉是机器人最起码的感觉要求，没有它们机器人将不能正常工作。位置及位移感觉可以通过多种传感器来实现，常用的机器人位置、位移传感器有电位器式位移传感器、电容式位移传感器、电感式位移传感器、光电编码器、霍尔元件位移传感器、磁栅式位移传感器以及机械式位移传感器等。

4.3.1　电位器式位移传感器

电位器式位移传感器由一个线绕电阻(或薄膜电阻)和一个滑动触点组成。其中滑动触点通过机械装置受被检测量的控制。当被检测的位置量发生变化时，滑动触点也发生位移，从而改变了滑动触点与电位器各端之间的电阻值和输出电压值，根据这种输出电压值的变化，可以检测出机器人各关节的位置和位移量。

电位器式位移传感器具有很多优点。它的输入/输出特性(即输入位移量与电压量之间的关系)可以是线性的，也可以根据需要选择其他任意函数关系的输入/输出特性；它的输出信号选择范围很大，只需改变电阻器两端的基准电压，就可以得到比较小的或比较大的输出电压信号。这种位移传感器不会因为失电而破坏其已感觉到的信息，当电源因故断开时，电位器的滑动触点将保持原来的位置不变，只需重新接通电源，原有的位置信息就会重新出现。另外，它还具有性能稳定，结构简单，尺寸小，重量轻，精度高等优点。电位器式位移传感器的一个主要缺点是容易磨损。由于滑动触点和电阻器表面的磨损，会使电位器的可靠性和寿命受到一定的影响，正因如此，电位器式位移传感器在机器人上的应用有极大的局限性，近年来随着光电编码器价格的降低而逐渐被取代。

按照电位器式位移传感器的结构，可以把它分成两大类：一类是直线型电位器，另一类是旋转型电位器。

直线型电位器主要用于检测直线位移，其电阻器采用直线型螺线管或直线型碳膜电阻，滑动触点也只能沿电阻的轴线方向做直线运动。直线型电位器的工作范围和分辨率受电阻器长度的限制。线绕电阻、电阻丝本身的不均匀性会造成电位器式传感器的输入/输出关系的非线性。

旋转型电位器的电阻元件呈圆弧状，滑动触点也只能在电阻元件上做圆周运动。旋转型电位器有单圈电位器和多圈电位器两种。由于滑动触点等的限制，单圈电位器的工作范围只能小于 360°；对分辨率也有一定限制。对于多数应用情况来说，这并不会妨碍它的使用。假如需要更高的分辨率和更大的工作范围，可以选用多圈电位器。

图 4.27 为一种典型的电位器式位置测量电路。当输入电压 V_{CC} 加在电位器的两个输入端时，电位器的输出信号 V_{out} 与滑动触点的位置成比例。

图 4.28 所示为两种典型的商用旋转型电位器。图 4.29 为旋转型电位器的结构原理图。

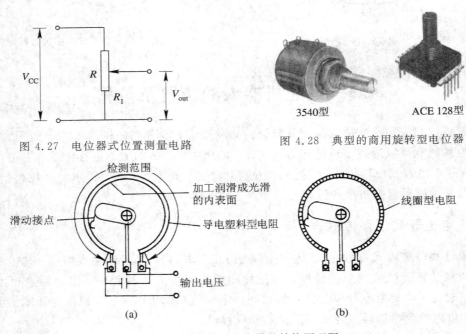

图 4.27 电位器式位置测量电路　　　图 4.28 典型的商用旋转型电位器

图 4.29 旋转型电位器的结构原理图

（a）导电塑料型；（b）线圈型

4.3.2 光电编码器

光电编码器是一种应用广泛的位置传感器，其分辨率完全能满足机器人的技术要求。这种非接触型传感器可分为绝对型和相对型。前者只要将电源加到这种传感器的机电系统中，编码器就能给出实际的线性或旋转位置。因此，用绝对型编码器装备的机器人关节不需要校准，只要一通电，控制器就知道实际的关节位置。相对型编码器只能提供某基准点对应的位置信息，所以使用相对型光电编码器的机器人在获得真实位置信息以前，必须首先完成校准。

1. 绝对型光电编码器

绝对型光电编码器即使发生电源中断，也能正确地给出角度位置。绝对型光电编码器产生供每种轴用的独立的和单值的码字。与相对型光电编码器不同，它的每个读数都与前面的读数无关。绝对型光电编码器最大的优点是系统电源中断时，器件可记录发生中断的地点，当电源恢复时，它可把记录情况通知系统。

绝对型光电编码器通常由 3 个主要元件构成：① 多路（或通道）光源（如发光二极管）；

② 光敏元件；③ 光电码盘。

图 4.30 是绝对型光电编码器的编码原理图，码盘上有 5 条码道。所谓码道，就是码盘上的同心圆。按照二进制分布规律，把每条码道加工成透明和不透明区域相间的形式。码盘的一侧安装光源，另一侧安装一排径向排列的光电管，每个光电管对准一条码道。当光源照射码盘时，如果是透明区，则光线被光电管接收，并转变成电信号，输出信号为"1"；如果是不透明区，则光电管接收不到光线，输出信号为"0"。被测工作轴带动码盘旋转时，光电管输出的信息就代表了轴的对应位置，即绝对位置。

光电编码盘大多采用格雷码编码盘，格雷码的特点是每一相邻数码之间仅改变一位二进制数，这样，即使制作和安装不十分准确，产生的误差最多也只是最低位的一位数。在图 4.30 中，五位二进制码盘分辨的最小角度（分辨率）为

$$\alpha = \frac{360^\circ}{2^5} = 11.25^\circ$$

码道越多，分辨率越高。目前，码盘码道可做到 18 条，能分辨的最小角度为 $\alpha = 360^\circ / 2^{18} \approx 0.0014^\circ$。

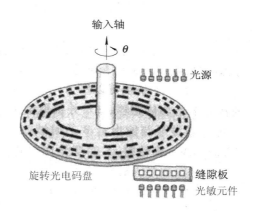

输入轴

θ

光源

旋转光电码盘

缝隙板

光敏元件

图 4.30 绝对型光电编码器的编码原理图

2. 相对型光电编码器

与绝对型光电编码器一样，相对型光电编码器也是由前述 3 个主要元件构成的。两者的工作原理基本相同，不同的是后者的光源只有一路或两路。光电码盘一般只刻一圈或两圈透明和不透明区域，当光透过码盘时，光敏元件导通，产生低电平信号，代表二进制的"0"；光遇到不透明的区域则产生高电平信号，代表二进制的"1"。因此，这种编码器只能通过计算脉冲个数来得到输入轴所转过的相对角度。

由于相对型光电编码器的码盘加工相对容易，因此其成本比绝对型编码器的低，而分辨率高。然而，只有使机器人首先完成校准操作以后才能获得绝对位置信息。通常，这不是很大的缺点，因为这样的操作一般只有在加上电源后才能完成。若在操作过程中电源意外地消失，由于相对型编码器没有"记忆"功能，故必须再次完成校准。

如图 4.31 所示，编码器的分辨率通常由径向线数 n 来确定。这意味着，编码器能分辨的角度位置等于 $360^\circ / n$。典型的有 100、128、200、256、500、512、1000、1024 和 2048 线分辨率的编码器。

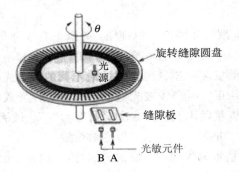

图 4.31　光学式增量型旋转编码器

4.3.3　角速度传感器

旋转编码器及测速发电机，是两种广泛采用的角速度传感器。

1. 旋转编码器

当使用旋转编码器时，也可以用一个传感器检测角度和角速度。

1）绝对型旋转编码器

绝对型旋转编码器的输出表示的是旋转角度的实际值，所以若对单位时间前的值进行记忆，并取它与现时值之间的差值，就可以求得角速度。

2）相对型旋转编码器

相对型旋转编码器单位时间内输出脉冲的数目与角速度成正比。

2. 测速发电机

图 4.32 所示为测速发电机的构造。测速发电机与普通发电机的原理相同，除具有直流输出型和交流输出型以外，还有感应型。

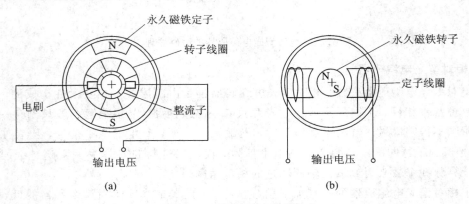

图 4.32　测速发电机的构造

（a）带整流子的直流输出测速发电机；（b）交流输出测速发电机

对于直流输出型，在其定子的永久磁铁产生的静止磁场中，安装着绕有线圈的转子。当转动转子时，就会产生交流电流，再经过二极管整流后，就会变换成直流进行输出。输出电压与转子的角速度 ω 成比例，因此得到

$$u = A\omega$$

式中，A 为常数。通常，转速为 1000 r/min 时，输出的电压可以达到 7 V。

对于交流输出型，在固定线圈的内部安装着用永久磁铁做的转子。当转动转子时，定子线圈中会产生交流电流，并且原封不动地作为测速发电机输出。这时，从低速旋转到高速旋转，均可获得稳定的输出。

4.3.4 机器人测距传感器

1. 超声波传感器

超声波传感器发射超声波脉冲信号，测量回波的返回时间便可得知与物体表面的距离。如果安装多个接收器，根据相位差还可以得到物体表面的倾斜状态信息。但是，超声波在空气中衰减得很快（在 1 MHz 的条件下损耗为 12 dB/cm），因此其频率无法太高，通常使用 20 kHz 以下的频率。因此，要提高超声波传感器的分辨率比较困难。图 4.33 是超声波测距传感器的原理图。

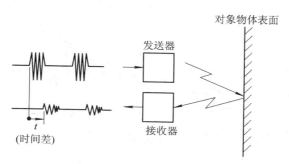

图 4.33   超声波测距传感器原理图

2. STM，AFM

前端尖锐的探针和试料表面接近至彼此的电子云互相重合的程度时，二者之间就会发生所谓的隧道电流。利用这个原理观察试料表面状态的设备被称为扫描式隧道显微镜（Scanning Tunneling Microscope，STM）。利用探针和试料之间产生的引力或斥力观察试料表面状态的设备称做原子力显微镜（Atomic Force Microscope，AFM），它能对表面状态进行原子量级的非接触测量。在原子量级尺寸范围内进行操作的机器人可以使用这种传感器。图 4.34 为 STM 的原理图，AFM 与 STM 具有几乎相同的结构。

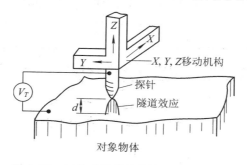

图 4.34   扫描式隧道显微镜（STM）原理图

3. 光学测距法

光学测距法适合于机器人对远处物体的非接触测量，因此这种方法很早以前就被广泛应用。测量距离可以利用光速以及光的直线传播性、聚束性、波动性等各种性质。其大致可以分为被动法(利用自然光)和主动法(利用强光源照射)。图 4.35 所示的三角测量原理是最基本、最重要的原理，大多数光学测距法都多多少少与这个原理相关。

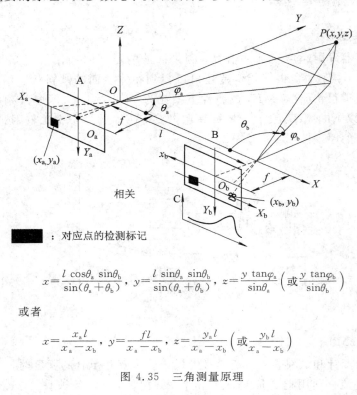

$$x=\frac{l\,\cos\theta_a\,\sin\theta_b}{\sin(\theta_a+\theta_b)}, \quad y=\frac{l\,\sin\theta_a\,\sin\theta_b}{\sin(\theta_a+\theta_b)}, \quad z=\frac{y\,\tan\varphi_a}{\sin\theta_a}\left(或\frac{y\,\tan\varphi_b}{\sin\theta_b}\right)$$

或者

$$x=\frac{x_a l}{x_a-x_b}, \quad y=\frac{f l}{x_a-x_b}, \quad z=\frac{y_a l}{x_a-x_b}\left(或\frac{y_b l}{x_a-x_b}\right)$$

图 4.35   三角测量原理

4.4 焊接机器人传感系统

焊接机器人所用的传感器要精确地检测出焊口的位置和形状信息，然后传送给控制器进行处理。在焊接的过程中，由于存在着强烈的弧光、电磁干扰及高温辐射、烟尘等，且伴随着物理化学反应，工件会产生热变形，因此，焊接传感器也必须具有很强的抗干扰能力。据日本焊接学会所做的调查显示，在日本及其他发达国家，在焊接过程中使用的传感器有80%是用于焊缝跟踪的。

4.4.1 电弧传感系统

1. 摆动电弧传感器

摆动电弧传感器是从焊接电弧自身直接提取焊缝位置偏差信号，因此实时性好；另外不需要在焊枪上附加任何装置，焊枪的运动灵活性和可靠性好，尤其符合焊接过程低成本、自动化的要求。

　　摆动电弧传感器的基本工作原理是，当电弧位置变化时，电弧自身电参数相应发生变化，从中反应出焊枪导电嘴至工件坡口表面距离的变化量，进而根据电弧的摆动形式及焊枪与工件的相对位置关系，推导出焊枪与焊缝间的相对位置偏差量。电参数的静态变化和动态变化都可以作为特征信号被提取出来，可实现垂直及水平两个方向的跟踪控制。

　　目前广泛采用通过测量焊接电流 I、电弧电压 U 和送丝速度 v 的方法来计算工件与焊丝之间的距离 H，$H = f(I, U, v)$，并采用模糊控制技术实现焊缝跟踪。摆动电弧传感器结构简单、响应速度快，主要用于识别对称侧壁的坡口（如 V 形坡口），而对于那些无对称侧壁或根本就无侧壁的接头形式，如搭接接头、不开坡口的对接接头等，现有的摆动电弧传感器则不能识别。

2. 旋转电弧传感器

　　摆动电弧传感器的摆动频率一般只能达到 5 Hz，这限制了电弧传感器在高速和薄板搭接接头焊接中的应用。与摆动电弧传感器相比，旋转电弧传感器的高速旋转增加了焊枪位置偏差的检测灵敏度，极大地改善了跟踪的精度。

　　高速旋转扫描电弧传感器结构如图 4.36 所示，采用空心轴电机直接驱动，在空心轴上通过同轴安装的同心轴承支承导电杆。在空心轴的下端偏心安装调心轴承，导电杆安装于该轴承内孔中，偏心量由滑块来调节。当电机转动时，下调心轴承将拨动导电杆作为圆锥母线绕电机轴线作公转，即圆锥摆动。气、水管线直接连接到下端，焊丝连接到导电杆的上端。电弧扫描侧位传感器为增量式光电码盘，利用分度脉冲进行电机转速闭环控制。

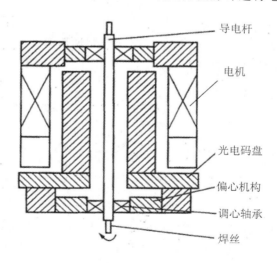

图 4.36　高速旋转扫描电弧传感器结构

　　在焊接机器人的第六个关节上，安装一个焊枪夹持件，将原来的焊枪卸下，把高速旋转电弧传感器安装在焊枪夹持件上。焊缝纠偏系统如图 4.37 所示，高速旋转扫描电弧传感器的安装姿态与原来的焊枪姿态一样，即焊丝端点的参考点的位置及角度保持不变。

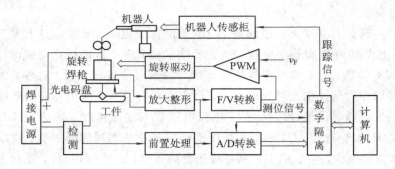

图 4.37　焊缝纠偏系统

3. 电弧传感器的信号处理

电弧传感器的信号处理主要采用极值比较法和积分差值法。在比较理想的条件下可得到满意的结果，但在非 V 形坡口及非射流过渡焊时，坡口识别能力差、信噪比低，应用遇到很大困难。为进一步扩大电弧传感器的应用范围，提高其可靠性，在建立传感器物理数学模型的基础上，可利用数值仿真技术，采取空间变换，用特征谐波的向量作为偏差量的大小及方向的判据。

4.4.2　超声传感跟踪系统

超声传感跟踪系统中使用的超声波传感器分为两种类型：接触式和非接触式。

1. 接触式

接触式超声波传感跟踪系统原理如图 4.38 所示，两个超声波斜探头置于焊缝两侧，距焊缝相等距离。两个超声波传感器同时发出具有相同性质的超声波，根据接收超声波的声程来控制焊接熔深；比较两个超声波的回波信号，确定焊缝的偏离方向和大小。

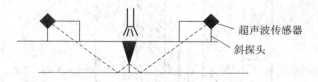

图 4.38　接触式超声波传感跟踪系统原理

2. 非接触式

非接触式超声波传感跟踪系统中使用的超声波传感器又分为聚焦式和非聚焦式两种，这两种传感器的焊缝识别方法不同。聚焦式超声波传感器是采用在焊缝上方进行左右扫描的方式检测焊缝，而非聚焦式超声波传感器是采用在焊枪前方旋转的方式检测焊缝。

1）非聚焦式超声波传感器

非聚焦式超声波传感器要求焊接工件能在 45°方向反射回波信号，焊缝的偏差在超声波声束的覆盖范围内，适于 V 形坡口焊缝和搭接接头焊缝。图 4.39 所示为 P－50 机器人焊缝跟踪装置，超声波传感器位于焊枪前方的焊缝上面，沿垂直于焊缝的轴线旋转，超声波传感器始终与工件成 45°角，旋转轴的中心线与超声波声束中心线交于工件表面。

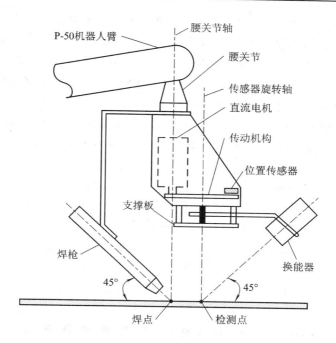

图 4.39　P-50 机器人焊缝跟踪装置

　　焊缝偏差几何示意图如图 4.40 所示,传感器的旋转轴位于焊枪正前方,代表焊枪的即时位置。超声波传感器在旋转过程中总有一个时刻超声波声束处于坡口的法线方向,此时传感器的回波信号最强,而且传感器和其旋转的中心轴线组成的平面恰好垂直于焊缝方向,焊缝的偏差可以表示为

$$\delta = r - \sqrt{(R-D)^2 - h^2} \tag{4.1}$$

式中,δ 为焊缝偏差;r 为超声波传感器的旋转半径;R 为传感器检测到的探头和坡口间的距离;D 为坡口中心线到旋转中心线的距离;h 为传感器到工件表面的垂直高度。

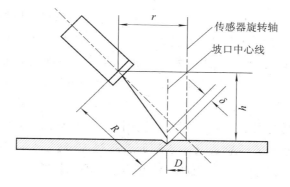

图 4.40　焊缝偏差几何示意图

　2) 聚焦式超声波传感器

　　与非聚焦式超声波传感器相反,聚焦式超声波传感器采用扫描焊缝的方法检测焊缝偏差,不要求这个焊缝笼罩在超声波的声束之内,而是将超声波声束聚焦在工件表面,声束越小检测精度越高。

将超声波传感器发射信号和接收信号的时间差作为焊缝的纵向信息，通过计算超声波由传感器发射到接收的声程时间 t_s，可以得到传感器与焊件之间的垂直距离 H，从而实现焊炬与工件高度之间的检测。焊缝左右偏差的检测，通常采用寻棱边法，其基本原理是在超声波声程检测原理的基础上，利用超声波发射原理进行检测。当声波遇到工件时会发生反射，当声波入射到工件坡口表面时，由于坡口表面与入射波的角度不是 90°，因此其发射波就很难返回到传感器，也就是说传感器接收不到回波信号，利用声波的这一特性，就可以判别是否检测到了焊缝坡口的边缘。焊缝左右偏差检测原理如图 4.41 所示。

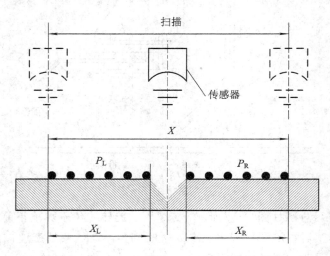

图 4.41　焊缝左右偏差检测原理

假设传感器从左向右扫描，在扫描过程中可以检测到一系列传感器与焊件表面之间的垂直高度。假设 H_i 为传感器在扫描过程中测得的第 i 点的垂直高度，H_0 为允许偏差。如果满足

$$| H_i - H_0 | < \Delta H \tag{4.2}$$

则得到的是焊接坡口左边钢板平面的信息。当传感器扫描到焊缝坡口左棱边时，会出现两种情况：第一种情况是传感器检测不到垂直高度 H，这是因为对接 V 形坡口斜面把超声回波信号反射出了探头所能检测的范围；第二种情况是该点高度偏差大于允许偏差，即

$$| \Delta y |-| H - H_0 | \geqslant \Delta H \tag{4.3}$$

并且若有连续 D 个点没有检测到垂直高度或是满足式(4.3)，则说明检测到了焊缝坡口的左侧棱边。在此之前传感器在焊缝左侧共检测到 P_L 个超声回波。当传感器扫描到焊缝坡口右边工件表面时，超声波传感器又接收到回波信号或者检测高度的偏差满足式(4.3)，并有连续 D 个检测点满足此要求，则说明传感器已检测到焊缝坡口右侧钢板。

$$| \Delta y |-| H_j - H_0 | \leqslant \Delta H \tag{4.4}$$

式(4.4)中，H_j 为传感器扫描过程中测得的第 j 点的垂直高度。

当传感器扫描到右边终点时，采集到的右侧水平方向的检测点共 P_R 个。根据 P_L、P_R 即可算出焊炬的横向偏差方向及大小。根据检测到的横向偏差的大小、方向，控制、调节系统进行纠偏调整。

4.4.3　视觉传感跟踪系统

在弧焊过程中，存在弧光、电弧热、飞溅以及烟雾等多种强烈的干扰，这是使用任何视觉传感方法首先需要解决的问题。在弧焊机器人中，根据使用的照明光的不同，可以把视觉方法分为被动视觉和主动视觉两种。被动视觉指由弧光或普通光源和摄像机组成的视觉传感系统，而主动视觉一般指由具有特定结构的光源与摄像机组成的视觉传感系统。

1. 被动视觉

在大部分被动视觉方法中，电弧本身就处于监测位置，所以没有因热变形等因素所引起的超前检测误差，并且能够获取接头和熔池的大量信息，这对于焊接质量自适应控制非常有利。但是，被动视觉法容易受到电弧的严重干扰，信息的真实性和准确性有待提高。它较难获取接头的三维信息，也不能用于埋弧焊。

2. 主动视觉

为了获取接头的三维轮廓，人们研究了基于三角测量原理的主动视觉方法。由于采用的光源的能量大都比电弧的能量要小，一般把这种传感器放在焊枪的前面，以避开弧光直射的干扰。主动光源一般为单光面或多光面的激光或扫描的激光束，为简单起见，分别称采用上述两种光源的方法为结构光法和激光扫描法。由于主动视觉方法的光源是可控的，所获取的图像受环境的干扰可过滤掉，真实性好，因而图像的低层处理稳定、简单，实时性好。

1）结构光视觉传感器

图 4.42 所示为与焊枪一体式的结构光视觉传感器结构。激光束经过柱面镜形成单条纹结构光。由于 CCD 摄像机与焊枪有合适的位置关系，避开了电弧光直射的干扰。结构光

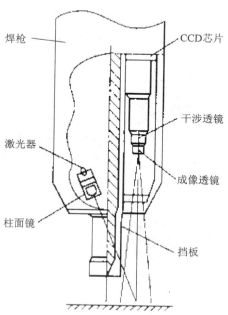

图 4.42　焊枪一体式的结构光视觉传感器结构

法中的传感器都是面型的，实际应用中所遇到的问题主要有两个：一是当结构光照射在经过钢丝刷去除氧化膜或磨削过的铝板或其他金属板表面时，会产生强烈的二次反射，这些光也成像在传感器上，往往会使后续的处理失败；二是投射光纹的光强分布不均匀，由于获取的图像质量需要经过较为复杂的后续处理，精度也会降低。

　　2）激光扫描视觉传感器

　　同结构光法相比，激光扫描法中光束集中于一点，因而信噪比要大得多。目前用于激光扫描三角测量的传感器主要有二维面型 PSD、线型 PSD 和 CCD。图 4.43 所示为面型 PSD 位置传感器与激光扫描器组成的接头跟踪传感器的原理结构。典型的采用激光扫描和 CCD 器件接收的视觉传感器结构原理如图 4.44 所示。它采用转镜进行扫描，扫描速度较高。通过测量电机的转角，增加了一维信息。它可以测量出接头的轮廓尺寸。

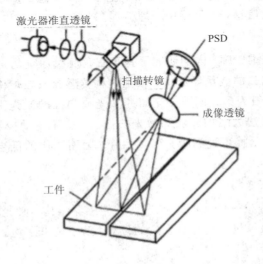

图 4.43　接头跟踪传感器的原理结构

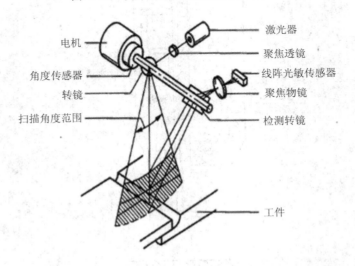

图 4.44　激光扫描和 CCD 器件接收的视觉传感器结构原理

在焊接自动化领域中,视觉传感器已成为获取信息的重要手段。在获取与焊接熔池有关的状态信息时,一般多采用单摄像机,这时图像信息是二维的。在检测接头位置和尺寸的三维信息时,一般采用激光扫描法或结构光法,而激光扫描法与现代 CCD 技术的结合代表了高性能主动视觉传感器的发展方向。

4.5 装配机器人传感系统

4.5.1 位姿传感器

1. 远程中心柔顺(RCC)装置

远程中心柔顺装置不是实际的传感器,在发生错位时它起到感知设备的作用,并为机器人提供修正的措施。RCC 装置完全是被动的,它没有输入和输出信号,也称被动柔顺装置。RCC 装置是机器人腕关节和末端执行器之间的辅助装置,使机器人末端执行器在需要的方向上增加局部柔顺性,而不会影响其他方向的精度。

图 4.45 所示为 RCC 装置的原理,它由两块刚性金属板组成,其中剪切柱在提供横侧向柔顺的同时,将保持轴向的刚度。实际上,一种装置只在横侧向和轴向或者在弯曲和翘起方向提供一定的刚性(或柔性)。每种装置都有一个中心距,此距离决定远程柔顺装置中心的位置。因此,如果有多个零件或许多操作需有多个 RCC 装置时,要分别进行选择。

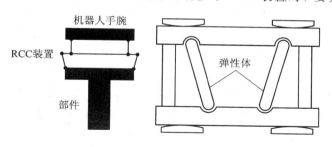

图 4.45 RCC 装置的原理

RCC 的实质是机械手夹持器具有多个自由度的弹性装置,通过选择和改变弹性体的刚度可获得不同程度的适从性。

RCC 部件间的失调引起转矩和力,通过 RCC 装置中不同类型的位移传感器可获得跟转矩和力成比例的电信号,使用该信号作为力或力矩反馈的 RCC 称 IRCC(Instrument Remote Control Centre)。Barry Wright 公司的六轴 IRCC 提供与 3 个力和 3 个力矩成比例的电信号,并且内部有微处理器、低通滤波器以及 12 位数模转换器,可以输出数字和模拟信号。

2. 主动柔顺装置

主动柔顺装置根据传感器反馈的信息对机器人末端执行器或工作台进行调整,补偿装配件间的位置偏差。根据传感方式的不同,主动柔顺装置可分为基于力传感器的柔顺装置、基于视觉传感器的柔顺装置和基于接近度传感器的柔顺装置。

1) 基于力传感器的柔顺装置

基于力传感器的柔顺装置一方面能有效地控制力的变化范围,另一方面可通过力传感器反馈的信息来感知位置信息，进行位置控制。就安装部位而言，力传感器可分为关节力/力矩传感器、腕力传感器和指力传感器。关节力/力矩传感器使用应变片进行力反馈，由于力反馈直接加在被控制关节上，且所有的硬件用模拟电路实现，因此避开了复杂的计算，响应速度快。腕力传感器安装于机器人与末端执行器的连接处，它能够获得机器人实际操作时的大部分的力信息，精度高、可靠性好、使用方便。常用的结构包括十字梁式、轴架式和非径向三梁式，其中十字梁式结构应用最为广泛。指力传感器一般是通过应变片测量产生多维力信号，常用于作业范围小、精度高、可靠性好的情况下，但多手指的协调比较复杂。

2）基于视觉传感器的柔顺装置

基于视觉传感器的主动适从位置调整方法是通过建立以注视点为中心的相对坐标系，对装配件之间的相对位置关系进行测量，测量结果具有相对的稳定性，其精度与摄像机的位置相关。螺纹装配采用力和视觉传感器，建立一个虚拟的内部模型，该模型根据环境的变化可以对规划的机器人运动轨迹进行修正；轴孔装配中用二维 PSD 传感器来实时检测孔的中心位置及其所在平面的倾斜角度，PSD 上的成像中心即为检测孔的中心。当孔倾斜时，PSD 上所成的像为椭圆，通过与正常、没有倾斜的孔所成图像的比较就可获得被检测孔所在平面的倾斜度。

3）基于接近度传感器的柔顺装置

装配作业需要检测机器人末端执行器与环境的位姿，多采用光电接近度传感器。光电接近度传感器具有测量速度快、抗干扰能力强、测量点小和使用范围广等优点。用一个光电传感器不能同时测量距离和方位的信息，往往需要用两个或两个以上的传感器来完成机器人装配作业的位姿检测。

3. 光纤位姿偏差传感系统

图 4.46 所示为集螺纹孔方向偏差和位置偏差检测于一体的位姿偏差传感系统原理。该系统采用多路单纤传感器，光源发出的光经 1×6 光纤分路器，分为 6 路光信号并进入 6 个单纤传感点，单纤传感点同时具有发射和接收功能。传感点为反射式强度调制传感方式，反射光经过光纤，按一定方式排列，由光电二极管阵列 SSPD 光敏器件接收，最后进入信号处理环节。3 个检测螺纹孔方向的传感器（1、2、3）分布在螺纹孔边缘圆周（2～3 cm）上，传感器 4、5、6 检测螺纹位置，垂直指向螺纹孔倒角锥面，传感器 2、3、5、6 与传感器

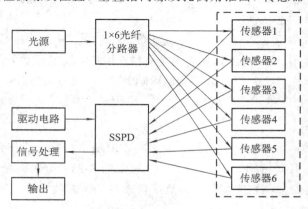

图 4.46　位姿偏差传感系统原理

1、4 垂直。

　　根据多模光纤纤端出射光场的强度分布，可得到螺纹孔方向和螺纹孔中心位置检测的数学模型，从而计算出螺纹方向偏差和位置偏差。

4. 电涡流位姿检测传感系统

　　电涡流位姿检测传感系统是通过确定由传感器构成的测量坐标系和测量体坐标系之间的相对坐标变换关系来确定位姿的。当测量体安装在机器人末端执行器上时，通过比较测量体的相对位姿参数的变化量，可完成对机器人的重复位姿精度检测。图 4.47 所示为位姿检测传感系统框图。检测信号经过滤波、放大、A/D 变换送入计算机进行处理，计算出位姿参数。

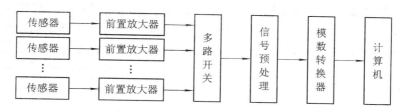

图 4.47　位姿检测传感系统框图

　　为了能用测量信息计算出相对位姿，通过由 6 个电涡流传感器组成的特定空间结构来提供位姿和测量数据。传感器的测量空间结构如图 4.48 所示，6 个传感器构成三维测量坐标系，其中传感器 1、2、3 对应测量面 xOy，传感器 4、5 对应测量面 xOz，传感器 6 对应测量面 yOz。每个传感器在坐标系中的位置固定，这 6 个传感器所标定的测量范围就是该测量系统的测量范围。当测量体相对于测量坐标系发生位姿变化时，电涡流传感器的输出信号会随测量距离成比例地变化。

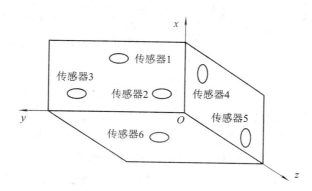

图 4.48　传感器的测量空间结构

4.5.2　柔性腕力传感器

　　装配机器人在作业过程中需要与周围环境接触，在接触的过程中往往存在力和速度的不连续问题。腕力传感器安装在机器人手臂和末端执行器之间，更接近力的作用点，受其他附加因素的影响较小，可以准确地检测末端执行器所受外力/力矩的大小和方向，为机器人提供力感信息，有效地扩展了机器人的作业能力。

　　在装配机器人中除使用应变片六维筒式腕力传感器和十字梁式腕力传感器外，还大量使用柔性腕力传感器。柔性手腕能在机器人的末端操作器与环境接触时产生形变，并且能够吸收机器人的定位误差。机器人柔性腕力传感器将柔性手腕与腕力传感器有机地结合在一起，不但可以为机器人提供力/力矩信息，而且本身又是柔顺机构，可以产生被动柔顺，吸收机器人产生的定位误差，保护机器人、末端操作器和作业对象，提高机器人的作业能力。

　　柔性腕力传感器一般由固定体、移动体和连接二者的弹性体组成。固定体和机器人的手腕连接，移动体和末端执行器相连接，弹性体采用矩形截面的弹簧，其柔顺功能是由能产生弹性形变的弹簧完成的。柔性腕力传感器利用测量弹性体在力/力矩的作用下产生的变形量来计算力/力矩的大小。

　　柔性腕力传感器的工作原理如图 4.49 所示，柔性腕力传感器的内环相对于外环的位置和姿态的测量采用非接触式测量。传感元件由 6 个均匀分布在内环上的红外发光二极管（LED）和 6 个均匀分布在外环上的线型位置敏感元件（PSD）构成。PSD 通过输出模拟电流信号来反映照射在其敏感面上光点的位置，具有分辨率高、信号检测电路简单、响应速度快等优点。

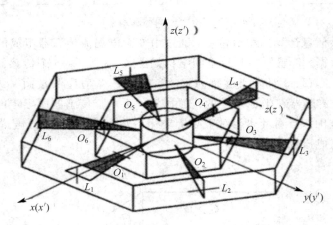

图 4.49　柔性腕力传感器的工作原理

　　为了保证 LED 发出的红外光形成一个光平面，在每一个 LED 的前方安装了一个狭缝，狭缝按照垂直和水平方式间隔放置，与之对应的线型 PSD 则按照与狭缝相垂直的方式放置。6 个 LED 所发出的红外光通过其前端的狭缝形成 6 个光平面 $O_i(i=1, 2, \cdots, 6)$，与 6 个相应的线型 PSD 的 $L_i(i=1, 2, \cdots, 6)$ 形成 6 个交点。当内环相对于外环移动时，6 个交点在 PSD 上的位置发生变化，引起 PSD 的输出变化。根据 PSD 输出信号的变化，可以求得内环相对于外环的位置和姿态。内环的运动将引起连接弹簧的相应变形，考虑到弹簧的作用力与形变的线性关系，可以通过内环相对于外环的位置和姿态关系解算出内环上受到的力和力矩的大小，从而完成柔性腕力传感器的位姿和力/力矩的同时测量。

4.5.3　工件识别传感器

　　工件识别（测量）的方法有接触识别、采样式测量、邻近探测、距离测量、机械视觉识别等。

（1）接触识别。接触识别通过对一点或几点的接触以测量力，这种测量一般精度不高。

（2）采样式测量。采样式测量可在一定范围内连续测量，比如测量某一目标的位置、方向和形状。在装配过程中的力和扭矩的测量都可以采用这种方法，这些物理量的测量对于装配过程非常重要。

（3）邻近探测。邻近探测属于非接触测量，一般用于探测附近的范围内是否有目标存在。一般安装在机器人的抓钳内侧，探测被抓的目标是否存在以及方向、位置是否正确。测量原理可以是气动的、声学的、电磁的和光学的。

（4）距离测量。距离测量也属于非接触测量，一般用于测量目标到基准点的距离。例如，一只安装在抓钳内的超声波传感器就可以进行这种测量。

（5）机械视觉识别。机械视觉识别方法可以测量目标相对于基准点的位置、方向和距离。

机械视觉识别如图 4.50 所示，图 4.50(a)为使用探针矩阵对工件进行粗略的识别，图 4.50(b)为使用直线型测量传感器对工件进行边缘轮廓的识别，图 4.50(c)为使用点传感技术对工件进行特定形状的识别。

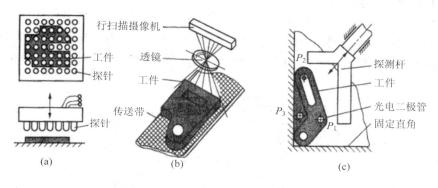

图 4.50　机械视觉识别

（a）粗略识别；（b）边缘轮廓识别；（c）特定形状识别

当采用接触式（探针）或非接触式探测器识别工件时，存在与网栅的尺寸有关的识别误差。在图 4.51 所示的探测器工件识别中，工件尺寸 b 方向的识别误差为

$$\Delta E = t(1+n) - \left(b + \frac{d}{2}\right) \tag{4.7}$$

式中，b 为工件尺寸，单位为 mm；d 为光电二极管直径，单位为 mm；n 为工件覆盖的网栅截距数；t 为网栅尺寸，单位为 mm。

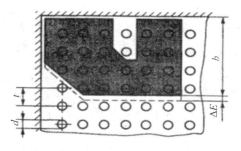

图 4.51　探测器工件识别

4.5.4　装配机器人视觉传感技术

1. 视觉传感系统的组成

装配过程中，机器人使用视觉传感系统可以实现零件平面测量、字符识别（文字、条码、符号等）、完善性检测、表面检测（裂纹、刻痕、纹理）和三维测量。类似人的视觉系统，机器人的视觉系统通过图像和距离等传感器来获取环境对象的图像、颜色和距离等信息，然后传递给图像处理器，利用计算机从二维图像中理解和构造出对三维世界的真实模拟。

图 4.52 所示为机器人视觉传感系统的原理。摄像机获取环境对象的图像，经 A/D 转换器转换成数字量，从而变成数字化图形。通常一幅图像可划分为 512×512 或者 256×256 个点，各点亮度用 8 位二进制表示，即可表示为 256 个灰度。图像输入以后进行各种处理、识别以及理解，另外通过距离测定器得到距离信息，经过计算机处理得到物体的空间位置和方位；通过彩色滤光片得到颜色信息。上述信息经图像处理器进行处理，提取特征，处理的结果再输出到机器人，以控制它进行动作。另外，机器人的眼睛不但要对所得到的图像进行静止处理，而且要积极地扩大视野，根据所观察的对象，改变眼睛的焦距和光圈。因此，机器人视觉系统还应具有调节焦距、光圈、摄像机角度和扩大倍数的装置。

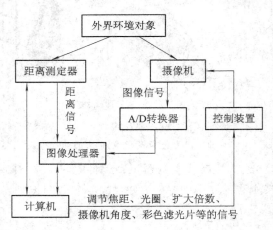

图 4.52　机器人视觉传感系统

2. 图像处理过程

视觉系统首先要做的工作是摄取实物对象的图像，这就需要建立摄像机的图像生成模型。它包含两个方面的内容：一是摄像机的几何模型，即实物对象从三维景象空间转换到二维图像空间，关键是确定转换的几何关系；二是摄像机的光学模型，即摄像机的图像灰度与景物间的关系。由于图像的灰度是摄像机的光学特征、物体表面的反射特性、照明情况、景物中各物体的分布情况（产生重复反射照明）的综合效果，所以从摄入的图像中分解出各因素所起的作用是不容易的。

视觉系统要对摄取的图像进行处理和分析。摄像机捕捉到的图像不一定是图像分析程序可用的格式，有些需要进行改善以消除噪声，有些则需要简化，还有的需要增强、修改、分割和滤波等。图像处理就是对图像进行改善、简化、增强或者其他变换的程序和技术的总称。图像分析是对一幅捕捉到的并经过处理后的图像进行分析，从中提取图像信息，辨识或提取关于物体或周围环境的特征。

3. Consight‑I 视觉系统

图 4.53 所示为 Consight‑I 视觉系统，用于美国通用汽车公司的制造装置中，能在噪声环境下利用视觉识别抓取工件。该系统为了从零件的外形获取准确、稳定的识别信息，巧妙地设置照明光，从倾斜方向向传送带发送两条窄条缝隙光，用安装在传送带上方的固态线性摄像机摄取图像，而且预先把两条缝隙光调整到刚好在传送带上重合的位置。这样，当传送带上没有工件时，缝隙光合成了一条直线；当工件随传送带通过时，缝隙光变成两条线，其分开的距离同工件的厚度成正比。由于光线的分离之处正好就是工件的边界，所以利用工件在传感器下通过的时间就可以提取准确的边界信息。主计算机可处理安装在机器人工作位置上方的固态线性阵列摄像机所检测到的工件的信息，有关传送带速度的数据也送到计算机中处理。当工件从视觉系统位置移动到机器人工作位置时，计算机利用视觉和速度数据确定工件的位置、取向和形状，并把这种信息经接口送到机器人控制器。根据这种信息，工件仍在传送带上移动时，机器人便能成功地接近和拾取工件。

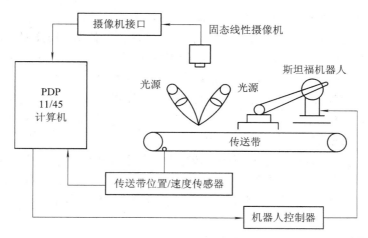

图 4.53　Consight‑I 视觉系统

4.5.5　多传感器信息融合装配机器人

在自动生产线上，被装配的工件时刻在运动，属于环境不确定的情况。机器人进行工件抓取或装配时，使用力和位置的混合控制是不可行的，而是使用位置、力反馈和视觉融合的控制来进行抓取或装配工作。

多传感器信息融合装配系统由末端执行器、CCD 视觉传感器、超声波传感器、柔性腕力传感器及相应的信号处理单元等构成。CCD 视觉传感器安装在末端执行器上，构成手眼视觉；超声波传感器的接收和发送探头也固定在机器人末端执行器上，由 CCD 视觉传感器获取待识别和待抓取物体的二维图像，并引导超声波传感器获取深度信息；柔性腕力传感器安装于机器人的腕部。多传感器信息融合装配系统结构如图 4.54 所示。

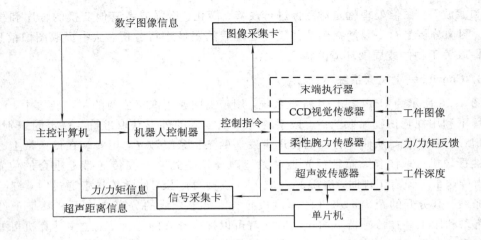

图 4.54　多传感器信息融合装配系统结构

　　图像处理主要完成对物体外形的准确描述，包括图像边缘提取、周线跟踪、特征点提取、曲线分割及分段匹配、图形描述与识别。CCD 视觉传感器获取的物体图像经处理后，可提取对象的某些特征，如物体的形心坐标、面积、曲率、边缘、角点及短轴方向等，根据这些特征信息，可得到对物体形状的基本描述。

　　由于 CCD 视觉传感器获取的图像不能反映工件的深度信息，因此对于二维图形相同、仅高度略有差异的工件，只用视觉信息是不能正确识别的。在图像处理的基础上，由视觉信息引导超声波传感器对待测点的深度进行测量，获取物体的深度（高度）信息，或沿工件的待测面移动，超声波传感器不断采集距离信息，扫描得到距离曲线，根据距离曲线分析出工件的边缘或外形。计算机将视觉信息和深度信息融合推断后，进行图像匹配、识别，并控制机械手以合适的位姿准确地抓取物体。

　　安装在机器人末端执行器上的超声波传感器由发射和接收探头构成，根据声波反射的原理，检测由待测点反射回的声波信号，经处理后得到工件的深度信息。为了提高检测精度，在接收单元电路中，采用可变阈值检测、峰值检测、温度补偿和相位补偿等技术，可获得较高的检测精度。

　　柔性腕力传感器测试末端执行器所受力/力矩的大小和方向，从而确定末端执行器的运动方向。

习　　题

1. 工业机器人的视觉系统由哪些部分组成？各部分有什么作用？
2. 工业机器人的触觉传感器有哪些？试举例说明触觉传感器的应用。
3. 试举例说明工业机器人的位置及位移传感器有哪些，并说明各自的特点。
4. 具有多感觉传感系统的智能机器人一般由哪些部分组成？试举例说明。
5. 机器人的传感器选择应考虑哪些因素？

第 5 章 工业机器人控制

控制系统是工业机器人的主要组成部分，它的机能类似于人脑。工业机器人要与外围设备协调动作，共同完成作业任务，就必须具备一个功能完善、灵敏可靠的控制系统。工业机器人的控制系统可分为两大部分：一部分是对其自身运动的控制；另一部分是工业机器人与周边设备的协调控制。

5.1 工业机器人控制系统的特点

机器人的结构多为空间开链机构，其各个关节的运动是独立的，为了实现末端点的运动轨迹，需要多关节的运动协调。因此，其控制系统与普通的控制系统相比要复杂得多，具体如下：

（1）机器人的控制与机构运动学及动力学密切相关。机器人手足的状态可以在各种坐标下进行描述，应当根据需要选择不同的参考坐标系，并做适当的坐标变换。经常需要求正向运动学和反向运动学的解，除此之外还要考虑惯性力、外力（包括重力）、哥氏力及向心力的影响。

（2）一个简单的机器人至少要有 3～5 个自由度，比较复杂的机器人有十几个甚至几十个自由度。每个自由度一般包含一个伺服机构，必须将它们协调起来，组成一个多变量控制系统。

（3）把多个独立的伺服系统有机地协调起来，使其按照人的意志行动，甚至赋予机器人一定的"智能"，这个任务只能由计算机来完成。因此，机器人控制系统必须是一个计算机控制系统。同时，计算机软件担负着艰巨的任务。

（4）描述机器人状态和运动的数学模型是一个非线性模型，随着状态的不同和外力的变化，其参数也在变化，各变量之间还存在耦合。因此，仅仅利用位置闭环是不够的，还要利用速度甚至加速度闭环。系统中经常使用重力补偿、前馈、解耦或自适应控制等方法。

（5）机器人的动作往往可以通过不同的方式和路径来完成，因此存在一个"最优"的问题。较高级的机器人可以用人工智能的方法，用计算机建立起庞大的信息库，借助信息库进行控制、决策、管理和操作。并能根据传感器和模式识别的方法获得对象及环境的工况，按照给定的指标要求，自动地选择最佳的控制规律。

总而言之，机器人控制系统是一个与运动学和动力学原理密切相关的、有耦合的、非线性的多变量控制系统。由于它的特殊性，经典控制理论和现代控制理论都不能照搬使用。因此到目前为止，机器人控制理论还不完整、不系统。相信随着机器人技术的发展，机器人控制理论必将日趋成熟。

5.2　工业机器人控制系统的主要功能

工业机器人的控制系统的主要任务是控制工业机器人在工作空间中的运动位置、姿态和轨迹、操作顺序及动作的时间等项目，其中有些项目的控制是非常复杂的。工业机器人控制系统的主要功能有示教再现功能和运动控制功能。

1. 示教再现功能

示教再现功能是指控制系统可以通过示教盒或手把手进行示教，将动作顺序、运动速度、位置等信息用一定的方法预先教给工业机器人，由工业机器人的记忆装置将所教的操作过程自动地记录在存储器中，当需要再现操作时，执行存储器中存储的内容即可。如需更改操作内容时，只需重新示教一遍。

2. 运动控制功能

运动控制功能是指对工业机器人末端操作器的位姿、速度、加速度等项目的控制。

5.2.1　示教再现控制

示教再现控制的内容主要包括示教及记忆方式和示教编程方式。

1. 示教及记忆方式

1）示教的方式

示教的方式种类繁多，总的可分为集中示教方式和分离示教方式。

集中示教方式就是指同时对位置、速度、操作顺序等进行示教的方式。分离示教方式是指在示教位置之后，再一边示教动作，一边分别示教速度、操作顺序等的示教方式。

当对 PTP（点位控制方式）控制的工业机器人示教时，可以分步编制程序，且能进行编辑、修改等工作。但是在作曲线运动而且位置精度要求较高时，示教点数一多，示教时间就会拉长，且在每一个示教点都要停止和启动，因而很难进行速度的控制。

对需要连续轨迹控制的喷漆、电弧焊等工业机器人进行示教时，示教操作一旦开始，就不能中途停止，必须不中断地进行完为止，且在示教途中很难进行局部修正。

示教方式中经常会遇到一些数据的编辑问题，其编辑机能有如图 5.1 所示的几种方法。

在图 5.1 中，要连接 A 与 B 两点时，可以这样来做：（a）直接连接；（b）先在 A 与 B 之间指定一点 x，然后用圆弧连接；（c）用指定半径的圆弧连接；（d）用平行移动的方式连接。

在 CP（连续轨迹控制方式）控制的示教中，由于 CP 控制的示教是多轴同时动

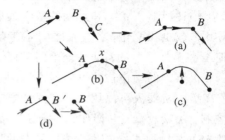

图 5.1　示教数据的编辑机能
（a）直接连接；（b）先指定一点再用圆弧连接；
（c）用指定半径的圆弧连接；（d）用平移方式连接

作，因此与 PTP 控制不同，它几乎必须在点与点之间的连线上移动，故有如图 5.2 所示的两种方法。在图 5.2 中，(a)是在指定的点之间用直线连接进行示教；(b)是按指定的时间对每一个间隔点的位置进行示教。

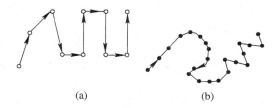

$$(a) \qquad\qquad (b)$$

图 5.2　CP 控制示教举例

(a) 在指定的点之间用直线连接进行示教；(b) 按指定的时间对每一个间隔点的位置进行示教

2）记忆的方式

工业机器人的记忆方式随着示教方式的不同而不同。又由于记忆内容的不同，故其所用的记忆装置也不完全相同。通常，工业机器人操作过程的复杂程序取决于记忆装置的容量。容量越大，其记忆的点数就越多，操作的动作就越多，工作任务就越复杂。

最初工业机器人使用的记忆装置大部分是磁鼓，随着科学技术的发展，慢慢地出现了磁线、磁芯等记忆装置。现在，计算机技术的发展使得半导体记忆装置出现，尤其是集成化程度高、容量大、高度可靠的随机存取存储器（RAM）和可编程只读存储器（EPROM）等半导体的出现，使工业机器人的记忆容量大大增加，特别适合于复杂程度高的操作过程的记忆，并且其记忆容量可达无限。

2. 示教编程方式

目前，大多数工业机器人都具有采用示教方式来编程的功能。示教编程一般可分为手把手示教编程和示教盒示教编程两种方式。

1）手把手示教编程

手把手示教编程方式主要用于喷漆、弧焊等要求实现连续轨迹控制的工业机器人的示教编程。具体的方法是人工利用示教手柄引导末端操作器经过所要求的位置，同时由传感器检测出工业机器人各关节处的坐标值，并由控制系统记录、存储这些数据信息。实际工作当中，工业机器人的控制系统重复再现示教过的轨迹和操作技能。

手把手示教编程也能实现点位控制，与 CP 控制不同的是，它只记录各轨迹程序移动的两端点位置，轨迹的运动速度则按各轨迹程序段对应的功能数据输入。

2）示教盒示教编程

示教盒示教编程方式是人工利用示教盒上各种功能按钮来驱动工业机器人的各关节轴，按作业所需要的顺序单轴运动或多关节协调运动，从而完成位置和功能的示教编程。

示教盒通常是一个带有微处理器的、可随意移动的小键盘，内部 ROM 中固化有键盘扫描和分析程序，其功能键一般具有回零、示教方式、自动方式和参数方式等。

示教编程控制由于其编程方便、装置简单等优点，在工业机器人的发展初期得到较多的应用。同时，又由于其编程精度不高、程序修改困难、示教人员操作要熟练等缺点的限制，促使人们又开发了许多新的控制方式和装置，以使工业机器人能更好更快地完成作业任务。

5.2.2 工业机器人的运动控制

工业机器人的运动控制是指工业机器人的末端操作器从一点移动到另一点的过程中，对其位置、速度和加速度的控制。由于工业机器人末端操作器的位置和姿态是由各关节的运动引起的，因此，对其运动控制实际上是通过控制关节运动实现的。

工业机器人关节运动控制一般可分为两步进行：第一步是关节运动伺服指令的生成，即指将末端操作器在工作空间的位置和姿态的运动转化为由关节变量表示的时间序列或表示为关节变量随时间变化的函数，这一步一般可离线完成；第二步是关节运动的伺服控制，即跟踪执行第一步所生成的关节变量伺服指令，这一步是在线完成的。

5.3 工业机器人的控制方式

工业机器人的控制方式多种多样，根据作业任务的不同，主要分为点位控制方式（PTP）、连续轨迹控制方式（CP）、力（力矩）控制方式和智能控制方式。

5.3.1 点位控制方式（PTP）

这种控制方式的特点是只控制工业机器人末端操作器在作业空间中某些规定的离散点上的位姿。控制时只要求工业机器人快速、准确地实现相邻各点之间的运动，而对达到目标点的运动轨迹则不作任何规定。这种控制方式的主要技术指标是定位精度和运动所需的时间。由于其控制方式易于实现、定位精度要求不高的特点，因而常被应用在上下料、搬运、点焊和在电路板上安插元件等只要求目标点处保持末端操作器位姿准确的作业中。一般来说，这种方式比较简单，但是，要达到 $2~\mu m \sim 3~\mu m$ 的定位精度是相当困难的。

5.3.2 连续轨迹控制方式（CP）

这种控制方式的特点是连续地控制工业机器人末端操作器在作业空间中的位姿，要求其严格按照预定的轨迹和速度在一定的精度范围内运动，而且要速度可控，轨迹光滑，运动平稳，以完成作业任务。工业机器人各关节连续、同步地进行相应的运动，其末端操作器即可形成连续的轨迹。这种控制方式的主要技术指标是工业机器人末端操作器位姿的轨迹跟踪精度及平稳性。通常弧焊、喷漆、去毛边和检测作业机器人都采用这种控制方式。

图 5.3(a)、(b)分别为点位控制与连续轨迹控制。

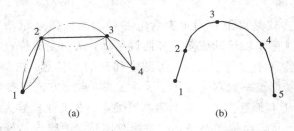

图 5.3　点位控制与连续轨迹控制

(a) 点位控制；(b) 连续轨迹控制

5.3.3　力（力矩）控制方式

在完成装配、抓放物体等工作时，除要准确定位之外，还要求使用适度的力或力矩进行工作，这时就要利用力（力矩）伺服方式。这种方式的控制原理与位置伺服控制原理基本相同，只不过输入量和反馈量不是位置信号，而是力（力矩）信号，因此系统中必须有力（力矩）传感器。有时也利用接近、滑动等传感功能进行自适应式控制。

5.3.4　智能控制方式

机器人的智能控制是通过传感器获得周围环境的知识，并根据自身内部的知识库做出相应的决策。采用智能控制技术，可使机器人具有较强的环境适应性及自学习能力。智能控制技术的发展有赖于近年来人工神经网络、基因算法、遗传算法、专家系统等人工智能的迅速发展。

5.4　电动机的控制

在工业机器人中，电动机用得最为广泛。因此，本节将从实际应用的角度出发，针对机器人控制中应用的电动机的种类和特性及其控制方法进行说明。

5.4.1　电动机控制

1. 机器人中电动机的控制特征

电动机的种类多种多样，根据各自的特点，工业界早就在家电、玩具、办公仪器设备、测量仪器甚至电气铁路这样一些使用广泛的领域内制定了各种不同的使用方法。在这些应用中，机器人中的电动机有其自身的特点。

表 5.1 列出了机床和机器人电动机的特征对比情况。用于生产线上的机器人，主要承担着零件供应、装配和搬运等工作，其控制目的是位置控制。因为机器人的动作基本上是腕部的运动，所以对电动机来说，主要的负载是惯性负载，并且还存在有重力负载。有负载运动时，电动机的速度最慢；无负载运动时，电动机的速度最快，二者的速度比值大体上是1∶10，有时可以达到1∶100。此外，从电动机的输出功率考虑，多数为十瓦（W）到数千瓦（kW）的电动机。本节只考虑小型电动机的分类。

表 5.1　机床和机器人电动机的特征对比

项目	机器人			NC 机床	
	正交型	水平多关节 （旋转运动）	垂直多关节 （旋转运动）	光杠 （直线运动）	主轴 （旋转运动）
用途	装配，零件的搬运，零件的供应			金属的机械加工	
控制对象	位置（速度）	位置（速度）	位置（速度）	位置	位置和速度
变速范围	1∶50	1∶100	1∶100	1∶100 000	1∶100
负载类型	惯性负载 重力支持	惯性负载	惯性负载 重力支持	加工负载 惯性负载	

在一般的机械中，多数都要求提供低速度、大转矩的机械功率，与此相应，机器人则是一种以电动机的高速度和低转矩形式提供机械功率的设备。因此，为了使二者相匹配，在电动机与机械系统之间，需要采用减速机构。但是，由于间隙和扭转变形，减速器在机械系统的运动过程中会产生振动。由于存在这样的一些问题，因此近年来开发出了一种直接驱动电动机，它可以直接连接到机械系统中，并且可以产生低速度和大转矩。

2. 电动机的选用

电动机根据输出形式可以分为旋转型和直线型（如果根据电动机采用的电源分类，则如表 5.2 所示）。当考虑电动机在机器人中的应用时，应主要关注电动机的如下基本性能：

(1) 能实现启动、停止、连续的正反转运行，且具有良好的响应特性；

(2) 正转与反转时的特性相同，且运行特性稳定；

(3) 维修容易，且不用保养；

(4) 具有良好的抗干扰能力，且相对于输出来说，体积小、重量轻。

在机器人中，采用比较多的是直流电动机和无刷直流电动机，因为它们可以满足上述要求；其次也推荐使用感应电动机和步进电动机。本书只对直流电动机和感应电动机进行说明。

表 5.2　根据电动机采用电源的分类及用途

变换功能	代表性例子	主　要　用　途
交流→直流（顺变换）	整流电路 PWM 变换器	直流电动机控制，直流电源 （高频抑制）直流电源
直流→交流（电压控制）	断续器 （四象限断续器）	直流电动机控制 直流电动机的可逆控制
直流→交流（逆变换）	变频器	交流电源 交流电动机控制
交流→交流	交流电力调整 循环换流器	感应电动机控制，热与光的控制，大容量交流电动机控制

3. 机器人电动机的变换器

对于直流电动机，变换器首先将其电压和电流控制到希望的数值；对于交流电动机，电力变换器首先将其电压、电流和频率控制到希望的数值，然后对电动机的速度进行控制，进而对电动机的位置进行控制。图 5.4 所示为电动机的种类。

表 5.2 概括了在电动机控制中采用的电力变换器的分类和主要用途。除了在电车和蓄电池叉动起重车等一些特殊领域应用外，一般来说，不用电池和蓄电池作为直流电源，而是使用对商用的交流电进行整流后得到的直流电。把交流电变换成直流电的过程，称为顺变换，这里采用的电力变换器，称为整流电路。一般来说，由于交流电的正弦波波形畸变会引起电压的变动和感应干扰，因此应采取措施，设法保持输入电流波形的正弦波形状。所以，电力变换器不同于通常的整流电路，可称之为 PWM 变换器。

注意，为了控制交流电动机的速度，需要变频器。

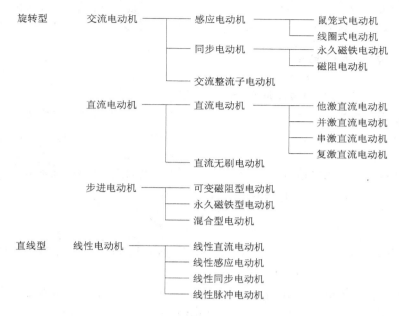

图 5.4　电动机的种类

4. 电动机控制系统的构成

图 5.5 表示了用前面讲过的电动机和电力变换器组合成的电动机控制系统。正如前面讲过的那样，通过电力变换器，将商用电源的电压、电流和频率进行交换，然后再对电动机进行控制。电动机的输出量 $P(\text{W})$ 虽然用电量表示，但它是通过减速器和传动装置（连接器、齿轮、传送带等）传送至机械系统的。这里用速度 $\omega_l(\text{rad/s})$ 和转矩 $T_L(\text{N} \cdot \text{m})$ 表示机械动力，并用下式表示它与电动机输出量 $P(\text{W})$ 的关系：

$$P = \omega_l \cdot T_L \tag{5.1}$$

该式为电气功率与机械功率的重要关系式，并且是以 SI（国际标准单位）表示的。但是，通常情况下，转速的单位用 r/min，转矩的单位用 $\text{kg} \cdot \text{m}$，当采用这种单位时，式（5.1）就变成了

$$P = 1.026\omega_l \cdot T_L \tag{5.2}$$

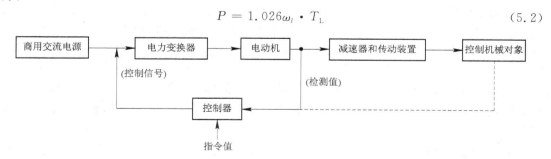

图 5.5　电动机控制系统的一般构成

为了实现机械系统预期的速度和位置，需要利用传感器进行检测，并且将检测量转换成控制装置的输入量，然后分别与其指令值进行比较后，通过控制运算，作为电力变换器的控制信号进行反馈，最终实现对送往电动机的电压、电流和频率等的调整。对检测出来

的机械系统的最终速度和位置进行反馈，称为全闭环系统；对检测出来的电动机轴的速度和位置进行反馈，称为半闭环系统。在实际应用方面，后者的应用范围要广泛得多。

5.4.2 电动机速度的控制

1. 直流电动机的速度与转矩的关系

直流电动机依据图 5.4 中表示的磁场与电枢连接方式的不同，有他激、并激、串激和复激电动机等类型。在机器人中，他激电动机中采用永久磁铁的电机用得较多，所以本节只对这种电机进行说明。

根据电机学原理，当设电动机的速度为 ω_m(rad/s)，电动机电枢的电压、电流、电阻分别为 U(V)、I(A)、R(Ω)，电动势系数为 K_E 时，它们之间满足下列关系：

$$\omega_m = \frac{U - IR - U_b}{K_E} \tag{5.3}$$

式中，U_b 称为电刷电压降，通常为 2 V～3 V，多数情况下可以忽略不计；但在外加电压比较小的电动机中，则必须予以考虑。

对于转矩 T_m(N·m)，若设转矩系数为 K_T(N·m/A)时，可求得转矩为

$$T_m = K_T(I - I_0) \tag{5.4}$$

式中，I_0 为轴等零件上承受的摩擦转矩的电流换算值，多数情况下可以忽略不计，但是当电动机的输出功率比较小时，就不能忽略不计。于是，从上述两式中消去电枢电流后，电动机的速度与转矩之间的关系可以用下式表示：

$$\omega_m = \frac{U - (R/K_T)T_m - (I_0 R + U_b)}{K_E} \tag{5.5}$$

由式(5.5)可以看出，电动机的速度相对于转矩成直线关系减小，其减小的比例显然由电枢的电阻、电动势系数和转矩系数决定。另外，在表 5.3 中列举了三种直流电动机的产品目录，它们是一些具有代表性的产品。这里若以电动机 B 为例，首先应注意式(5.3)中的单位，再将额定值代入式(5.3)，于是可以确定电刷上的电压降为

$$66.5 = 7.4 \times 1.03 + 0.0187 \times 3000 + U_b$$
$$U_b = 2.73(\text{V})$$

此外，将额定值代入式(5.4)时，即可求出轴上承受的摩擦转矩的电流换算值。将这些值代入式(5.5)中，即可求出这个电动机的转矩与速度的关系，其形式为

$$\omega_m = \frac{U - 5.78T_m - 2.97}{0.178} \tag{5.6}$$

因此，当用这个电动机驱动机器人手臂，并且希望产生的转矩为 0.85 N·m、电动机旋转速度为 2200 r/min 时，对这个电动机应该施加的电压和电流，可以依据下列方法予以确定：

首先，将转矩和转速代入式(5.6)，并且注意式中的单位，于是可以确定外加电压为

$$U = 0.0178 \times 2200 \times \frac{2\pi}{60} + 5.78 \times 0.85 + 2.73 = 48.7(\text{V})$$

电流可以根据式(5.4)计算得到，其值为

$$I = \frac{0.85}{0.178} + 0.237 = 5.0(\text{A})$$

表 5.3　直流电动机的产品目录举例

项　目 \ 电动机		A	B	C
额定输出/W		185	401	771
额定转矩	N·m	0.588	1.275	2.452
	kgf·cm	6.0	13	25
额定转速/(r/min)		3000	3000	3000
额定电压/V		38.6	66.5	69.5
额定电流/A		6.2	7.4	13.1
功率变化率/(kW/s)		6.1	11.5	21.2
瞬时最大转矩	N·m	5.884	12.749	24.517
	kgf·cm	60	130	250
瞬时最大电流/A		62	74	131
转动惯量$(GD^2/4)/(kg·cm^2)$		0.567	1.41	2.83
电枢电阻值/Ω		0.84	1.03	0.47
感应电压常数 Mv/(r/min)		10.6	18.7	20.2
转矩常数	N·m/A	0.101	0.178	0.193
	kgf·cm/A	1.03	1.82	1.97
机械时间常数/ms		4.7	4.6	3.6
电气时间常数/ms		1.1	1.5	1.3

一般来说，对于机器人而言，由于动作和姿态的不同，对电动机的速度和转矩的要求也不同，因此，电动机的外加电压和电流也必须时刻做相应的调整。

另外，直流电动机存在着电刷与整流子的维护以及防止火花出现的问题。为了能保持电动机原来的控制特性，消除因电刷和整流子引发的问题，现在已经开发出了无刷直流电动机，并且正在进入实用化阶段。

2. 直流电动机速度的控制

前面由式(5.6)给出了表 5.3 中电动机 B 的速度与转矩的关系。图 5.6 表示的是改变端电压 U 时，得到的直流电动机速度与转矩特性。在图 5.6 中，速度和转矩都用相对于额定值的百分率来表示。由这个图可以明显看出，由于一方面要产生期望的转矩，另一方面还要实现期望的速度，因此必须对端电压进行调整。

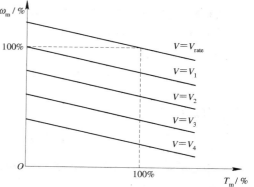

图 5.6　直流电动机速度与转矩特性

图 5.7 是一个可用于可逆运转的四象限断路器原理图。在图中的四个开关中，当 S_1 与 S_4 接通时，P、Q 点的电位分别变成 U_s、0，因此电动机两端的电压为 U_s。当 S_1 与 S_3 处于接通状态时，P、Q 点上的电位相同，电动机两端的电压为 0。同样地，当设 S_2 处于接通状态并接通 S_3 时，则 P、Q 点的电位分别变成 0、U_s，因此电动机两端的电压为 $-U_s$。S_2 和 S_4 接通时，电动机两端的电压为 0。因此，当按照图(b)中那样实施对开关的接通与断开时，电动机两端的电压将会变成如图中表示的那样，这是容易理解的。这里定义斜线位置上的两个开关一同接通的时间为 T_1，与周期 T 的比为流通率 d，即

$$d = \frac{T_1}{T} \tag{5.7}$$

图 5.7 还表明，S_1 和 S_2 决定电动机两端的电压的极性，S_3 和 S_4 决定流通率。电动机平均端子电压的大小由下式决定：

$$U = dU_s \tag{5.8}$$

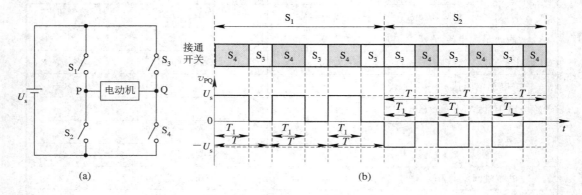

图 5.7　四象限断路器电路及其操作波形

(a) 电路；(b) 波形

利用这个断路器，可以使电源与电动机上电流的流动是双向的。另外，作为一种电压控制方法，可以先接通 S_1 和 S_4，随后接通 S_2 和 S_3，根据适当的流通率，重复地进行上述接通操作。

3. 感应电动机的速度与转矩的关系

感应电动机的速度与转矩的关系不像直流电动机那样简单。频率为 $f(\text{Hz})$ 的三相交流电，在级数为 $2p$（极对数为 p）的三相感应电动机中，产生的旋转磁场的速度被称为同步速度，它可以由下式求出：

$$\omega_0 = 2\pi\left(\frac{f}{p}\right) \tag{5.9}$$

感应电动机的转速 $\omega_m(\text{rad/s})$ 比同步速度低，利用转差率 s，可以写成

$$\omega_m = (1-s)\omega_0 = (1-s)2\pi\frac{f}{p} \tag{5.10}$$

图 5.8 是大家熟悉的三相感应电动机单相部分的等效电路，在采用转差率 s 的情况下，转子的输入功率 P_2、电枢两端功耗 W_2 和输出功率 P_{out} 的关系为

$$P_2 : W_2 : P_{\text{out}} = 1 : s : (1-s) \tag{5.11}$$

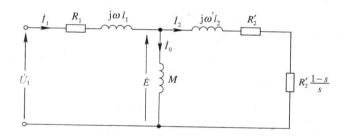

图 5.8　三相感应电动机单相部分的等效电路

这里，若采用的电源角频率为 $\omega = 2\pi f$，则转子的电流和转矩分别为

$$I_2' = \frac{U_1}{\sqrt{\left(\dfrac{R_1 + R_2'}{s}\right)^2 + (x_1 + x_2')^2}} \tag{5.12}$$

$$T_{\mathrm{m}} = \frac{3 U_1^2}{\omega_0} \frac{R_2'/s}{\left(\dfrac{R_1 + R_2'}{s}\right)^2 + (x + x_2')^2} \tag{5.13}$$

式中，R_1 和 $x_1 = \omega l_1$ 为定子的电阻和漏电抗，R_2' 和 $x_2' = \omega l_2'$ 为换算到定子上的转子的电阻和漏电抗，U_1 为相电压（为线电压的 $1/\sqrt{3}$）。一般感应电动机的转矩和电流特性如图 5.9 所示，多数情况下都针对转差率进行讨论，图中表明，电流和转矩不具备直流电动机那样的线性特性。

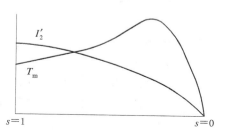

图 5.9　感应电动机的转矩和电流特性

4. 感应电动机的速度的控制

由前面的式(5.10)可知，在改变感应电动机的速度时，可以采用三种方法：一种方法是通过电压控制改变转矩，进而达到改变转差率的目的（电压控制法）；第二种方法是改变极数（极数变换法）；第三种方法是改变频率（频率控制法）。近年来由于变换器的普及，专门的频率控制器得到了广泛应用。

在图 5.8 中，当采用励磁电压 E 时，定子电流 I_1 和转矩 T_{m} 可利用下式求解：

$$I_1 = \frac{E}{\omega} \frac{1}{M} \sqrt{\frac{(R_2'/\omega_s)^2 + L_2^2}{(R_2'/\omega_s)^2 + (l_2')^2}} \tag{5.14}$$

$$T_{\mathrm{m}} = 3 \left(\frac{E}{\omega}\right)^2 \frac{R_2'/\omega_s}{(R_2'/\omega_s)^2 + (l_2')^2} \tag{5.15}$$

式中，$\omega_s = p(\omega_0 - \omega_m) = s\omega$（转差率角频率），$L_2 = M + l_2'$。根据这两个等式，保持 E/f 一定并改变频率时，如图 5.10 所示，定子电流将发生变化，并且还可以清楚地看出，转矩曲线的形状与频率无关，而是具有相似的形状。

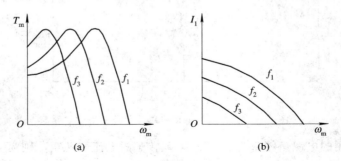

图 5.10　保持 E/f 一定进行控制时的定子电流与转矩特性
(a) 转矩特性；(b) 定子电流特性

现在，如果忽略图 5.9 的定子阻抗上的电压降，则可以认为励磁电压与端子电压是同一电压。因此，如果在变换器中用 U/f 取代 E/f 并且保持一定，然后任意控制频率，就可以利用与负载转矩的关系，得到期望的速度。这种可变速控制称为 U/f 一定的控制。

如前所述，在感应电动机中，定子电流与转矩之间不存在直流电动机那样的线性关系。但是，为了进行正确的位置控制，两者之间的线性关系是必要的。为了适应这种需要，开发出了向量控制法，并且进入了实用化阶段。本书中不对这种方法加以展开。

5.4.3　电动机和机械的动态特性分析

1. 电动机和机械的动态特性的表示

如果电动机产生的转矩 T_m 大于负载的反作用转矩 T_L，则会产生加速运动；反之，则会产生减速运动；如果两者处于平衡状态，则系统会以一定速度进行稳定的工作。现在如果设换算到电动机轴上的全部转动惯量为 J，黏性摩擦系数为 D，负载转矩为 T_L，则这个机械系统的运动方程式可以由下式给出：

$$J \frac{\mathrm{d}\omega_L}{\mathrm{d}t} + D\omega_m = T_m - T_L \tag{5.16}$$

多数驱动系统都采用了如图 5.11 所示的减速器。若设图中电动机和负载的速度分别为 ω_m 和 ω_L，并且设减速器的效率为 100% 时，则齿数比定义如下：

$$\frac{\omega_L}{\omega_m} = \frac{\text{齿轮 M 的齿数}}{\text{齿轮 L 的齿数}} = \frac{1}{a}, \quad \omega_m T_m = \omega_L T_L \tag{5.17}$$

这时，负载一侧的运动方程式变成式(5.16)的形式，且可以写成

$$J_L \frac{\mathrm{d}\omega_L}{\mathrm{d}t} + D_L \omega_L = aT_m - T_L \tag{5.18}$$

根据式(5.17)及负载速度和电动机速度，上式可以改写成

$$\left(\frac{1}{a}\right)^2 J_L \frac{\mathrm{d}\omega_m}{\mathrm{d}t} + \left(\frac{1}{a}\right)^2 D_L \omega_m = T_m - \left(\frac{1}{a}\right) T_L \tag{5.19}$$

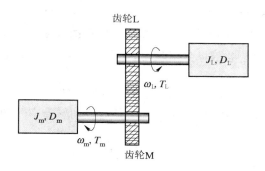

图 5.11　减速器

从电动机轴观察到转矩为负载转矩的 $1/a$，而负载一侧的机械常数则变为原来的 $(1/a)^2$。因此，这时电动机的转动惯量和黏性摩擦系数应分别进行相加，并且必须对式 (5.16) 中的 J、D 进行设置。此外，在实际计算中，多数情况下可以忽略黏性摩擦系数。

2. 直流电动机的启动和停止

图 5.12 表示了电动机的加减速状态。直流电动机的电枢电流在加速过程中应控制在一定的数值 I_{con} 上，这时运动方程式可以根据式 (5.4) 和式 (5.16) 得到，并且可以表示成

$$J_m \frac{\mathrm{d}\omega_m}{\mathrm{d}t} = K_T(I_{con} - I_0) - T_L \tag{5.20}$$

将上式对时间 t 从时间 t_1 到时间 t_2 进行积分，得到关系式

$$\omega_2 - \omega_1 = \frac{K_T(I_{con} - I_0) - T_L}{J}(t_2 - t_1) \tag{5.21}$$

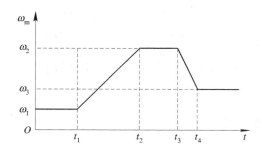

图 5.12　电动机的加减速

这里考虑速度从 0 到额定速度 ω_r 的启动时间 T_s，于是在式 (5.21) 中，当设 $\omega_1 = 0$ 时，可以得到

$$T_s = \frac{J\omega_r}{K_T(I_{con} - I_0) - T_L}$$

$$\tag{5.22}$$

当希望机器人进行快速运动时，选择转动惯量小且转矩系数大的电动机比较好。基于这种原因，机器人用的电动机大都选用细长构造，而且选用稀土类磁铁。此外，在确定电动机时，应该根据式 (5.22) 在大范围内设定加减速时的电流，其结果是增大了电力变换器的容量。

3. 感应电动机的启动和停止

式(5.15)是根据励磁电压计算出的转矩，如果在图5.8中忽略因 R_1 和 l_1 造成的电压降，则端子上的电压与励磁电压将会相等，于是转矩可以近似地表示为

$$T_m = \frac{3(V/\omega)^2}{R_2'/\omega_s + \omega_s(l_2')^2/R_2'} \tag{5.23}$$

根据式(5.23)，可得到最大转矩 T_{max} 及与其对应的转差率角频率 ω_{sT}：

$$T_{max} = \frac{3(V/\omega)^2}{2l_2'}$$

$$\omega_{sT} = 2\pi f \cdot s_T = \frac{R_2'}{l_2'} \tag{5.24}$$

把式(5.24)的结果代入式(5.23)，经过整理可得到 T_m 的近似表达式：

$$T_m = \frac{2T_{max}}{s/s_t + s_t/s} \tag{5.25}$$

这里为了便于讨论，我们来考虑感应电动机的无负载加减速问题，由式(5.16)和式(5.24)可以得到下列运动方程式：

$$J_m \frac{d\omega_m}{dt} = \frac{2T_{max}}{s/s_T + s_T/s} \tag{5.26}$$

在图5.12中，如果对时间 t_1 的速度 ω_1（转差率 s_1）到时间 t_2 的速度 ω_2（转差率 s_2）这一区间进行积分，则可以得到如下关系式：

$$t_2 - t_1 = \frac{J_m \omega_0}{2T_{max}} \left(s_t l_n \frac{s_1}{s_2} + \frac{s_1^2 - s_2^2}{2s_t} \right) \tag{5.27}$$

从速度0到额定速度 ω_r（额定转差率 s_r）时的启动时间 T_s，可以由下式求得：

$$T_s = \frac{J_m \omega_0}{2T_{max}} \left(s_t l_n \frac{1}{s_r} + \frac{1 - s_r^2}{2s_t} \right) \tag{5.28}$$

由这个关系式可知，在解决缩短感应电动机加速时间的问题中，可采用与直流电机相同的方法。

5.4.4 正确控制动态特性

1. 力控制

为了能对转矩进行控制，可在机械轴上安装转矩检测器，以构成一个反馈系统。但要得到性价比高、体积小、频率特性好的转矩检测器则比较困难。

另外，在直流他激电机、无刷电机和向量控制感应电机中，转矩和电流之间存在比例关系。为了得到期望的转矩，需采用电流传感器。霍尔元件的电流传感器因其价格低、体积小、频率特性好，所以在实践中得到了广泛应用。

图5.13是采用断路器的直流他激电动机的力控制系统的构成原理图。设用电动机的转矩系数 K_T 除转矩指令 T^*，得到的结果为电流指令 i^*，如果使实际的电动机电流 i 与 i^* 基本一致，那么电动机就能够产生与转矩指令 T^* 相同的转矩。因此，如图5.13所示，可以把由电流传感器检测得到的实际电动机电流 i 与电流指令 i^* 比较，得到电流误差：

$$\Delta i = i^* - i \tag{5.29}$$

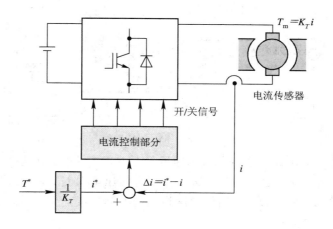

图 5.13 力控制系统的构成原理图

为了使这个值趋于 0，在电流控制部分广泛地采用了产生断路器开/关信号的方式。这里在利用 Δi 产生断路器的开/关信号时，只对具有代表性的三角波比较法进行说明。

在这种方法中，根据图 5.14(a)中表示的三角波信号 S_w 和 Δi 的关系，生成断路器的开/关信号。三角波比较法的原理在图 5.14(b)中清楚地表示了出来。断路器的开信号依据下列规律发生：

$$\begin{cases} \Delta i > S_\mathrm{w}：开信号发生 \\ \Delta i < S_\mathrm{w}：开信号不发生 \end{cases} \tag{5.30}$$

因此，在(1)的期间，如果 i 小于 i^*，则 Δi 增加，其结果是在(2)的期间断路器信号的流通率增大，电动机外加电压上升，i 增大。当 i 过分增大时，Δi 减小，于是像(3)期间那样，流通率减小，电流 i 减小。为了提高 i 对 Δi 的跟踪特性，可增大三角波的频率，根据断路器开关元件的不同，通常其频率限制在数千赫到十几千赫范围内。

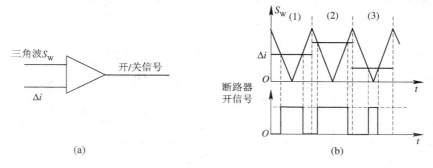

图 5.14 三角波比较法的原理

(a) 三角波信号 S_w 和 Δi 的关系；(b) 三角波信号波形

2. 速度控制

在前面的式(5.16)中研究了机械系统的运动方程，这里当我们忽略黏性摩擦系数，且相对于负载转矩电动机产生的转矩增加时，加速度变为正值，电动机的旋转速度上升。反之，当转矩减小时，加速度变为负值，电动机的旋转速度下降。电动机的速度控制系统构成如图 5.15 所示，是由转矩控制来实现的，速度控制环路配置在转矩控制环路的外侧。

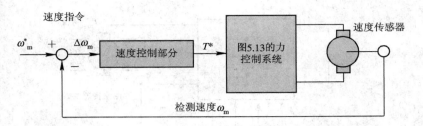

图 5.15　速度控制系统

采用以测速发电机和编码器为代表的速度传感器，可以检测出电动机的旋转速度。这个速度用来与速度指令 ω_{m}^{*} 进行比较。这里将产生的速度误差 $\Delta\omega_{\mathrm{m}}$ 返回到速度控制部分，并且通过转矩指令 T^{*} 的增减，力图使速度指令与实际速度达到一致。速度控制部分采用PI 控制，即比例积分控制：

$$T^{*} = K_{\mathrm{p}} \cdot \Delta\omega_{\mathrm{m}} + K_{\mathrm{I}} \int \Delta\omega_{\mathrm{m}} \cdot \mathrm{d}t \qquad (5.31)$$

在式(5.31)中，用速度误差 $\Delta\omega_{\mathrm{m}}$ 乘以增益 K_{p} 的结果，与速度误差的积分值乘以增益 K_{I} 的结果进行相加，就给出了产生转矩指令的一种方法。通过对 K_{p} 与 K_{I} 的选定，可以实现所希望的速度控制响应。

3. 位置控制

电动机轴的旋转通过同步传送皮带和滚珠丝杠传送至机器人的机构部分，转换成位置的变化。在这种情况下，如果把机械系统的运动全部换算到电动机轴上，则可以理解，最终会以下列电动机转速的积分形式求出位置 θ：

$$\theta = \int_{0}^{t} \omega_{\mathrm{m}} \, \mathrm{d}t \qquad (5.32)$$

因此，为了使实际位置 θ 跟踪目标位置 θ^{*}，应当根据由 θ^{*} 和 θ 决定的位置误差 $\Delta\theta$，对电动机的速度 ω 进行调整，于是如图 5.16 所示，即将位置控制器配置到了速度环的外侧。

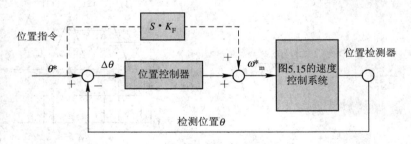

图 5.16　位置控制系统

在图 5.16 中，将分相器和绝对编码器检测出的电动机轴位置与位置指令进行比较，再经过与 5.4.1 节中第 4 小节中作为半闭环系统的位置控制器，产生速度控制指令，构成如图 5.15 所示的速度控制系统的输入。在位置控制器中，一般都采用比例控制方法得到速度指令，多数情况下其形式为

$$\omega_{\mathrm{m}}^{*} = K_{\mathrm{pos}} \cdot \Delta\theta \qquad (5.33)$$

但是在机器人的控制中，位置指令常常由系统前面的函数形式给出，如图 5.17 中虚线

表示的那样，将位置指令的微分形式叠加到速度指令上，同时采用了前馈控制。这种复合控制形式也是经常采用的。

前面我们说明了怎样进行力、速度和位置控制，但是在一般情况下，首先要求相当于内环路的力控制环路具有最快的响应速度，然后，依次按照速度、位置的顺序，进行粗略设计。另外，考虑到机械系统的刚性，位置值不可以过于急剧地变化，因此，如图 5.17 所示，位置指令以 S 形的曲线或者近似于 S 形的平滑曲线给出。为了满足这种需要，由式(5.33)导出的速度指令和由式(5.16)导出的转矩指令分别如图中所示。

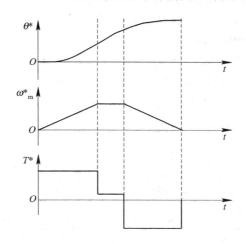

图 5.17　位置、速度与转矩的关系

5.5　机械系统的控制

5.5.1　机器人手指位置的确定

图 5.18 表示的是机器人的位置决定机构。电动机轴的驱动力通过减速器(齿轮)传递到滚珠丝杠，然后由滚珠丝杠的旋转运动变换成滚珠螺母的直线运动。这里对电动机轴的

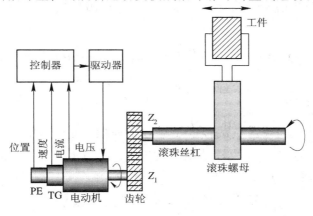

图 5.18　机器人的位置决定机构

位置和速度进行检测，以取代对机器人手指的位置和速度进行测定，然后采用半闭环方式对执行器进行控制。

因此，将检测出的电动机的电流、速度和位置传送到控制器，在控制器中形成电压指令，由驱动器进行功率放大后，再驱动执行电机。

5.5.2　设计方法

可以按照下列要求来说明位置控制的设计方法：

(1) 设可移动范围为 300 mm，滚珠丝杠的节距（每一转的进给量）为 5 mm；

(2) 设工件（被搬运物体）的最大质量为 9 kg；

(3) 设确定位置的精度为 0.01 mm；

(4) 加速和减速按照图 5.19 表示的形式进行；

(5) 采用直流电动机。

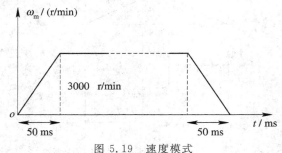

图 5.19　速度模式

5.5.3　电动机

按上述方法进行设计时，我们需要求取必要的负载转矩 T_L，并且对现有的电动机是否能满足上述条件进行研究。

1. 从电动机轴的方向观察到的负载转动惯量 J_L

设横向移动的质量 M 为 10 kg，其中工件的最大质量为 9 kg，其他附加的质量为 1 kg。电动机一侧齿轮的转动惯量 $J_1 = 1 \times 10^{-2}$ kg·cm²，滚珠丝杠及滚珠丝杠一侧齿轮的组合转动惯量 $J_2 = 1 \times 10^{-1}$ kg·cm²，减速比为 $Z_1/Z_2 = 1/10$，滚珠丝杠的节距 P 为 5 mm，于是，J_L 可以表示为

$$J_L = M \times \left(\frac{Z_1}{Z_2}\right)^2 \times \left(\frac{P}{2\pi}\right)^2 + \left(\frac{Z_1}{Z_2}\right)^2 \times 1 \times 10^{-1} + 1 \times 10^{-2}$$

$$\approx 1.2 \times 10^{-2} (\text{kg} \cdot \text{cm}^2) \tag{5.34}$$

2. 负载转矩 T_L

接着求施加到电动机上的负载转矩 T_L。设动摩擦力矩 T_f 为 2 N·cm，静摩擦力矩 T_{f0} 为 4 N·cm，又设电动机的转动惯量为 0.3 kg·cm²。因为是在 50 ms 内加速到 3000 r/min，所以必须的加速度 α 可由下式计算得到：

$$\alpha = \frac{3000 \times (2\pi/60)}{0.05} = 6283 \ (\text{rad/s}^2) \tag{5.35}$$

加速所需要的转矩 T_1 可以由下式求得：

$$T_1 = (J_m + J_L) \times \alpha = (0.3 + 0.012) \times 10^{-4} \times 6283 = 19.6 \ (\text{N} \cdot \text{m}) \tag{5.36}$$

开始运动时的负载转矩 T_2 可以由 $T_1 + T_{f0}$ 求得，于是得出：

$$T_2 = T_1 + T_{f0} = 19.6 + 4 = 23.6 \ (\text{N} \cdot \text{cm}) \tag{5.37}$$

加速时的负载转矩 T_3 可以由 $T_1 + T_f$ 求得，于是得出：

$$T_3 = T_1 + T_f = 19.6 + 2 = 21.6 \ (\text{N} \cdot \text{cm}) \tag{5.38}$$

恒速时的负载转矩 T_4 可以由 T_f 构成，于是得出：

$$T_4 = T_f = 2 \ (\text{N} \cdot \text{cm}) \tag{5.39}$$

减速时的负载转矩 T_5 可以由 $-T_1 + T_f$ 求得，于是得出：

$$T_5 = -T_1 + T_f = -19.6 + 2 = -17.6 \ (\text{N} \cdot \text{cm}) \tag{5.40}$$

利用上述计算结果，可以得到如图 5.20 所示的负载转矩 T_L 随时间变化的曲线。

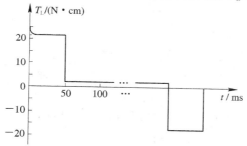

图 5.20　负载转矩 T_L 随时间变化的曲线

3. 电动机的选定

当电动机的速度-转矩特性由图 5.21 给出时，有必要检验这个电动机是否满足前面的设计方法。由图 5.20 得知，开始运行时的转矩必须是 23.6 N·cm，如果设电动机的最大转矩为 95 N·cm，则充分满足要求。

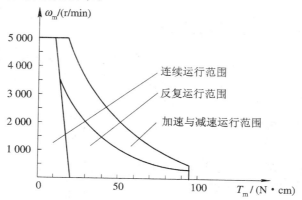

图 5.21　电动机的速度-转矩特性

由图 5.20 得知，加速运行时的转矩必须是 21.6 N·cm，由图 5.21 可以看出，电动机在 3000 r/min 范围内加速或减速时，转矩的最大值为 37 N·cm，所以可以充分地满足要求。

由上述分析结果可以清楚地看出，这个电动机可以满足前面的设计要求。

5.5.4　驱动器

驱动器是对信号进行电力放大的电力放大器(功率放大器)。因此，对于驱动器的选择，应能最充分地发挥电动机的性能。通常，驱动器的选择由电动机的制造厂指定。

5.5.5　检测位置用的脉冲编码器(PE)和检测速度用的测速发电机(TG)

首先，考虑脉冲编码器(PE)每一转内的脉冲数目。设位置的确定精度为 0.01 mm。滚珠丝杠每转一转，滚珠螺母移动 5 mm。减速比为 $Z_1/Z_2 = 1/10$。设每一转对应的脉冲数为 x 时，则下式成立：

$$\frac{0.01}{5} = \frac{Z_1}{Z_2} \times \frac{1}{x} = \frac{1}{10} \times \frac{1}{x} \rightarrow x = 50 \text{ 个脉冲 / 转} \tag{5.41}$$

因此，可以采用 50 个脉冲/转的编码器。

其次，因为最大移动距离为 300 mm，所以滚珠丝杠的转数为 300/5＝60 转。因为减速比为 1/10，所以电动机的转数为 600 转，脉冲编码器的脉冲数为 600×50＝30 000 个脉冲。这个数目必须在控制器能够处理的最大脉冲数以内。

另外，因最大速度为 3000 r/min，故每秒脉冲编码器的脉冲数为(3000/60)×50＝2500 个脉冲。这个脉冲率也必须小于控制器能够处理的最大脉冲率。当增加脉冲编码器的脉冲数目时，精度会升高，但是处理速度会变慢。

测速发电机(TG)是一种直流发电机，随着从低速到高速的运转，它能够输出平滑的直流电压。转速为 1000 r/min 时，它的输出电压为 2 V～3 V。在中、高速的情况下，通过统计一定时间内脉冲编码器产生的脉冲数目来进行速度检测。在低速情况下，则是在脉冲编码器的脉冲间隔内，用统计细小脉冲数目的方法来进行速度检测。

5.5.6　直流电动机的传递函数表示法

到现在为止，我们考虑了图 5.18 所示系统的硬件问题，以后我们将考虑有关控制器的软件问题。因为在 5.4.4 节中已经讨论过电动机的控制方法，所以这里用传递函数对控制问题做进一步的定量分析和研究。

1. 直流电动机的等效电路和方框图

直流电动机的等效电路可以表示成图 5.22。图中 L 为线圈的电感，则 $L \cdot i$ 为磁通，磁通对时间的微分为电压。R 为线圈的电阻。电压 $K_E\omega_m$ 为速度电动势，它是用常数 K_E 乘速度 ω_m 得到的。分析结果可以构成电路方程式：

$$L\frac{\mathrm{d}i}{\mathrm{d}t} + Ri = v - K_E\omega_m \tag{5.42}$$

由于存在 L，因此电流的变化比电压的变化滞后。当考虑不产生滞后问题的平稳响应时，应设 $L=0$。电动机产生的转矩 τ_m，用常数 K_T 乘电流 i 可以求得。当负载是由转动惯量 J_L、具有摩

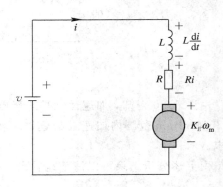

图 5.22　直流电动机的等效电路

擦系数 D 的摩擦力和外力 τ_L 构成时，其运动方程式可以表示成下式：

$$(J_L + J_m)\frac{\mathrm{d}\omega_m}{\mathrm{d}t} + D\omega_m = \tau_m - \tau_L = K_T i - \tau_L \tag{5.43}$$

通常，摩擦力比较小，因此多数情况下可以忽略不计。

设初始条件为 0，对式(5.42)和式(5.43)进行拉普拉斯变换，可以得到

$$sLI(s) + RI(s) = (sL + R)I(s) = V(s) - K_E\Omega(s) \tag{5.44}$$

$$sJ\Omega(s) + D\Omega(s) = (sJ + D)\Omega(s) = T_m(s) - T_L(s)$$

$$= K_T I(s) - T_L(s) \tag{5.45}$$

式中：

$$I(s) = \mathscr{L}[i(t)], \quad V(s) = \mathscr{L}[v(t)], \quad \Omega(s) = \mathscr{L}[\omega(t)],$$

$$T_m(s) = \mathscr{L}[\tau_m(t)], \quad T_L(s) = \mathscr{L}[\tau_L(t)], \quad J = J_L + J_m$$

由式(5.44)和式(5.45)可以得到图 5.23。

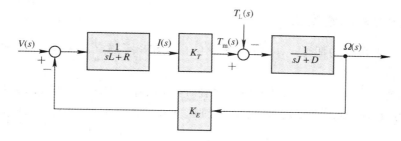

图 5.23　直流电动机的方框图

2. 直流电动机对输入电压的速度响应

在图 5.23 中，为使问题简化，设电感 L、摩擦系数 D 和干扰、$T_L(s)$ 均为 0，求这时从输入 $V(s)$ 到输出 $\Omega(s)$ 的传递函数。由图 5.23 可以求得

$$I(s) = \frac{1}{R}[V(s) - K_E\Omega(s)] \tag{5.46}$$

$$\Omega(s) = \frac{1}{sJ}K_T I(s) \tag{5.47}$$

由式(5.46)和式(5.47)，可以求出传递函数：

$$\Omega(s) = \frac{1}{K_E} \times \frac{1}{1 + sT_m}V(s)$$

$$T_m = \frac{RJ}{K_E K_T} \tag{5.48}$$

当电压 $V(s)$ 为 $1/s$ 时(此时 $v(t)$ 为单位阶跃函数，它在时刻 $t < 0$ 时为 0，在时刻 $t \geqslant 0$ 时为 1)，速度 $\Omega(s)$ 变为式(5.49)：

$$\Omega(s) = \frac{1}{K_E}\frac{1/T_m}{s + 1/T_m}\frac{1}{s} = \frac{1}{K_E}\left(\frac{1}{s} - \frac{1}{s + 1/T_m}\right) \tag{5.49}$$

利用拉普拉斯变换表进行拉普拉斯反变换，可以得到式(5.50)：

$$\omega_m(t) = \frac{1}{K_E}(1 - \mathrm{e}^{-\frac{t}{T_m}}) \tag{5.50}$$

图 5.24 表示了速度响应。其中，T_m 为时间常数，T_m 越小，响应越快。因此，R、J_m 越小，K_E、K_T 越大，则响应就越快。

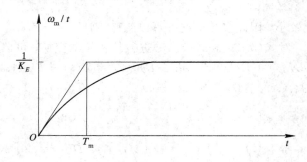

图 5.24 对电压的速度响应

5.5.7 位置控制和速度控制

正如图 5.19 所示的那样，对加速和减速的模式作出了规定。因此，可按照下列步骤对位置进行控制：

（1）当新给出一个向某点移动的指令位置时，在软件上实现一个图 5.19 所示的速度模式，然后作为指令速度加到控制器上。如果对速度模式进行积累（积分），即可得到指令要求的距离。

（2）用指令速度减去检测速度，如果存在误差，则对其进行积累（积分），于是可以求出位置的差值。当用脉冲检测速度时，可用脉冲构成指令速度，然后用计数器累积计算其差值，于是可以求得位置的差值。

（3）使位置的差值通过补偿元件和驱动器变换成电压后加到电动机上。

图 5.25 中的方框图表示了这种速度控制系统。图 5.26 表示了速度和位置的波形示例。

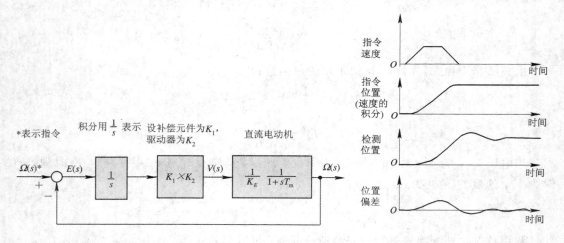

图 5.25 速度控制系统的方框图   图 5.26 速度和位置的波形

在焊接机器人中，有必要确定焊接棒在焊接点上的位置，这时，要用到这个确定的位置。从一开始就要求进行速度控制，当速度模式给定时，就没有必要在软件上进行工作了。

在图 5.25 中，设 $K_1K_2/K_E=K$，并且采用偏差 $E(s)=\Omega^*(s)-\Omega(s)$ 时，可以得到下式：

$$\Omega(s)=\frac{1}{1+sT_m}\times K\times\frac{1}{s}E(s) \tag{5.51}$$

当用 $E(s)=\Omega^*(s)-\Omega(s)$ 取代 $E(s)$ 时，从输入量 $\Omega^*(s)$ 到输出量 $\Omega(s)$ 之间的传递函数就变成了

$$\Omega(s)=\frac{\dfrac{K}{s(1+sT_m)}}{1+\dfrac{K}{s(1+sT_m)}}\Omega^*(s)=\frac{K}{s^2T_m+s+K}\Omega^*(s)$$

$$=\frac{\dfrac{K}{T_m}}{s^2+\dfrac{1}{T_m}s+\dfrac{K}{T_m}}\Omega^*(s)=\frac{\omega n^2}{s^2+2\xi\omega_ns+\omega_n^2}\Omega^*(s) \tag{5.52}$$

式中，设

$$\omega_n=\sqrt{\frac{K}{T}},\quad \xi=\frac{1}{2}\sqrt{\frac{1}{KT_m}},\quad 2\xi\omega_n=\frac{1}{T_m}$$

其中，ω_n 为固有频率，ξ 为衰减常数。当增大 K 时，ω_n 随之变大，快速响应变好，但当 ξ 变小时，衰减特性会变坏，系统会振动。

5.5.8　通过实验识别传递函数

通过实验可识别式(5.52)中的常数 T_m、K 和 ξ。

单独在电动机上施加阶跃电压，测定速度的上升状态，就可以求出时间 T_m。

开环增益 K 是在不加反馈的条件下，以图 5.25 中积分器后的输出量作为输入，以测速电动机的输出电压作为输出求出的。

根据闭环时的阶跃响应求出 h(即 $h=$(检测速度的最大值－指令速度)/指令速度)，然后由图 5.27 查找 ξ 的数值。

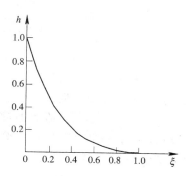

图 5.27　衰减常数 ξ 的求法($\ln h=-\dfrac{\xi\pi}{\sqrt{1-\xi^2}}$)

通过上述步骤，即可求得式(5.52)。

5.5.9　通过比例积分微分(PID)补偿改善系统特征

再次将图 5.25 表示在图 5.28 上，则图 5.28 中方框图的开环传递函数 $G(s)$ 变成下式：

$$G(s) = \frac{1}{s} \frac{K_3}{s + \dfrac{1}{T_m}} \qquad (5.53)$$

$$K_3 = \frac{K_1 K_2}{K_E K_m} = \frac{K}{T_m}$$

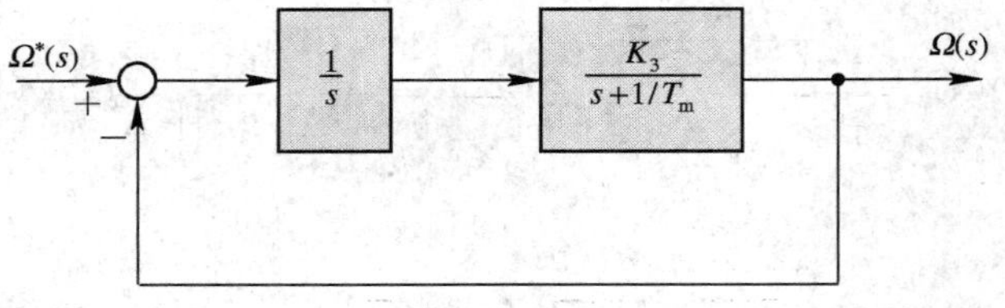

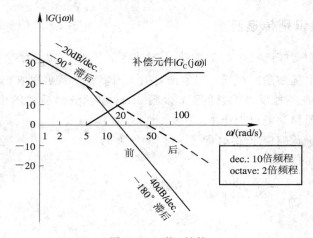

图 5.28　速度控制系统的方框图

设 $s = j\omega$ 并求绝对值时，可以求得增益的频率特性，它由下式表示：

$$| G(j\omega) | = \left| \frac{1}{j\omega} \right| \left| \frac{K_3}{j\omega + \dfrac{1}{T_m}} \right| = \frac{1}{\omega} \frac{K_3}{\sqrt{\omega^2 + \left(\dfrac{1}{T_m} \right)^2}} \qquad (5.54)$$

若设 $K_3 = 45$、$T_m = 0.2$ 时，可以得到如图 5.29 中所示的补偿前的曲线。

图 5.29　PID 补偿

由图 5.29 可以看出，在 $\omega = (10 \sim 20)$ rad/s 时，会产生稳定性问题，这时增益的斜率为 -40 dB/10 倍频程，相位趋近于 $-180°$。因此，在增加了 PID 补偿环节后，其斜率在 $(5 \sim 100)$ rad/s 之间变成为 -20 dB/10 倍频程，于是相位裕量增大到趋近于 $-90°$。为此，我们需要考虑下式表示的补偿环节 $G_C(s)$：

$$G_C(s) = \frac{1 + sT_2}{1 + sT_1} \xrightarrow{s = j\omega} | G_C(j\omega) | = \left| \frac{1 + j\omega T_2}{1 + j\omega T_1} \right| = \frac{\sqrt{1 + (\omega T_2)^2}}{\sqrt{1 + (\omega T_1)^2}} \qquad (5.55)$$

当 $T_1 > T_2$ 时，它变成滞后环节；当 $T_1 < T_2$ 时，它变成超前环节。它们的伯德图表示在图 5.30 上。因为这里需要相位超前，所以作为超前环节，设 $1/T_2 = 5$，$1/T_1 = 100$。在图 5.29 中，表示了补偿环节和补偿后的伯德图。在图 5.31 中，表示了补偿后的方框图和各部分的信号波形图。在图中，PID 补偿器 $G_C(s)$ 的输出对于分子的微分项来说，显然会变成

一个上升很大的波形。当 T_2 的值增大时,波形上升得更高。当作为电动机的输入考虑时,应当注意,实际上它会达到饱和。

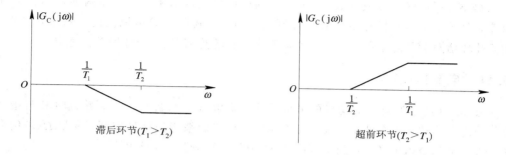

图 5.30　PID 补偿环节的伯德图

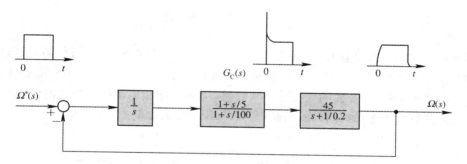

图 5.31　PID 补偿后速度控制系统的方框图及信号波形图

5.5.10　通过 IPD 补偿改善系统特性

在图 5.25 的方框图中,采用 IPD(积分比例微分)补偿后,得到图 5.32 所示的系统。检测出的速度 $\Omega(s)$,通过比例(P)和微分(D)的环节进行反馈。因此,为了能提高开环增益,加进了积分环节的增益 K_I。若设积分环节后面的信号为 $\Omega'(s)$,则当 $K_K \gg T_D$ 时,从 $\Omega'(s)$ 到输出 $\Omega(s)$ 的传递函数变为下式:

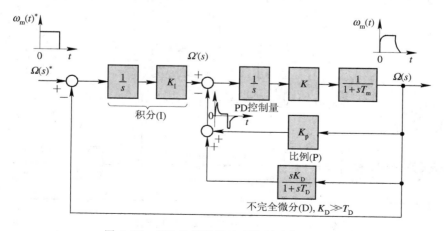

图 5.32　IPD 补偿后的速度控制系统方框图

$$\Omega(s) = \frac{K}{s^2 T_{\mathrm{m}} + (1 + KK_D)s + KK_{\mathrm{p}}} \Omega'(s) \qquad (5.56)$$

根据 K_D 可以确定衰减常数，根据 K_{p} 则可以确定固有频率。上述两项可以独立地进行确定，分子中不存在微分项是 IPD 控制的优点。由式(5.56)可以清楚地看出，当 K_{p} 变大时，开环增益会随之下降。因此，增大积分器的增益 K_{I} 时，开环增益会上升。

5.5.11　电流控制

在图 5.23 所示的直流电动机的方框图中，将电流 $I(s)$ 进行反馈，并且将其与指令电流 $I^*(s)$ 进行比较，从而可以构成电流控制。现在我们来考虑这种控制，变量 $\Omega(s)$ 仍采用原来的量，从指令电流 $I^*(s)$ 到检测电流 $I(s)$ 的传递函数可以求出为

$$I(s) = \frac{1}{sL + R}\{K_{\mathrm{c}}[I^*(s) - I(s)] - K\Omega(s)\}$$

$$I(s) = \frac{K_{\mathrm{c}} I^*(s) - K_E \Omega(s)}{sI + R + K_{\mathrm{c}}} \qquad (5.57)$$

在式(5.57)中，当增益 K_{c} 十分大时，$I(s) \approx I^*(s)$，于是图 5.33 可以简化成图 5.34。这是因为由线圈的电感 L 造成的电流相对于电压的滞后，以及速度电动势 $K_E \Omega(s)$ 可以忽略。这时电动机的转矩 τ_{m} 的响应特性得到改善，同时，防止电动机产生过电流也变得比较容易。在大多数伺服电动机的控制回路中，都采用了电流控制方式。

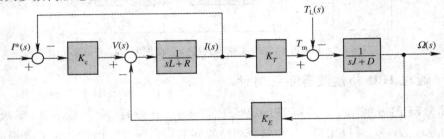

图 5.33　增加了电流控制的直流电动机的方框图

用图 5.34 中得到的结果，取代图 5.25 中的直流电动机，可以得到图 5.35。

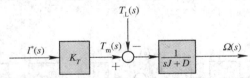

图 5.34　因电流控制而简化的直流电动机的方框图

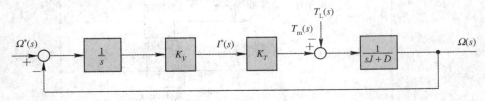

图 5.35　加电流控制后的速度控制系统方框图

在图 5.35 中，从输入 $\Omega^*(s)$ 到输出 $\Omega(s)$ 的传递函数，这时变成下式：

$$\Omega(s) = \frac{K_V K_T}{s^2 J + s D + K_V K_T} \Omega^*(s) \tag{5.58}$$

因为摩擦系数 D 较小，所以速度 $\omega_m(t)$ 变成振动的，这从拉普拉斯变换表中可以清楚地看出。因此，如果设微分环节 $1/s$ 为 $1/s + K_p$ 时，则传递函数变成为下式：

$$\Omega(s) = \frac{(1 + K_p s) K_V K_T}{s^2 J + (D + K_p K_V K_T) s + K_V K_T} \Omega^*(s) \tag{5.59}$$

当在积分环节 $1/s$ 上增加比例增益 K_p 时，由于设置了 $1/s + K_p$，因此衰减常数 ξ 增大，稳定性随之增加，这种性能的改善是必要的。如果摩擦系数 D 非常小而可以忽略时，则可以得到下式：

$$\Omega(s) = \frac{2\xi\omega_n s + \omega_n^2}{s^2 + 2\xi\omega_n s + \omega_n^2} \Omega^*(s) \tag{5.60}$$

式中：

$$\omega_n = \sqrt{\frac{K_V K_T}{J}}, \quad \xi = \frac{1}{2} K_p \sqrt{\frac{K_V K_T}{J}}$$

图 5.36 表示了当 $\xi = 1$ 时的阶跃响应。但是，这里外设力 $T_L(s)$ 为 0，即使是 $\xi = 1$，这里仍然发生了过调现象，这是由式 (5.60) 中的零点造成的。

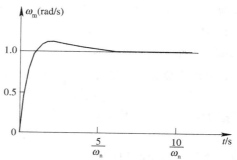

图 5.36　加了电流控制后的速度控制系统的阶跃响应 $(\xi = 1)$

5.5.12　不产生速度模式的位置控制

到现在为止，都是由位置的偏差来计算速度模式，利用针对指令速度的速度控制系统实施位置控制。这里，我们通过补偿环节，根据位置偏差构造指令速度，以说明构成速度控制的方法。但是，应附加进电流控制。

在式 (5.60) 中，如果设速度回路的响应比位置回路的响应快得多，从而使 $|s| = |j\omega| \ll \omega_n$ 成立，则式 (5.60) 可以简化为 $\Omega(s) \approx \Omega^*(s)$，补偿环节采用比例环节 K_{p0}。由此得到的位置控制系统如图 5.37 所示，它可以近似地用一阶系统表示。

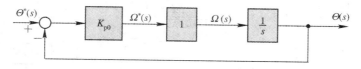

图 5.37　用一阶系统近似表示的位置控制系统

5.5.13　力控制

因为用常数 K_T 乘电流 i 可以求出转矩，所以对电动机转矩的控制可以通过对电流的控制来实现。正如在 5.5.11 节中讨论过的那样，如果进行电流反馈，就可以实现电流控制。另外，由运动方程式 (5.61) 可以清楚地看出，对转矩的控制可以转变为对加速度的控制，即

$$J \frac{\mathrm{d}^2 \theta}{\mathrm{d}t^2} = \tau = K_T i \tag{5.61}$$

为了使机器人能够进行组装、打毛刺和研磨，必须控制机器人手指尖的力。为此，在手指尖上安装了力传感器，以便对来自机器人外部的力进行检测，然后与力指令进行比较。如果存在差值，则产生消除这个差值的指令电流，从而对电流控制方法进行检验和研究。

5.6　工业机器人控制系统的组成

为了满足上述的控制要求，工业机器人的控制系统需要有相应的硬件和软件。

1. 硬件

硬件主要由以下几部分组成：

（1）传感装置。主要用以检测工业机器人各关节的位置、速度和加速度等，即感知其本身的状态，可称为内部传感器；而外部传感器就是所谓的视觉、力觉、触觉、听觉、滑觉等传感器，它们可使工业机器人感知工作环境和工作对象的状态。

（2）控制装置。用于处理各种感觉信息，执行控制软件，产生控制指令。一般由一台微型或小型计算机及相应的接口组成。

（3）关节伺服驱动部分。这部分主要是根据控制装置的指令，按作业任务的要求驱动各关节运动。

2. 软件

这里主要指控制软件，它包括运动轨迹规划算法和关节伺服控制算法与相应的动作程序。控制软件可以用任何语言来编制，但由通用语言模块化而编制形成的专用工业语言越来越成为工业机器人控制软件的主流。

图 5.38 为工业机器人控制系统构成。

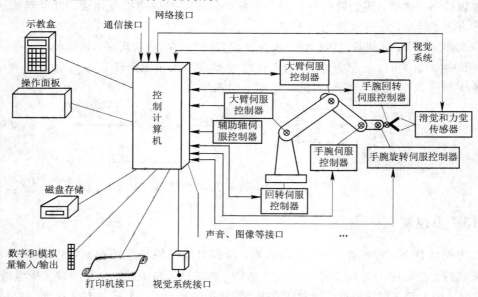

图 5.38　工业机器人控制系统构成

工业机器人控制系统各部分的名称和作用如下：

（1）控制计算机：控制系统的调度指挥机构。一般为微型机、微处理器，有 32 位、64 位等，如奔腾系列 CPU 以及其他类型 CPU。

（2）示教盒：示教机器人的工作轨迹和参数设定，以及所有人机交互操作，拥有自己独立的 CPU 以及存储单元，与主计算机之间以串行通信方式实现信息交互。

（3）操作面板：由各种操作按键、状态指示灯构成，只完成基本功能的操作。

（4）硬盘和软盘存储器：是机器人工作程序的外围存储器。

（5）数字和模拟量输入/输出：实现各种状态和控制命令的输入或输出。

（6）打印机接口：记录需要输出的各种信息。

（7）传感器接口：用于信息的自动检测，实现机器人柔顺控制，一般为力觉、触觉和视觉传感器。

（8）轴控制器：完成机器人各关节位置、速度和加速度控制。

（9）辅助设备控制：用于和机器人配合的辅助设备控制，如手爪变位器等。

（10）通信接口：实现机器人和其他设备的信息交换，一般有串行接口、并行接口等。

（11）网络接口：包括 Ethernet 接口和 Fieldbus 接口。

① Ethernet 接口：可通过以太网实现数台或单台机器人的直接 PC 通信，数据传输速率高达 10 Mb/s，可直接在 PC 上用 Windows 95 或 Windows NT 库函数进行应用程序编程，支持 TCP/IP 通信协议，通过 Ethernet 接口将数据及程序装入各个机器人控制器中。

② Fieldbus 接口：支持多种流行的现场总线规格，如 Device net、AB Remote I/O、Interbus-s、profibus-DP、M-NET 等。

习　　题

1. 工业机器人的控制系统与普通控制系统相比有哪些特点？

2. 工业机器人控制系统的主要功能有哪些？

3. 示教编程方式有哪两类？各有什么特点？

4. 工业机器人的控制方式按作业任务不同可分为哪些方式？

5. 在机器人控制中，试分析半闭环系统比全闭环系统应用更为广泛的理由。

6. 对于表 5.3 中的电动机 A 和电动机 B，试求与本章中式(5.6)相当的速度与转矩的关系式。另外，为了使转矩输出为额定值的 45% 时，电动机能以额定速度的 87% 的速度运转，试分别求必要的电压和电流。

7. 考虑采用一个能产生转矩为负载转矩两倍的电动机，使具有一定转矩的负载，从转速为 0 开始，加速到转速为 ω_m 的情况。设负载的转动惯量为电动机的 5 倍，无减速器直接驱动时的加速时间为 T_s。当采用减速器时，为了把加速时间缩短为 $T_s/2$，试问应选择多大的减速比为宜？

第 6 章　工业机器人编程

6.1　编程方式介绍

机器人编程就是针对机器人为完成某项作业而进行的程序设计。在机器人专用语言未能实用之前，人们使用通用的计算机语言编制机器人管理和控制程序，当时最常用的语言有汇编语言、FORTRAN 语言、PASCAL 语言、BASIC 语言等。现在广泛使用的机器人语言也是在通用的计算机语言的基础上开发出来的。

一般而言，机器人语言至少应包括以下几个模块：系统初始化模块、状态自检模块、键盘命令处理模块、起始定位模块、编辑操作模块、示教操作模块、单步操作模块及再现操作模块等。

由于机器人的控制装置和作业要求多种多样，国内外尚未制定统一的机器人控制代码标准，因此编程语言也是多种多样的。目前，在工业生产中应用的机器人的主要编程方式有以下几种形式。

1. 顺序控制的编程

在顺序控制的机器人中，所有的控制都是由机械或电气的顺序控制器实现的。按照我们的定义，这里没有程序设计的要求。顺序控制的灵活性小，这是因为所有的工作过程都已编好，每个过程或由机械挡块或由其他确定的办法所控制。大量的自动机都是在顺序控制下操作的。这种方法的主要优点是成本低，易于控制和操作。

2. 示教方式编程（手把手示教）

目前大多数机器人还是采用示教方式编程。示教方式是一项成熟的技术，易于被熟悉工作任务的人员所掌握，而且用简单的设备和控制装置即可进行。示教过程进行得很快，示教过后，即可马上应用。在对机器人进行示教时，将机器人的轨迹和各种操作存入其控制系统的存储器，如果需要，过程还可以多次重复。在某些系统中，还可以用与示教时不同的速度再现。

如果能够从一个运输装置获得使机器人的操作与搬运装置同步的信号，就可以用示教的方法来解决机器人与搬运装置配合的问题。

示教方式编程也有一些缺点：

（1）只能在人所能达到的速度下工作；

（2）难以与传感器的信息相配合；

（3）不能用于某些危险的情况；

（4）在操作大型机器人时，这种方法不实用；

（5）难以获得高速度和直线运动；

（6）难以与其他操作同步。

使用示教盒可以克服其中的部分缺点。

3. 示教盒示教

利用装在控制盒上的按钮可以驱动机器人按需要的顺序进行操作。在示教盒中，每一个关节都有一对按钮，分别控制该关节在两个方向上的运动；有时还提供附加的最大允许速度控制。虽然为了获得最高的运行效率，人们一直希望机器人能实现多关节合成运动，但在示教盒示教的方式下，却难以同时移动多个关节。电视游戏机上的游戏杆通过移动控制盒中的编码器或电位器来控制各关节的速度和方向，但难以实现精确控制。不过，现在已经有了能实现多关节合成运动的示教机器人。

示教盒一般用于对大型机器人或危险作业条件下的机器人的示教。但这种方法的缺点是难以获得高的控制精度，也难以与其他设备同步，且不易与传感器信息相配合。

4. 脱机编程或预编程

脱机编程和预编程的含意相同，是指用机器人程序语言预先进行程序设计，而不是用示教的方法编程。脱机编程有以下几个方面的优点：

（1）编程时可以不使用机器人，以腾出机器人去做其他工作；

（2）可预先优化操作方案和运行周期；

（3）以前完成的过程或子程序可结合到待编的程序中去；

（4）可用传感器探测外部信息，从而使机器人作出相应的响应。这种响应使机器人可以工作在自适应的方式下；

（5）控制功能中可以包含现有的计算机辅助设计（CAD）和计算机辅助制造（CAM）的信息；

（6）可以预先运行程序来模拟实际运动，从而不会出现危险。利用图形仿真技术，可以在屏幕上模拟机器人运动来辅助编程；

（7）对不同的工作目的，只需替换一部分待定的程序。

但是，在脱机编程中，所需的补偿机器人系统误差、坐标数据很难得到，因此在机器人投入实际使用前，需要再做调整。

在非自适应系统中，没有外界环境的反馈，仅有的输入是各关节传感器的测量值，因此可以使用简单的程序设计手段。

6.2　机器人编程语言的基本要求和类别

机器人编程语言是一种程序描述语言，它能十分简洁地描述工作环境和机器人的动作，能把复杂的操作内容通过尽可能简单的程序来实现。机器人编程语言也和一般的程序语言一样，应当具有结构简明、概念统一、容易扩展等特点。从实际应用的角度来看，很多情况下都是操作者实时地操纵机器人工作，因此，机器人编程语言不仅应当简单易学，并且应有良好的对话性。高水平的机器人编程语言还能够作出并应用目标物体和环境的几何模型。在工作进行过程中，几何模型是不断变化的，因此性能优越的机器人语言会极大地减少编程的困难。

从描述操作命令的角度来看，机器人编程语言的水平可以分为：动作级、对象级和任务级。

（1）动作级语言。动作级语言以机器人末端操作器的动作为中心来描述各种操作，要在程序中说明每个动作。这是一种最基本的描述方式。

（2）对象级语言。对象级语言允许较粗略地描述操作对象的动作、操作对象之间的关系等。使用这种语言时，必须明确地描述操作对象之间的关系和机器人与操作对象之间的关系。它特别适用于组装作业。

（3）任务级语言。任务级语言则只要直接指定操作内容就可以了，为此，机器人必须一边思考一边工作。这是一种水平很高的机器人程序语言。

现在还有人在开发一种系统，它能按某种原则给出最初的环境状态和最终的工作状态，然后让机器人自动进行推理、计算，最后自动生成机器人的动作。这种系统现在仍处于基础研究阶段，还没有形成机器人语言。本章主要介绍动作级和对象级语言。

到现在为止，已经有多种机器人语言问世，其中有的是研究室里的实验语言，有的是实用的机器人语言。前者中比较有名的有美国斯坦福大学开发的 AL 语言，IBM 公司开发的 AUTOPASS 语言，英国爱丁堡大学开发的 RAFT 语言等；后者中比较有名的有由 AL 语言演变而来的 VAL 语言，日本九州大学开发的 IML 语言，IBM 公司开发的 AMI 语言等，详见表 6.1。

表 6.1　国外常用的机器人语言举例

序号	语言名称	国家	研究单位	简要说明
1	AL	美	Stanford Artificial Intelligence Laboratory	机器人动作及对象物描述，是机器人语言研究的开始
2	AUTOPASS	美	IBM Watson Reasearch Laboratory	组装机器人语言
3	LAMA - S	美	MIT	高级机器人语言
4	VAL	美	Unimation 公司	用于 PUMA 机器人（采用 MC6800 和 DECLSI - 11）两级微型处理器
5	RIAL	美	AUTOMATIC 公司	用视觉传感器检查零件时用的机器人语言
6	WAVE	美	Stanford Artificial Intelligence Laboratory	机器人动作语言，能配合视觉传感器进行机器人的手、眼协调控制
7	DIAL	美	Charles Stark Draper Laboratory	具有 RCC 顺应性手腕控制的特殊指令

续表

序号	语言名称	国家	研究单位	简要说明
8	RPL	美	Stanford Research Institute International	可与 Unimation 机器人操作程序结合，预先定义子程序库
9	REACH	美	Bendix Corporation	适于两臂协调动作，和 VAL 一样是使用范围广的语言
10	MCL	美	McDonnell Douglas Corporation	可编程机器人、NC 机床、摄像机及其控制的计算机综合制造用语言
11	INDA	美、英	SRI International and Philips	类似 RTL/2 编程语言的子集，具有使用方便的处理系统
12	RAPT	英	University of Edinburgh	类似 NC 语言 APT（采用 DEC20，LSI11/2）
13	LM	法	Artificial Intelligence Group of IMAG	类似 PASCAL，数据类似 AL（采用 LS11/3）
14	ROBEX	联邦德国	Machine Tool Laboratory TH Archen	具有与高级 NC 语言 EXAPT 相似结构的脱机编程语言
15	SIGLA	意	Olivetti	SIGMA 机器人语言
16	MAL	意	Milan Polytechnic	两臂机器人装配语言，其特征为方便、易于编程
17	SERF	日	三协精机	SKILAM 装配机器人（采用 Z-80 微型机）
18	PLAW	日	小松制作所	RW 系统弧焊机器人
19	IML	日	九州大学	动作级机器人语言

6.3　编程语言的应用

6.3.1　AL 语言

AL 语言是一种高级程序设计系统，描述诸如装配一类的任务。它有类似 ALGOL 的源语言，有将程序转换为机器码的编译程序和控制机械手及其他设备的实时系统。AL 语言编译程序是由斯坦福大学人工智能实验室用高级语言编写的，可在小型计算机上运行，近年来，该程序已经能够在微型计算机上运行。

AL 语言对其他语言有很大的影响，在一般机器人语言中起主导作用，该语言是斯坦福大学 1974 年开发的。

许多子程序和条件监测语句增加了该语言的力传感和柔顺控制能力。当一个进程需要等待另一个进程完成时，可以使用适当的信号语句和等待语句。这些语句和其他的一些语句可以对两个或两个以上的机器人臂进行坐标控制，利用手和手臂运动控制命令还可控制位移、速度、力和力矩。

1. 变量的表达及特征

AL 变量的基本类型有标量（SCALAR）、矢量（VECTOR）、旋转（ROT）、坐标系（FRAME）和变换（TRANS）。

1）标量

标量与计算机语言中的实数一样，是浮点数，可以进行加、减、乘、除和指数五种运算，也可以进行三角函数和自然对数的变换。AL 中的标量可以表示时间（TIME）、距离（DISTANCE）、角度（ANGLE）、力（FORCE）或者它们的组合，并可以处理这些变量的量纲，即秒（sec）、英寸（inch）、度（deg）或盎司（ounce）等。

AL 中有几个事先定义的标量，例如：PI＝3.14159，TRUE＝1，FALSE＝0。

2）矢量

矢量由一个三元实数（x，y，z）构成，表示对应于某坐标系的平移和位置之类的量。与标量一样，它们可以是有量纲的。利用 VECTOR 函数，可以由 3 个标量表达式来构造矢量。

在 AL 中有几个事先定义过的矢量：

xhat＜－VECTOR(1，0，0)；

yhat＜－VECTOR (0，1，0)；

zhat＜－VECTOR (0，0，1)；

nilvect＜－VECTOR(0，0，0)。

矢量可以进行加、减、内积、叉积及与标量相乘、相除等运算。

3）旋转

旋转表示绕一个轴旋转，用以表示姿态。旋转用函数 ROT 来构造，ROT 函数有两个参数：一个代表旋转轴，用矢量表示；另一个是旋转角度。旋转规则按右手法则进行。此外，x 函数 AXIS(x)表示求取 x 的旋转轴，而 | x | 表示求取 x 的旋转角。AL 中有一个称为 nilrot 的事先说明过的旋转，定义为 ROT(zhat，0 * deg)。

4）坐标系

坐标系可通过调用函数 FRAME 来构成。该函数有两个参数：一个表示姿态的旋转角度，另一个表示位置的距离矢量。AL 中定义 STATION 代表工作空间的基准坐标系。

图 6.1 是机器人插螺栓作业的示意图，可以建立起图中的 base 坐标系、beam 坐标系和 feeder 坐标系，程序如下：

FRAME base beam feeder；坐标系变量说明

base＜－FRAME(nilrot，VECTOR (20，0，15) * inches)；坐标系 base 的原点位于全局坐标系原点(20，0，15)英寸处，Z 轴平行于全局坐标系的 Z 轴

beam＜－FRAME(ROT(Z，90 * deg)，VECTOR(20，15，0) * inches)；坐标系 beam 的原点位于全局坐标系原点(20，15，0)英寸处，并绕全局坐标系 Z 轴旋转 90°

feeder＜－FRAME(nilrot，VECTOR(25，20，0) * inches)；坐标系 feeder 的原点位于全局坐标系(25，20，0)英寸处，且 Z 轴平行于全局坐标系的 Z 轴

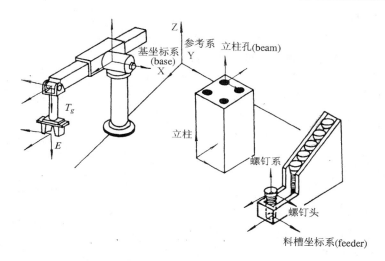

图 6.1 机器人插螺栓作业示意图

对于在某一坐标系中描述的矢量，可以用矢量 WRT 坐标系的形式来表示（WRT，With Respect To），如 xhat WRT beam，表示在全局坐标系中构造一个与坐标系 beam 中的 xhat 具有相同方向的矢量。

5）变换

TRANS 型变量用来进行坐标系间的变换。与 FRAME 一样，TRANS 包括两部分：一个旋转和一个向量。执行时，先与相对于作业空间的基坐标系旋转部分相乘，然后再加上向量部分。当算术运算符"<－"作用于两个坐标系时，是指把第一个坐标系的原点移到第二个坐标系的原点，再经过旋转使其轴重合。

因此可以看出，描述第一个坐标系相对于基坐标系的过程，可通过对基坐标系右乘一个 TRANS 来实现。如图 6.1 所示，可以建立起各坐标系之间的关系：

T6<－base ∗ TRANS(ROT(x, 180 ∗ deg), VECTOR(15, 0, 0) ∗ inches)；建立坐标系 T6，其 Z 轴绕 base 坐标系的 X 轴旋转 180°，原点距 base 坐标系原点(15, 0, 0)英寸处

E<－T6 ∗ TRANS(nilrot, VECTOR(0, 0, 5) ∗ inches)；建立坐标系 E，其 Z 轴平行于 T6 坐标系的 Z 轴，原点距 T6 坐标系原点(0, 0, 5)英寸处

bolt－tip<－feeder ∗ TRANS(nilrot, VECTOR(0, 0, 1) ∗ inches)；

beam－bore<－beam ∗ TRANS(nilrot, VECTOR(0, 2, 3) ∗ inches)；

2. 主要语句及其功能

1）运动语句

MOVE 语句用来表示机器人由初始位姿到目标位姿的运动。在 AL 中，定义了 barm 为蓝色机械手，yarm 为黄色机械手，为了保证两台机械手在不使用时能处于平衡状态，AL 语言定义了相应的停放位置 bpark 和 ypark。

假定机械手在任意位置，可把它运动到停放位置，所用的语句是：

MOVE barm TO bpark；

如果要求在 4 s 内把机械手移动到停放位置，所用指令是：

MOVE barm TO bpark WITH DURATION＝4 ∗ seconds；

符号"@"可用在语句中，表示当前位置，如：

MOVE barm TO @－2 * zhat * inches;

该指令表示机械手从当前位置向下移动 2 英寸。

由此可以看出，基本的 MOVE 语句具有如下形式：

MOVE(机械手) TO(目的地) (修饰子句);

例如：

MOVE barm TO ＜destination＞VIA f1 f2 f3

表示机械手经过中间点 f1、f2、f3 移动到目标坐标系＜destination＞。

MOVE barm TO block WITHAPPROACH＝3 * zhat * inches

表示把机械手移动到在 Z 轴方向上离 block 3 英寸的地方；如果用 DEPARTURE 代替 APPROACH，则表示离开 block。

关于接近/退避点可以用设定坐标系的一个矢量来表示，如：

WITH APPROACH＝＜表达式＞;

WITH DEPARTURE＝＜表达式＞;

如图 6.2 所示，要求机器人由初始位置经过 A 点运动到螺钉处，再经过 B、C 后到达 D 点。描述该运动轨迹的程序如下：

MOVE barm TO bolt grasp VIA A WITH APPROACH＝－Z WRT feeder;

MOVE barm TO B VIA A WITH DEPARTURE＝Z WRT feeder;

MOVE barm TO B VIA C WITH APPROACH＝－Z WRT beam-bore;

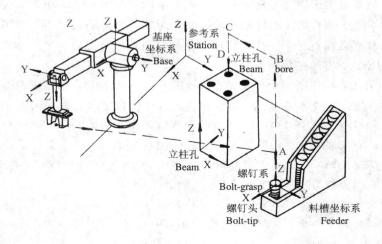

图 6.2　机器人插螺钉作业的路径

2）手爪控制语句

手爪控制语句的一般形式为：

OPEN ＜hand＞ TO (sval);

CLOSE ＜hand＞ TO (sval);

这两条语句是使手爪张开或闭合后相距(sval)。(sval)表示开度的距离值。

3. AL 程序设计举例

用 AL 语言编制如图 6.2 所示的机器人把螺栓插入其中一个孔里的作业。这个作业需要把机器人移至料斗上方 A 点，抓取螺栓，经过 B 点、C 点，再把它移至导板孔上方 D 点（如图 6.2 所示），并把螺栓插入其中一个孔里。

编制这个程序的步骤是：

（1）定义机座、导板、料斗、导板孔、螺栓柄等的位置和姿态；

（2）把装配作业划分为一系列动作，如移动机器人、抓取物体和完成插入等；

（3）加入传感器以发现异常情况和监视装配作业的过程；

（4）重复步骤（1）～（3），调试并改进程序。

按照上面的步骤，编制的程序如下：

```
BEGIN insertion;
bolt – diameter<－0.5 * inches;                                    设置变量
bolt – height<－1 * inches;
tries<－0;
grasped<false;
beam<－FRAME(ROT(z, 90 * deg), VECTOR(20, 15, 0) * inches); 定义机座坐标系
feeder<－FRAME(nilrot, VECTOR(20, 20, 0) * inches);
bolt – grasp<－feeder * TRANS(nilrot, nilvect);                   定义特征坐标系
bolt – tip<－bolt – grasp, TRANS(nilrot, VECTOR(0, 0, 0.5) * inches);
beam – bore<－beam * TRANS(nilrot, VECTOR(0, 0, 1) * inches);
A<－feeder * TRANS(nilrot, VECTOR(0, 0, 5) * inches);             定义经过的点坐标系
B<－feeder * TRANS(nilrot, VECTOR(0, 0, 8) * inches);
C<－beam – bore * TRANS(nilrot, VECTOR(0, 0, 5) * inches);
D<－beam – bore * TRANS(nilrot, bolt-height * Z);
OPEN bhand TO bolt-diameter＋1 * inches;                          张开手爪
MOVE barm TO bolt-grasp VIA A WITH APPROACH＝－Z WRT feeder;
                                                 使手爪准确定位于螺栓上方
                                                          试着抓取螺栓
DO
CLOSE bhand TO 0.9 * bolt-diameter;
IF bhand<bolt-diameter THEN BEGIN
OPEN bhand TO bolt-diameter＋1 * inches;                          抓取螺栓失败，再试一次
MOVE barm TO @－1 * Z * inches;
END ELSE grasped<－TRUE;
tries<－tries＋1;
UNTIL grasped OP（tries>3）;               如果尝试三次未能抓取螺栓，则取消这一动作
IF NOT grasped THEN ABORT;                                        抓取螺栓失败
MOVE barm TO B VIA A WITH DEPARTURE＝ Z WRT feeder;              将手臂运动到B位置
MOVE barm TO VIA C;                                              将手臂运动到D位置
WITH APPROACH ＝ －Z WRT beam-bore;
MOVE barm TO @－0.1 * Z * inches ON FORCE(Z)>10 * ounce;         检验是否有孔
DO ABORT;                                                        无孔
MOVE barm TO beam-bore DIRECTLY;                                 进行柔顺性插入
WITH FORCE(Z) ＝ －10 * ounce;
WITH FORCE(X) ＝ 0 * ounce;
```

```
WITH FORCE(Y) = 0 * ounce;
WITH DURATION = 5 * seconds;
END insertion
```

6.3.2　VAL-Ⅱ语言

VAL-Ⅱ是在 1979 年推出的，用于 Unimation 和 Puma 机器人。它是基于解释方式执行的语言，可执行分支程序，对传感器信息进行输入、输出处理，实现直线运动等功能。例如，用户可以在沿末端操作器 a 轴的方向指定一个距离 height，将它与语句命令 APPRO（用于接近操作）或 DEPART（用于离开操作）结合，便可实现无碰撞地接近物体或离开物体。MOVE 命令用来使机器人从它的当前位置运动到下一个指定位置，而 MOVES 命令则是沿直线执行上述动作。为了说明 VAL-Ⅱ的一些功能，我们通过下面的程序清单来描述其命令语句：

1	PROGRAM TEST;	程序名
2	SPEED 30 ALWAYS;	设定机器人的速度
3	height=50;	设定沿末端操作器 a 轴方向抬起或落下的距离
4	MOVES p1;	沿直线运动机器人到点 p1
5	MOVE p2;	用关节插补方式使机器人运动到第二个点 p2
6	REACT 1001;	如果端口 1 的输入信号为高电平(关)，则立即停止机器人动作
7	BREAK;	当上述动作完成后停止执行
8	DELAY 2;	延迟 2 秒执行
9	IF SIG(1001) GOTO 100;	检测输入端口 1，如果为高电平(关)，则转入继续执行第 100 行命令，否则继续执行下一行命令
10	OPEN;	打开手爪
11	MOVE p5;	运动到点 p5
12	SIGNAL 2;	打开输出端口 2
13	APPRO p6, height;	将机器人沿手爪(工具坐标系)的 a 轴移向 p6，直到离开它一段指定距离 height 的地方，这一点叫抬起点
14	MOVE p6;	运动到位于 p6 点的物体
15	CLOSE;	关闭手爪，并等待直至手爪闭合
16	DEPART height;	沿手爪的 5 轴(工具坐标系)向上移动 height 距离
17	MOVE p1;	将机器人移到 p1 点
18	TYPE "all done";	在显示器上显示 all done
19	END;	

6.3.3　AML 语言

AML 语言是 IBM 公司为 3P3R 机器人编写的程序。这种机器人带有三个线性关节，三个旋转关节，还有一个手爪。各关节由数字<1，2，3，4，5，6，7>表示，1、2、3 表示滑动关节，4、5、6 表示旋转关节，7 表示手爪。描述沿 x、y、z 轴运动时，关节也可分别用字母 JX、JY、JZ 表示，相应地 JR、JP、JY 分别表示绕翻转(Roll)、俯仰(Pitch)和偏转(Yaw)轴(用来定向)旋转，而 JG 表示手爪。

在 AML 中允许两种运动形式：MOVE 命令是绝对值，也就是说，机器人沿指定的关节运动到给定的值；DMOVE 命令是相对值，也就是说，关节从它当前所在的位置起运动给定的值。这样，MOVE(1，10)就意味着机器人将沿 x 轴从坐标原点起运动 10 英寸，而 DMOVE(1，10)则表示机器人沿 x 轴从它当前位置起运动 10 英寸。AML 语言中有许多命令，它允许用户可以编制复杂的程序。

以下程序用于引导机器人从一个地方抓起一件物体，并将它放到另一个地方，并以此例来说明如何编制一个机器人程序。

```
10    SUBR(PICK-PLACE);                    子程序名
20    PT1：NEW<4，−24，2，0，0，−13>;      位置说明
30    PT2：NEW<−2，13，2，135，−90，−33>;
40    PT3：NEW<−2，13，2，150，−90，−33，1>;
50    SPEED(0.2);                          指定机器人的速度(最大速度的 20％)
60    MOVE(ARM，0，0);                      将机器人(手臂)复位到参考坐标系原点
70    MOVE(<1，2，3，4，5，6>，PT1);        将手臂运动到物体上方的点 1
80    MOVE(7，3);                          将抓持器打开到 3 英寸
90    DMOVE(3，−1);                        将手臂沿 z 轴下移 1 英寸
100   DMOVE(7，−1.5);                      将抓持器闭合 1.5 英寸
110   DMOVE(3，1);                         沿 x 轴将物体抬起 1 英寸
120   MOVE(<JX，JY，JZ，JR，JR，JY>，PT2);  将手臂运动到点 2
130   DMOVE(JZ，−3);                       沿 z 轴将手臂下移 3 英寸放置物体
140   MOVE(JG，3);                         将抓持器打开到 3 英寸
150   DMOVE(JZ，11);                       将手臂沿 z 轴上移 11 英寸
160   MOVE(ARM，PT3);                      将手臂运动到点 3
170   END;
```

6.3.4　AUTOPASS 语言

AUTOPASS 语言是一种对象级语言。对象级语言是靠对象状态的变化给出大概的描述，把机器人的工作程序化的一种语言。AUTOPASS、LUMA、RAFT 等都属于这一级语言。AUTOPASS 是 IBM 公司属下的一个研究所提出来的机器人语言，它像提供给人的组装说明书一样，是针对机器人操作的一种语言。程序把工作的全部规划分解成放置部件、插入部件等宏功能状态变化指令来描述。AUTOPASS 的编译是用称作环境模型的数据库，边模拟工作执行时环境的变化边决定详细动作，作出对机器人的工作指令和数据。AUTOPASS 的指令分成如下四组：

(1) 状态变更语句，即 PLACE，INSERT，EXTRACT，LIFT，LOWER，SLIDE，PUSH，ORIENT，TURN，GRASP，RELEASE，MOVE；

(2) 工具语句，即 OPERATE，CLUMP，LOAP，UNLOAD，FETCH，REPLACE，SWITCH，LOCK，UNLOCK；

(3) 紧固语句，即 ATTACH，DRIVE-IN，RIVET，FASTEN，UNFASTEN；

(4) 其他语句，即 VERIFY，OPEN-STATE-OF，CLOSED-STATE-OF，NAME，END。

例如，对于 PLACE 的描述语法为：

PLACE＜object＞＜preposition phrase＞＜object＞＜grasping phrase＞＜final condition phrase＞＜constraint phrase＞＜then hold＞

其中，＜object＞是对象名；＜preposition phrase＞表示"ON"或"IN"那样的对象物间的关系；＜grasping phrase＞是提供对象物的位置和姿态、抓取方式等；＜constraint phrase＞是末端操作器的位置、方向、力、时间、速度、加速度等约束条件的描述选择；＜then hold＞是指令机器人保持现有位置。

下面是 AUTOPASS 程序示例，从中可以看出，这种程序的描述很容易理解。但是该语言在技术上仍有很多问题没有解决。

(1) OPERATE nuffeeder WITH car-ret-tab-nut AT fixture. nest；

(2) PLACE bracket IN fixture SUCH THAT bracket. bottom；

(3) PLACE interlock ON bracket RUCH THAT interlock. hole IS ALIGNED
    WITH bracket. top；

(4) DRIVE IN ear-ret-intlk-stud INTO car-ret-tab-nut Atinterlock. hole；
    SUCH THAT TORQUE is EQ 12. 0 IN-LBS USING-air-driver；
    ATTACHING bracket AND interlock；

(5) NAME bracket interlock car-ret-intlk-stud car-ret-tab-nut ASSEMBLY suppot-bracket。

6.4 工业机器人程序设计过程

不同厂家的机器人都有不同的编程语言，但程序设计的过程都是大同小异，下面以三菱公司生产的 Movemaster EX RV－M1 装配机器人的一个应用实例为例来说明程序设计的具体过程。要求该机器人将待测工件从货盘 1 上拾起，在检测设备上检测之后，放在货盘 2 上；共 60 个工件，在货盘 1 上按 12×5 的形式摆放，在货盘 2 上按 15×4 的形式摆放。

1. Movemaster EX RV－M1 装配机器人各硬件的功能

如图 1.15 所示，Movemaster EX RV－M1 装配机器人各主要硬件功能如下：

(1) 机器人主体：具有和人手臂相似的动作机能，可在空间中抓放物体或进行其他动作。

(2) 机器人控制器：可以通过 RS232 接口和 Centronics connector 连接上位编程 PC 机，实现控制器存储器与 PC 机存储器程序之间的相互传送；可以与示教盒相接，处理操作者的示教信号并驱动相应的输出；可以把外部 I/O 信号转换成控制器 CPU 可以处理的信号；可以与驱动器(直流电机)直接连接，用控制器 CPU 处理的结果去控制相应的关节的转动速度与转动角速度。

(3) 示教盒：操作者可利用示教盒上的各种功能按钮来驱动工业机器人的各关节轴，从而完成位置定义等功能。

(4) PC 机：可通过三菱公司所提供的编程软件对机器人进行在线和离线编程。

2. Movemaster EX RV－M1 装配机器人的编程语言

这款机器人的编程语言如附录 A 所示，编程指令可分为 5 类：位置/动作控制指令、程序控制指令、手爪控制指令、I/O 控制指令、RS232C 读指令。

3. 设计流程图

设计流程图实际上是用流程图的形式表示机器人的动作顺序。对于简单的机器人动作，这一步可以省略，直接进行编程，但对于复杂的机器人动作，为了完整地表达机器人所要完成的动作，这一步必不可少。可以看出，该任务中虽然机器人需要取放 60 个工件，但每一个工件的动作过程都是一样的，所以采用循环编程的方式，设计出的流程图如图 6.3 所示。

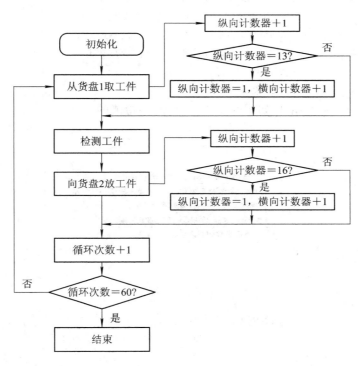

图 6.3　Movemaster EX RV－M1 装配机器人工件检测动作流程图

4. 按功能块进行编程

（1）初始化程序。

对于工业机器人，初始化一般包括复位、设置末端操作器的参数、定义位置点、定义货盘参数、给货盘计数器赋初值等。

定义位置点：

　　PD 50，0，20，0，0　　　；位置号为 50，只在 Z 轴上有 20 mm 的偏移量

复位：

　　10　NT　　　　　　　；复位

定义末端操作器参数：

　　15　TL 145　　　　　　；工具长度设为 145 mm

　　20　GP 10，8，10　　　；设置手爪的开/闭参数

定义货盘参数：

　　25　PA 1，12，5　　　　；定义货盘 1（垂直 12 ×水平 5）

| 30 | PA 2，15，4 | ；定义货盘 2（垂直 15 ×水平 4） |

定义货盘计数器初值：

35	SC 11，1	；设置货盘 1 纵向计数器的初值
40	SC 12，1	；设置货盘 1 横向计数器的初值
45	SC 21，1	；设置货盘 2 纵向计数器的初值
50	SC 22，1	；设置货盘 2 横向计数器的初值

（2）主程序。

100	RC 60	；设置从该行到 140 行的循环次数为 60
110	GS 200	；跳转至 200 行，从货盘 1 上夹起工件
120	GS 30	；跳转至 300 行，将工件装在检测设备上
130	GS 400	；跳转至 400 行，将工件放在货盘 2 上
140	NX	；返回 100 行
150	ED	；结束

（3）子程序——从货盘 1（如图 6.4 所示）夹起要检测的工件。

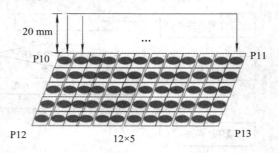

图 6.4　货盘 1

200	SP 7	；设置速度
202	PT 1	；定义货盘 1 上所计光栅数的坐标为位置 1
204	MA 1，50，O	；机器人移至位置 1 上方（Z 方向）20 mm 处，此时机械手打开
206	SP 2	；设置速度为 2 级，较慢
208	MO 1，O	；机器人移至位置 1
210	GC	；闭合手爪，抓紧工件
212	MA 1，50，C	；抓紧工件，机器人移至位置 1 上方（Z 方向）20 mm
214	IC 11	；货盘 1 的纵向计数器按 1 递增
216	CP 11	；将计数器 11 的值放入内部比较寄存器
218	EQ 13，230	；如计数器的值等于 13，程序跳转至 230 执行
220	RT	；结束子程序
230	SC 11，1	；初始化计数器 11
232	IC 12	；货盘 1 的横计数器按 1 递增
234	RT	；结束子程序

（4）工件检测子程序。

300	SP 7	；设置速度为 7 级，较快
302	MT 30，−50，C	；机器人移至检测设备前 50 mm 处
304	SP 2	；减为 2 级速度

306	MO 30，C	；机器人将工件装在检测设备上
308	ID	；取输入数据
310	TB-7，308	；机器人等待工件检测完毕
312	MT 30，－50，C	；机器人移至检测设备前 50 mm 处
314	RT	；结束子程序

（5）子程序——向货盘 2（如图 6.5 所示）放置已检测完的工件。

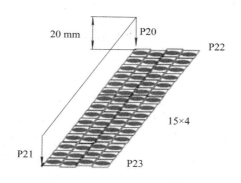

图 6.5　货盘 2

400	SP 7	；设置速度为 7 级，较快
402	PT 2	；定义货盘 2 上所计光栅数的坐标为位置 2
404	MA 2，50，C	；机器人移至位置 2 正上方的一个位置
406	SP 2	；设置速度为 2 级，较慢
408	MO 2，C	；机器人移至位置 2
410	GO	；打开手爪，释放工件
412	MA 2，50，C	；机器人移至位置 2 正上方 20 mm 处
414	IC 21	；货盘 2 的纵向计数器按 1 递增
416	CP 21	；将计数器 21 的值放入内部比较寄存器
418	EQ 16，430	；如果计数器的值等于 16，程序跳转至 430 执行
420	RT	；结束子程序
430	SC 21，1	；初始化计数器 21
432	IC 22	；货盘 2 的横向计数器按 1 递增
434	RT	；结束子程序

5. 按功能块调试、修改程序

三菱装配机器人配置的编程软件可实现机器人动作的模拟过程，编写完程序后，先用软件进行模拟，确认动作顺序正确后，再下载到机器人的控制器中。

习　题

1. 工业机器人的主要编程方式有哪几种？各有什么特点？

2. 从描述操作命令的角度来看，机器人编程语言的水平可分为哪几级？

3. 如图 6.6 所示，用附录 A 中 Movemaster EX RV－M1 的编程语言实现如下功能：

（1）使机器人手爪运动至位置 1 和位置 2；

（2）使机器人手爪按照设定的 3 级速度，通过预先定义的中间位置点 6、8、10，从位置 5 运动至位置 15。

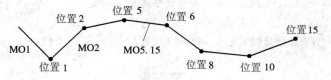

图 6.6　机器人的运动路线图

第 7 章 工业机器人系统

7.1 在生产中引入工业机器人系统的方法

在生产中引入工业机器人系统的工程，可按 4 个阶段进行：可行性分析、机器人工作站和生产线的详细设计、制造与试运行、交付使用。

7.1.1 可行性分析

通常，在引入工业机器人系统之前，首先需要对工程项目进行可行性分析，即仔细了解应用机器人的目的以及主要的技术要求，并至少应在 3 个方面进行可行性分析。

1. 技术上的可能性与先进性

可行性分析首先要解决技术上的可能性与先进性问题。为此，必须进行可行性调查，调查主要包括：用户现场调研和相似作业的实例调查等。取得充分的调查资料后，要规划初步的技术方案，为此要进行如下工作：作业量及难度分析；编制作业流程卡片；绘制时序表，确定作业范围并初选机器人型号；确定相应的外围设备；确定工程难点并进行试验取证；确定人工干预程度等。最后，提出几个规划方案并绘制相应的机器人工作站或生产线的平面配置图，编制说明文件；对各方案进行先进性评估，具体包括机器人系统、外围设备以及控制、通信系统等的先进性。

2. 投资上的可能性和合理性

根据前面提出的技术方案，按机器人系统、外围设备、控制系统以及安全保护设施等逐项进行估价，并考虑工程进行中可以预见和不可预见的附加开支，按工程计算方法得到初步的工程造价。

3. 工程实施过程中的可能性和可变更性

在满足前两个方面的可行性之后，接下来便是引入方案，以及对方案实施过程中可能性和可变更性的分析。这是因为在很多设备、原件等的制造、选购、运输、安装过程中，还可能出现一些不可预见的问题，必须找到发生问题时的可替代方案。

在进行上述分析之后，就可对机器人引入工程的初步方案进行可行性排序，得出可行性结论，并确定一个最佳方案，之后再进行机器人工作站、生产线的工程设计。

7.1.2 机器人工作站和生产线的详细设计

该阶段的具体任务是，根据可行性分析中所选定的初步技术方案，进行详细的设计、开发；对关键技术和设备的局部进行实验或试制；绘制施工图及编制说明书。

1. 规划及系统设计

规划及系统设计包括设计单位内部的任务划分，机器人考查及询价，编制规划单，运行系统设计，外围设备(辅助设备、配套设备以及安全装置等)能力的详细计划，关键问题的解决等。

2. 布局设计

布局设计包括机器人的选用，人－机系统配置，作业对象的物流路线的确定，电、液、气系统走线，操作箱、电器柜的位置确定以及维护修理和安全设施配置等内容。

3. 扩大机器人应用范围辅助设备的选用和设计

此项工作的任务包括工业机器人用以完成作业的末端操作器、固定和改变作业对象位姿的夹具和变位机、改变机器人动作方向和范围的机座的选用和设计。一般来说，这一部分的设计工作量最大。

4. 配套和安全装置的选用和设计

此项工作主要包括为完成作业要求而配套的设备(如弧焊的焊丝切断和焊枪清理设备等)的选用和设计；安全装置(如围栏、安全门等)的选用和设计以及现有设备的改造等。

5. 控制系统设计

此项设计包括选定系统的标准控制类型与追加性能，确定系统工作顺序与方法及互锁等安全设计；液压、气动、电气、电子设备及备用设备的试验；电气控制线路设计；机器人线路及整个系统线路的设计等内容。

6. 支持系统设计

此项工作为设计支持系统，包括故障排队与修复方法，停机时的对策与准备，备用机器的筹备以及意外情况下的救急措施等内容。

7. 工程施工设计

此项设计包括编写工作系统的说明书、机器人详细性能和规格说明书、接收检查文本、标准件说明书，绘制工程制图，编写图纸清单等内容。

8. 编制采购资料

此项任务包括编写机器人估价委托书、机器人性能及自检结果，编制标准件采购清单、培训操作员计划、维护说明及各项预算方案等内容。

7.1.3 制造与试运行

制造与试运行是根据详细设计阶段确定的施工图纸、说明书进行系统布置、工艺分析、制作、采购，然后进行安装、测试、调整，使之达到预期的技术要求，同时对管理人员、操作人员进行培训。

1. 制作准备

制作准备包括制作估价，拟定事后服务及保证事项，签订制造合同，选定培训人员及实施培训等。

2. 制作与采购

制作与采购包括设计加工零件的制造工艺，零件加工，采购标准件，检查机器人性能，采购件的验收检查以及故障处理等内容。

3. 安装与试运转

安装与试运转包括安装总体设备，试运转检查，试运转调整，连续运转，实施预期的机器人系统的工作循环、生产试车、维护维修培训等内容。

4. 连续运转

连续运转包括按规划中的要求进行系统的连续运转和记录，发现和解决异常问题，实地改造，接受用户检查，写出验收总结报告等内容。

7.1.4 交付使用

交付使用后，为达到和保持预期的性能和目标，应对系统进行维护和改进，并进行综合评价。

1. 运转率检查

运转率检查包括正常运转概率测定、周期循环时间和产量的测定、停车现象分析及故障原因分析等内容。

2. 改进

改进包括正常生产必须改造事项的选定及实施、今后改进事项的研讨及规划等内容。

3. 评估

评估包括技术评估、经济评估、对现实效果和将来效果的研讨、再研究课题的确定以及总结报告的撰写等内容。

由此看出，在工业生产中引入机器人系统是一项相当细致复杂的系统性工程，它涉及机、电、液、气、通信等诸多技术领域。不仅要求人们从技术上进行可行性研究，而且要从经济效益、社会效益、企业发展等多方面进行可行性研究。只有立项正确、投资准、选型好、设备经久耐用，才能最大限度地发挥机器人的优越性，提高生产效率。

7.2 工程工业机器人和外围设备

1. 工业机器人和外围设备的任务

采用工业机器人实现自动化时，应就自动化的目的和目标、作业对象、自动化的规模、设备的具体规格、维护保养等问题与工业机器人制造厂和外围设备制造厂充分交换意见并研究后再确定方案。特别是要注意整个系统的经济性、稳定性和可靠性。

1）自动化规模和工业机器人

实施自动化时，无论使用工业机器人与否，其规模的大小都是一个重要的问题。工业机器人的规格和外围设备的规格都是随着自动化规模的变化而变化的。

一般情况下，灵活性高的工业机器人的价格也高，但外围设备较为简单，并能适应产品的型号变化。灵活性低的工业机器人，其外围设备较为复杂，当产品型号改变时，需要高额的投资。

2）工业机器人和外围设备的选择

若要决定自动化的程度，就必须确定工业机器人和外围设备的规格。对于工业机器人而言，首先必须确定的是选用市场出售的工业机器人还是选用特殊制造的工业机器人。通常，从市场上选择适合该系统使用的工业机器人，既经济可靠，又便于维护保养。

2. 外围设备的种类及注意事项

必须根据自动化的规模来决定工业机器人与外围设备的规格。因作业对象不同，其规格也多种多样。从表7.1可以看出，机器人的作业内容大致可分为装卸、搬运作业和喷涂、焊接作业两种基本类型（后者持有喷枪、焊枪或焊炬）。当工业机器人进行作业时，喷涂设备、焊接设备等作业装置都是很重要的外围设备，这些作业装置一般都是手工操作，当用于工业机器人时，必须对这些装置进行改造。

表 7.1　工业机器人的作业内容、种类和主要外围设备

作业内容	工业机器人的种类	主要外围设备
压力机上的装卸作业	固定程序式	传送带，滑槽，供料装置，送料器，提升装置，定位装置，取件装置，真空装置，修边压力装置
切削加工的装卸作业	可变程序式，示教再现式，数字控制式	传送带，上、下料装置，定位装置，反转装置，随行夹具
压铸加工的装卸作业	固定程序式，示教再现式	浇铸装置，冷却装置，修边压力机，脱膜剂喷涂装置，工件检测装置
喷涂作业	示教再现式（CP 的动作）	传送带，工件探测装置，喷涂装置，喷枪
点焊作业	示教再现式	焊接电源，时间继电器，次级电缆，焊枪，异常电流检测装置，工具修整装置，焊透性检验装置，车型判别装置，焊接夹具，传送带，夹紧装置
电弧焊作业	示教再现式（CP 的动作）	弧焊装置，焊丝进给装置，焊炬，气体检测装置，焊丝检测装置，焊炬修整装置，焊接夹具，位置控制器

当采用以装卸为主要作业内容的工业机器人时，确定外围设备的过程如图7.1所示。

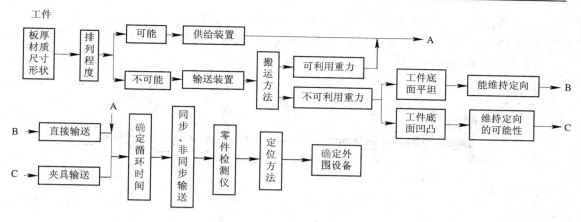

图 7.1　确定外围设备的过程

7.3　机械加工作业的机器人系统

1. 概述

对机械加工的自动化生产，必须根据生产线的形态，分不同情况进行考察，一般分为以下几种情况：

（1）自动装卸专用机床的自动化（大批量加工）；

（2）使用机器人的通用数控机床的自动化（多品种、中小批量生产）；

（3）使用机器人的多台专用机床或数控机床的自动化（多品种、中批量的生产）；

（4）由自动仓库、搬运台车、机器人等组成的机械加工工厂的无人化，即柔性制造系统（FMS）（多品种、中批量生产）。

为了提高生产率及设备的利用率，降低产品生产成本，要根据生产需要选择最适合的生产方式。有时，规模大、完全无人化的方案不一定是合理的方案。

2. 轴类加工自动化系统

通过简单地更改程序，可以用同一条生产线加工多种型号的轴，使用两台机器人装卸和搬运两台加工机床之间的零件。

1）基本事项

加工轴类的基本事项如下：

（1）工件概况如图 7.2 所示，工件的种类达 10 种，生产线适合每月产量固定的中批量生产。

（2）有为了在加工中进行工件的热处理，存在由生产线上取出工件和将工件再一次放回到生产线上的情况；也存在从毛坯到成品连续在生产线上的情况。

（3）通过通用机床和工业机器人的组合，可适应多种工件的柔性生产。

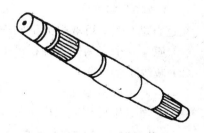

图 7.2　工件图

（4）将已有的机床加以改造，通过使用工业机器人，以较低的价格实现自动化。

（5）使用公司自制的工业机器人，以实用为主，采用维护简单的开关方式。

图 7.3 是系统的平面布置图。

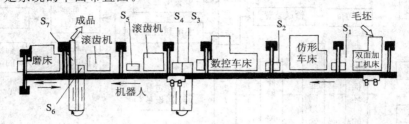

图 7.3　系统的平面布置图

2）系统的构成

组成系统的主要机器如下：

（1）机器人本体。该系统采用由压缩空气驱动，机械止动定位的桥式行走型双臂工业机器人。

（2）夹钳。装在机器人臂端的夹钳是由两根手指一副的、共两套的手爪组成，能分别做左右运动，通常采用的是能同心地夹住不同直径零件的定心式夹钳。

（3）腕。该腕有左右滑动（S 轴）和翻转工件的功能（α 轴）。

（4）毛坯供给装置。在图 7.3 所示的双面加工机床后面的毛坯供给装置上装夹毛坯。在此，使用专用运载小车。在毛坯切断加工时，把装在小车里的毛坯用叉车按原样安装到机床上，而后和机床同步，按顺序自动送到生产线上。

（5）中间工位（图 7.3 中的 $S_1 \sim S_7$）。在各机床间设置下列中间工位：

① S_1：两端加工后校正中心孔；

② S_3、S_4：在生产线中间取出工件作热处理，取出时用滑槽输送机，放回时用斜槽输送机；

③ S_7：将工件送至磨床和把成品送出加工生产线，与 S_3、S_4 共用一台斜槽输送机；

④ S_2、S_4、S_5：更换工件的夹钳并在机械发生故障时将其送出生产线。

⑤ S_6：把不合格品送出生产线。

（6）控制装置。采用触点式指令序列控制，操作顺序由盒式程序的接插件确定。可以简单地通过变换接插件来更换程序。

3）自动化后的效果

经过自动化后，可取得如下效果：

（1）原来 5 个人的工作现在可由 1 个人完成；

（2）减少了半成品；

（3）生产量成倍增加。

除此之外，用机械搬运质量为 20 kg～30 kg 的工件也较原来更安全。

3. 电动机轴加工生产线的自动化

在多品种、小批量的电动机轴加工生产线中，把工业机器人和外围设备巧妙地组合起来，即可实现自动化。

1）基本事项

人工作业时的平面布置如图 7.4 所示，该生产线具有全自动化流水生产的特点，其基本要求如下：

（1）加工工件质量在 2 kg 以下，具有 16 个品种；

（2）在本生产线中仅配备 1 名监视员兼毛坯供应员；

（3）有效利用空间，以适应以搬运式工业机器人为主体的生产线；

（4）多品种、小批量的生产方式要求生产线具有柔性，在这种情况下，可用工业机器人和外围设备的组合；

（5）除机床的刀具调整和更换以外，没有其他机械更换作业；

（6）工业机器人和外围设备程序的更换，可通过调整选择开关自动进行；

（7）为了解决各机床刀具调整与更换的周期长短不一的问题，在机床之间应有储存零件的设备；

（8）毛坯的供给方式为分批式；

（9）工件自动流向最后的装配工序。

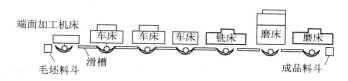

图 7.4　人工作业时的平面布置

2）系统的构成

图 7.5 为电动机轴加工自动生产线的总图。下面说明组成该自动生产线的主要装置。

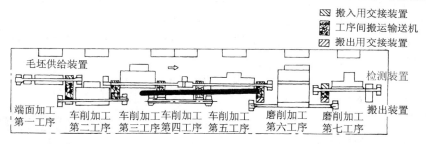

图 7.5　电动机轴加工自动生产线总图

（1）工业机器人本体。该机器人是有效利用空间且定位精度高的电动装载式操作机。为了减少机床的损耗时间，要用高速型机器人（升降速度 40 m/min～48 m/min，横向速度 40 m/min～48 m/min），停止时需使用缓冲器，以提高定位精度。采用新研制的手爪，即使零件直径不同，其中心也不会偏移。根据零件长度和阶梯位置的不同，夹紧位置的选择应与各工序的加工基准面相适应，按夹紧位置分组，并选择限位开关。

（2）毛坯供给装置。把作业人员担负的工作集中起来，采取分批方式（储存量每批为 100 个）进行毛坯供给。分离器转子每转一次便送出一个毛坯工件。

（3）工序间搬运用输送机。使用储存式输送机，配置在各机床的前后，即使机床在调整和更换刀具或更换程序时,生产线内的工件仍可流动。为了搬运多种工件,设置有装载全部工件的存储单元。

(4)搬入用交接装置。为了使从输送机连续送过来的工件基准面一致,应使工件压向可动挡块,定好位,用顶杆取出,回转 95°,再交给工业机器人。

(5)搬出用交接装置。工业机器人接收加工完毕的工件时,为了避免碰伤,需夹住两端面并作 90°回转后交给输送机。由于在第三工序和第七工序设置的交接装置与加工方向反向,故要水平回转 180°。

(6)检测装置。为了控制加工尺寸,在各工序中都设置检测装置。如果有不合格品,则报警灯会亮,同时工业机器人与机床均停止运转,等待调整。

(7)搬出装置。为避免在加工完的工件上产生划痕,可以采用升降式和搬运式输送机将零件送至下一道工序的装配线上。

7.4 装配作业的机器人系统

1. 概述

装配作业在现代工业生产中占有十分重要的地位。有关统计资料表明,装配任务占整个产品生产工作量的 50%～60%,在有些场合,这一比例更高。例如,在电子设备厂,装配任务比例达 70%～80%。下面以吊扇电机自动装配作业系统为例,说明设计装配机器人系统时应考虑的主要问题。

2. 吊扇电机自动装配作业系统

1)系统结构

用于吊扇电机装配的机器人自动装配系统是由华南理工大学完成的国家 863 高技术计划的一个重点项目,于1994 年通过国家验收。该装配系统用于装配 1400 mm、1200 mm 和 1050 mm 三种规格的吊扇电机,生产节拍为 6 s～8 s。使用装配系统后,产品质量显著提高,返修率降至 5%～8%。

图 7.6 所示是吊扇电机的结构,它由下盖(转子组件、定子组件)和上盖等组成。定子由上下各一个向心球轴承支承,整个电机则用 3 套螺钉垫圈联结。电机质量约 3.5 kg,外径尺寸在 180 mm～200 mm 之间。

电机装配实质上包括轴孔嵌套和螺纹装配两种基本操作。其中,轴孔嵌套属于过渡配合下的轴孔嵌套,这对于装配系统的设计有决定性影响。

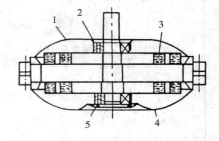

1—上盖;2—上轴承盖;
3—定子;4—下盖;5—下轴承盖

图 7.6 吊扇电机结构

图 7.7 为机器人自动装配线的平面布置图。装配线呈框形布局,全线有 14 个工位,34 套随行夹具分布于流水线上,并按规定节拍同步传送。系统中使用 5 台装配机器人,各配一台自动送料机以及 3 台压力机,各种功能的专用设备 6 台(套)。在各工位上进行的装配作业如下:

工位 1：机器人从送料机夹持下盖，用光电检测装置检测螺孔定向，放入夹具内定位夹紧。

工位 2：螺孔精确定位。先松开夹具，利用定向专用机的三个定向销，校正螺孔位置，重新夹紧。

工位 3：机器人从送料机夹持轴承，放入夹具内的下盖轴承室。

工位 4：压力机压下轴承到位。

工位 5：机器人从送料机夹持定子，放入下轴承孔中。

工位 6：压力机压定子到位。

工位 7：机器人从送料机夹持上轴承，套入定子轴颈。

工位 8：压力机压上轴承到位。

工位 9：机器人从送料机夹持上盖，用光电检测螺孔方向，放在上轴承上面。

工位 10：定向压力机先用 3 个定向销把上盖螺孔精确定向，随后压头压上盖到位。

工位 11：3 台螺钉垫圈合套专用机把弹性垫圈和平垫圈分别套在螺钉上，送至抓取位置，3 个机械手分别夹持螺钉，送至工件并插入螺孔，由螺钉预旋专用机把螺钉拧入螺孔 3 圈。

工位 12：拧螺钉机以一定扭矩把 3 个螺钉同时拧紧。

工位 13：检测专机以一定扭矩转动定子，按转速确定电机装配质量，分成合格品或返修品，然后松开夹具。

工位 14：机械手从夹具中夹持已装好的或未装好的电机，分别送到合格品或返修品运输出线。

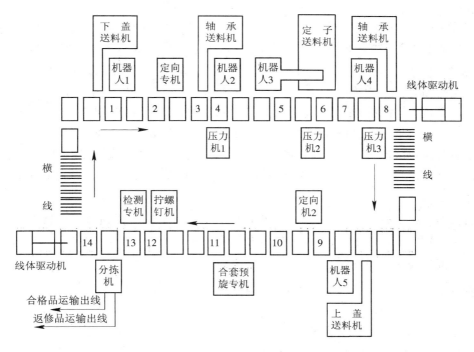

图 7.7　机器人自动装配线的平面布置图

2）装配机器人的选型

（1）型号的选择。装配系统使用机器人进行装配作业，能充分发挥机器人所具有的多种功能来完成下面的操作：

① 利用机器人的堆垛功能，实现对零件的顺序抓取，并运送到装配位置；

② 配合使用柔顺定心装置，实现零件在装配位置上的自动定心和插入；

③ 利用机器人及其控制器，配合光电检测装置和识别微处理器，实现螺孔的识别和定向；

④ 利用机器人的示教功能，简化设备安装调试工作；

⑤ 使装配系统容易适应产品规格的变化，具有更大的柔性。

为了完成上述操作，要求机器人有垂直上下运动，以抓取和放置零件；有水平 X 和 Y 两个坐标轴的运动，用以把零件从送料机送到夹具上；还有一个绕垂直轴的运动，以实现螺孔检测。因此，选择了具有 4 个自由度的 SCARA 型机器人。因为定子组件采用装料板顺序运送的送料方式，每一装料板上安放 6 个零件，所以机器人需要有较大的工作空间，因此可选择直角坐标机器人。

（2）规格确定。

① 行程：对于机器人来说，根据作业要求，平面移动范围有 600 mm；垂直坐标行程在工件装入定子组件之前应取 100 mm，在装入定子组件以后，由于定子轴上端有一个保护导线的套管，需要增加 100 mm 行程。因此，分别选择行程为 100 mm 和 200 mm 两种规格的机器人。

② 速度：为了保证较高的生产率，工作要求的生产节拍为 6 s～8 s，所以这两种型号的机器人都选择高速型。其中，SCARA 型机器人的大臂和小臂的综合速度为 5.2 m/s；SCARA 机器人的 Z 轴垂直运动速度为 0.6 m/s；直角坐标机器人的平面运动速度为 1.5 m/s，垂直运动速度为 0.25 m/s。

③ 承载能力：机器人的承载能力由工件及夹持器的重量决定。工件中最重的是定子组件，为 2.5 kg，再考虑夹持器的重量，故选用承载能力为 5 kg 的机器人。

④ 重复定位精度：为了提高定位精度，根据机器人生产厂家提供的技术资料，选择 SCARA 型机器人的重复定位精度为 ±0.05 mm，直角坐标机器人的重复定位精度为 ±0.02 mm。

⑤ 生产厂家及机器人型号的选定：根据性能适用、可靠，价格适宜，维修方便的原则，确定选用日本索尼公司的产品，型号分别为 SRX - 3CH 和 SRX - 3XB。

3. 装配系统的外围设备

吊扇电机自动装配系统的外围设备包括机器人夹持器、自动送料装置、螺孔定向装置、螺钉垫圈合套装置等。

1）形状记忆合金轴承夹持器

形状记忆合金（SMA）轴承夹持器的结构如图 7.8 所示。其外形为直径 50 mm、高 90 mm 的圆柱体，质量约 400 g，可安装在 SCARA 型机器人手臂末端轴上进行装配作业。当夹持轴承时，夹持器先套入轴承，通电加热右侧记忆合金弹簧（SMA1），使其收缩变形而带动杠杆逆时针转动，轴承被夹紧；松夹时 SMA1 断电，通电加热左侧记忆合金弹簧（SMA2），使其收缩变形而带动杠杆顺时针转动，松开轴承，其工作原理如图 7.9 所示。该夹持器在吊扇电机自动装配系统中将下轴承装入电机下盖的工作情况如图 7.10 所示。

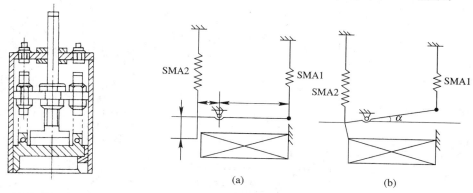

图 7.8　SMA 轴承夹持器的结构　　　图 7.9　SMA 轴承夹持器的工作原理

（a）套入轴承；（b）夹紧轴承

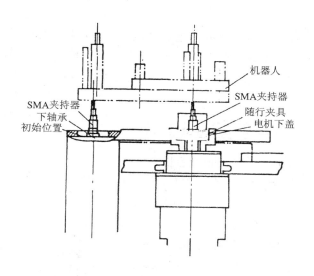

图 7.10　装配轴承工作图

2）轴承送料机

轴承送料机如图 7.11 所示，主要由一级料仓（料筒）、料道、供油器、机架、行程程序控制系统和气压传动系统等组成。物料储备约 600 件，备料间隔时间约 1 h。

为达到较大存储量，轴承送料机采用多仓分装、多级供料的结构形式。设有 6 个一级料仓，每个料仓二维堆存，共 6 栋 16 层；一个二级料仓，一维堆存，一栋 16 层。料筒固定，料筒中的轴承按工作节拍逐个沿料道由一个输出气缸送到指定的机器人夹持装置；当料筒变空后，对准料筒的一级料仓的轴承在输送气缸的作用下，再向料筒送进一栋轴承；如此 6 次之后，该一级料仓轴承变空，由数字气缸钮驱动切换料仓，一级料仓按控制系统设定的规律依次与料筒对接供料，至 5 个料仓变空后，控制系统发出备料报警信号。

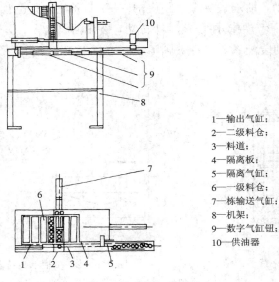

1—输出气缸；
2—二级料仓；
3—料道；
4—隔离板；
5—隔离气缸；
6—一级料仓；
7—栋输送气缸；
8—机架；
9—数字气缸钮；
10—供油器

图 7.11　轴承送料机

3）上盖送料机

上盖送料机如图 7.12 所示，主要由电机及减速器、转盘、拨料板、送料气缸、定位气缸、导轨、定位板、机架等组成。上盖物料不宜堆叠，采用单层料盘，储料 21 个。备料间隔时间约 2 min。

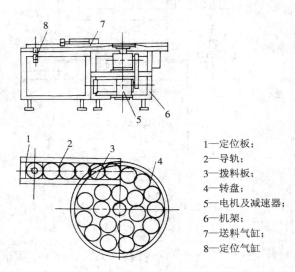

1—定位板；
2—导轨；
3—拨料板；
4—转盘；
5—电机及减速器；
6—机架；
7—送料气缸；
8—定位气缸

图 7.12　上盖送料机

上盖送料机料盘为圆形转盘，盘面为 3°锥面。电机驱动转盘旋转，转盘带动物料作绕转盘中心的圆周运动，把物料甩至周边，利用物料的圆形特征和拨料板的分道作用使物料在转盘周边自动排序。物料沿转盘边进入切线方向的直线料道。由于物料的推挤力，因此直线料道可得到连续的供料。在直线料道出口处，由送料气缸按节拍要求作间歇供料。物料被抓取后，由定位气缸通过上盖轴承座位孔定位。

4）定子送料机

定子形状复杂，绕组部分不容碰撞，且无合适的滑移支承面，因此送料机上的定子需利用下轴颈插装在托盘上，托盘作为移动料仓间歇移动供料，利用机器人的堆垛功能在工作位置的托盘上顺序取料。定子送料机如图 7.13 所示，由 11 个托盘、输送导轨、托盘换位驱动气缸、机架等组成。送料机储料 60 件，正常备料间隔时间约 3 min。定子送料机采用框架式布置，矩形框四周设 12 个托盘位，其中一个为空位，用作托盘先后移动的交替位。矩形框的四边各设一个气缸，在托盘要切换时，循环推动各边的托盘移动一个位。在工作位（输出位）底部设定位销来给工作托盘精确定位，以保证机器人与被抓定子的位置关系。

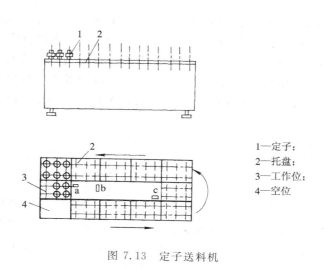

1—定子；
2—托盘；
3—工作位；
4—空位

图 7.13　定子送料机

上述 3 种送料机在机器人系统中用得非常普遍。图 7.14 所示为在气缸端盖加工系统中为机器人备料的一个送料装置。

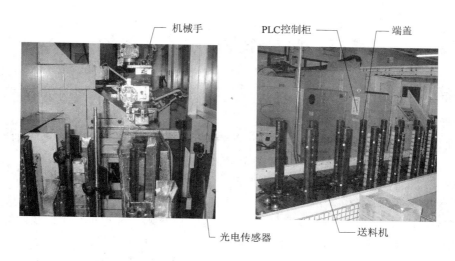

图 7.14　气缸端盖加工系统中为机器人备料的一个送料装置

4. 装配系统的安全措施

1）从控制方面保证系统的安全使用

由于装配线上有 5 台机器人和 20 多台（套）专用设备，它们各自完成一定的动作，既要保证这些动作按既定的程序执行，又要保证系统的安全运转。因此，对其作业状态必须严格进行检测与监控，根据检测信号防止错误操作，必要时还要进行人工干预。所以，监控系统是整条自动线的核心部分。

（1）设置数百个检测点，检测初始状态信息、运行状态信息及安全监控信息。在关键或易出故障的部位检测危险动作的发生，防止被装零件或机构相互干涉。当有异常时，发出报警信号并紧急停机。

（2）采用三级分布式控制方式，既可实现对整个装配过程的集中监视和控制，又使控制系统层次分明、职能分散。监控级计算机可对全线的工作状态进行监控。

（3）根据实际需要，采用多种联网方式保证整个系统运行的可靠性。在监控级计算机和协调级中型 PLC 之间使用 RS232 串行通信方式；在协调级和各机器人控制器之间使用 I/O 连接方式；在协调级和各执行级控制器之间使用光缆通信方式，以保证各级之间的数据传输不会出错。

2）从气动系统方面保证系统的安全使用

（1）使用专用气源装置。针对厂方具体情况，使用专用气源，并将空气过滤、除湿，保证气压的稳定。

（2）在保证全线生产率的前提下，对执行气缸采取适当的缓冲措施以避免冲击。

3）从操作人员培训方面保证系统的安全使用

在安装调试阶段，就应注意培养厂方操作人员，使厂方的操作人员参与装配线的安装、调试和运转操作的全部过程，以避免操作人员的人为失误。

4）安全线的使用

安全线使用安全栅栏，规定工件上下料路线，避免非操作人员进入作业区。

7.5　焊接作业的机器人系统

1. 用于点焊作业的机器人系统

1）概述

工业机器人首先用于汽车的点焊作业，最初用在福特公司、通用汽车公司的汽车车体焊接。1967 年，日本也将大量机器人引入汽车工业。

在焊接线上引入机器人的主要原因如下：

（1）机器人能适应汽车产品的多样化，具有柔性。在同一条生产线上既可以混合地生产若干车种；同时对于生产量的变动、型号的变更，又能够迅速地进行生产线的编组更替。这是专用的自动化生产线不能比拟的，因此可发挥投资的长期效果。

（2）可以提高产品的质量。为了使点焊作业机器人化，需要改变加工方法和加工工序，所以不可避免地要提高诸如供给的零件、夹具、搬运工具等的精度，这些都关系到产品的精度和焊接质量的提高。因此，机器人化的结果是可以得到稳定的高质量的产品。

（3）能提高生产率。换句话说，机器人的作业效率不再随着作业者的变动而变动，机器人能稳定地实现生产计划，可以认为这关系着最终生产率的提高。

本节实例中车身点焊条件如下：

（1）轿车车身内部的点焊；

（2）焊接点 44 个，循环时间在 70 s 以内；

（3）立式焊接，带抬起装置；

（4）焊接变压器装在工业机器人体内；

（5）可选择 4 个车种；

（6）焊点重复精度在 1 mm 以内。

2）引入机器人的配套规划

点焊作业的耗时耗资占汽车工厂的车体组装工序时间和投资的一半以上。点焊作业自动化设备的配套规划和投资额，是由计划生产台数和设备的使用年数决定的。基于投资额探讨设备的自动化程度或机器人化程度的流程图如图 7.15 所示。根据所要求的条件、规格（车体图样、焊接点数、质量基准、设备条件）和现有能力（生产台数、设备开工率）来决定装配工程的基准图；在基准图中确定精度要素、精度的确认方法、搬运方法、焊接方法、夹具规格等，同时反复论证它们之间的关系；讨论配置关系，讨论作业的工序，建立计划方案；根据确定的评价标准进行讨论和评价以后，最终作出决定。

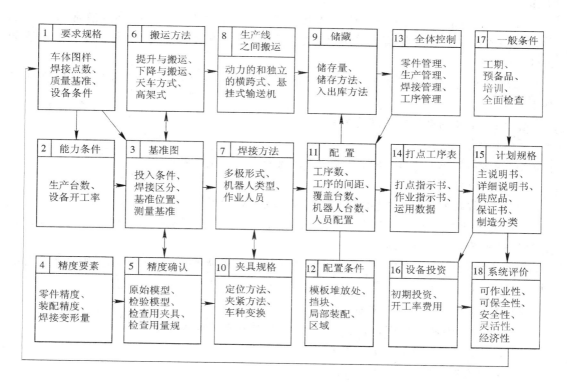

图 7.15 设备规划的流程图

3）点焊作业的配套设计

传统点焊手工作业时的平面布置如图 7.16 所示，图 7.17 所示为工件焊点的位置。我们根据焊点部位的不同选择机器人的类型以及焊枪的形式，并分析机器人的动作范围、焊点姿势、设置形式、作业的循环时间等。

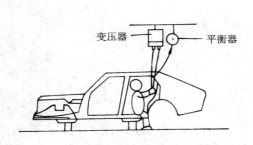

图 7.16　点焊手工作业时的平面布置

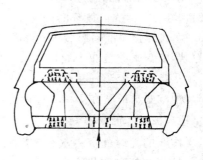

图 7.17　工件焊点的位置

2．用于弧焊作业的机器人系统

1）引入机器人的准备工作

当人们把机器人引入过去靠人工进行的半自动焊接作业时，必须从以下方面进行准备工作：

（1）工件的精度。在进行正常的焊接作业时，在没有障碍的范围内（通常为线径的 $40\% \sim 60\%$），机器人要能维持工件的精度，且接缝的间隙不能太大，这样的机器人才是合理的。

（2）夹具。在用机器人进行的弧焊作业中，不可缺少的是固定工件的夹具。对夹具有如下要求：

① 前后工序的夹具的基准要统一；

② 减少定位误差；

③ 回避与焊枪的干涉（使夹钳臂小型化或采用 2 级夹钳等）；

④ 装拆方便；

⑤ 适应焊接变形（通过基准销的微调或安装拆卸器等）。

（3）布局规划。在全自动生产线中引入机器人时，要根据机器人与作业者及其他设备的配合来进行统一布局规划。

（4）系统的设计。必须设计与操作者和维修者技术水平相适应的系统（如要考虑有临时工的情况等）。

2）汽车零件自动焊接生产线

（1）自动化要求。汽车零件自动焊接生产线的自动化要求如下：

① 二氧化碳电弧焊作业自动化；

② 工件的固定和定位自动化；

③ 用工业机器人自动搬运工件；

④ 将上述①、②、③构成焊接生产线，循环时间应控制在 45 s 以内。

（2）平面布置和构成。在引入工业机器人之前，工件的焊接作业和搬运作业全部由手工进行（工件的形状如图 7.18 所示）。引入工业机器人后的平面布置如图 7.19 所示。该生产线由定位焊接用的机器人 L10 一台、正式焊接用的机器人 L10 三台、定位焊接用的夹具一台、正式焊接用的夹具三台、搬运工件用的自动装料器（工业机器人）3 台等组成。

图 7.18　工件形状

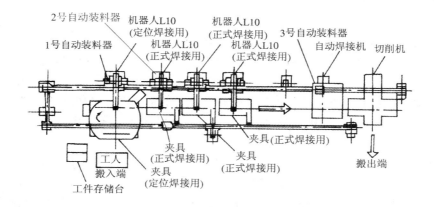

图 7.19　引入工业机器人后的平面布置

引入工业机器人以后，除了用手工把工件安置在定位焊接夹具上外，工件定位、定位焊接、正式焊接及搬运等一切动作都是自动进行的。

（3）动作和控制顺序。该流水线的动作顺序如下：

① 工人把工件（4 个零件）插入定位焊接夹具中，按下操作电钮；

② 工件自动定位；

③ 用工业机器人进行定位焊接；

④ 完成定位焊接后的工件由 1 号自动装料器搬运到正式焊接夹具上；

⑤ 把工件定位在正式焊接夹具上；

⑥ 用工业机器人进行正式焊接并连续焊接；

⑦ 完成正式焊接的工件由 2 号自动装料器搬运到下一个焊接工序；

⑧ 3 号自动装料器把焊接后的工件搬运到下一个切削工序。

（4）引入后的效果。引入工业机器人后的效果有：

① 将工人从手工焊接作业和手工搬运作业中解放出来；

② 削减了工作人数（监视生产线的工人只需一名）；

③ 缩短了循环时间；

④ 明显地提高了产品精度。

7.6　FMS 和工业机器人

1. 概述

柔性制造系统(Flexible Manufacturing System，FMS)与刚性制造系统工序分散、节拍固定和流水生产的特征相反。柔性自动化的主要特征是：工序集中，没有固定的生产节拍，物料非顺序输送。柔性自动化的目标是：在中、小批量生产的条件下接近大量生产中由刚性自动化所达到的高效率和低成本的生产水平。柔性制造技术自 20 世纪 80 年代产生以来，在世界各国都得到了广泛应用，现在柔性制造技术已从研究阶段走向实用化阶段。

2. 加工变速箱的 FMS

1) 基本事项

设计加工变速箱的 FMS 时要注意以下基本事项：

(1) 自动化的对象(工件)是齿轮、衬套、联轴器壳等圆形零件，以及主动齿轮轴、主轴等轴类零件。

(2) 如果是大批量生产方式，在工业机器人加工工序之间应采用别的输送机而不通过工业机器人搬送工件。在传送装置和机床间用工业机器人装卸工件，可显著提高机床效率。

(3) 在机床的配置顺序方面，如果按工件加工工序的顺序排列，则工件搬送距离就会缩短，这样可防止发生故障，并可合理利用场地。

(4) 齿轮等圆形工件在工序间或机床间的搬送一般利用重力滑槽或使用动力平板输送机等。利用重力滑槽时，必须充分考虑零件间的冲撞而造成伤痕的问题。

(5) 在机床前，应准备一个场所用来堆放工件，至少应能放下在前一工序的机床更换刀具期间，下一工序的机床能加工的工件的数量，这样可提高机床的运转率。

(6) 每一个工件在各工序的加工时间一般都不一样，为尽可能提高生产线中机床的运转率，对时间较长的工序，用数台机床分担这个工序的作业量。同时，必须使每个工序工件的加工时间尽可能相同，以使设备有效地工作。

2) 系统的构成

图 7.20 为 FMS 在加工变速箱中的应用，该系统由平板输送机的搬运装置、工业机器人群和机床组合而成。工件放置在平板上移动，通过一个装置可以使其停止而不随平板输

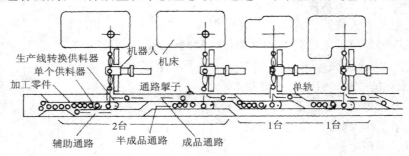

图 7.20　FMS 在加工变速箱中的应用

送机移动，这就是所谓的自由流动方式。输送线路通常用导轨分成 3 条通路，即辅助通路、半成品通路和成品通路。输送机上的设备由工件制动器、单个输送装置和交接装置等组成。工件向一个方向移动并被加工，生产线末端即为成品。

3）加工变速箱用机器人必须具备的条件

基于前述生产线的构成，加工变速箱用机器人时必须具备如下的条件：

（1）变速箱零件的加工要经过上述多道工序，通常也是把一般普通机床排列起来使用，因此交接机床上加工零件的机器人必须具有较高的通用性；

（2）为了在短时间内能方便地组成 FMS，仅需把现在工作中的机床稍作改造（包括有关的电气控制）即可，因此最好使用能够独立于机床的机器人；

（3）当加工零件形状改变或者是部分尺寸不同时，最好使用只更换夹持器或更改程序的机器人；

（4）工业机器人的本体应尽可能标准化，以便能够大量生产，这样可以有效地降低成本；

（5）为了提高机床的运转率，最好使用能在短时间内向机床交接工件的机器人；

（6）在加工变速箱的零件时，有很多使用冷却液的工序，因此最好使用能夹持附带冷却液的工件的机器人。

4）系统设计时必须考虑的问题

（1）自动化设备费用和通过自动化可以节省的工时之间的关系，应综合考虑，满足经济条件。

（2）准备投入自动化生产线中生产加工的零件，必须是设计上已经稳定的零件。

（3）预定的自动化生产线各工序的加工精度应比较稳定。

（4）应确定整个车间的平面布置和自动化生产线的位置关系。

（5）应能够保证产量。

（6）应有足够的场地保证自动化生产线的设置（包括机器搬运的场地、毛坯及成品的堆放场地等）。

7.7　自动导引车系统

1. 概述

AGV 是自动导引车（Automated Guided Vehicle）的英文缩写，是指具有磁条、轨道或者激光等自动导引设备，沿规划好的路径行驶，以电池为动力，并且装备安全保护以及各种辅助机构（例如移载、装配机构）的无人驾驶的自动化车辆。通常多台 AGV 与控制计算机（控制台）、导航设备、充电设备以及周边附属设备组成 AGV 系统，其主要工作原理表现为在控制计算机的监控及任务调度下，AGV 可以准确地按照规定的路径行走，到达指定位置后，完成一系列的作业任务，控制计算机可根据 AGV 自身电量决定是否到充电区进行自动充电。

自动导引车最成功的应用是自动化生产系统中的物料搬运，可以完成机床之间、机床与自动仓库之间的工件传送，以及机床与工具库间的工具传送。AGV 机器人的灵活运动特性，大大增加了生产系统的柔性和自动化程度，其一般构成如图 7.21 所示。

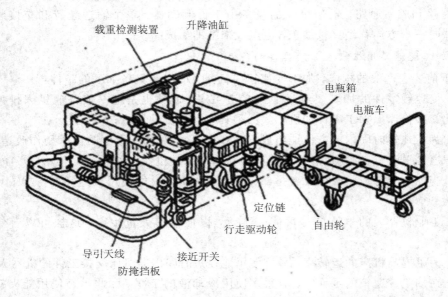

图 7.21　AGV 机器人的一般构成

2. 自动导引车的导引方式

　　自动导引车（AGV）之所以能按照预定的路径行驶是依赖于外界的正确导引。对 AGV 进行导引的方式可分为两大类：固定路径导引和自由路径导引。

　　1）固定路径导引

　　固定路径导引是在预定行驶路径上设置导引用的信息媒介物，运输小车在行驶过程中实时检测信息媒介物的信息而得到导引。按导引用的信息媒介物不同，固定路径导引又分为电磁导引、光学导引、磁带导引、金属带导引等，如图 7.22 和图 7.23 所示。

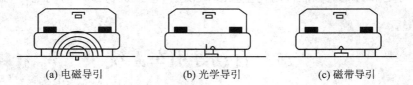

(a) 电磁导引　　　　　(b) 光学导引　　　　　(c) 磁带导引

图 7.22　AGV 移动的固定路径导引方式

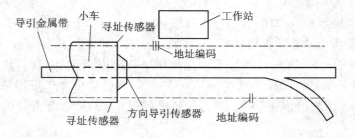

图 7.23　AGV 金属带导引

如图 7.22（a）所示，电磁导引是工业用 AGV 系统中最为广泛、最为成熟的一种导引方式。它需要在预定行驶路径的地面下开挖地槽并埋设电缆，通以低压低频交流电流。该交流电沿电缆周围产生磁场，AGV 上装有两个感应线圈，可以检测磁场强弱并以电压表示出来。比如，当导引轮偏离到导线的右方，则左侧感应线圈可以感应到较高的电压，此信号控制导向电机使 AGV 的导向轮跟踪预定的导引路径。电磁导引方式具有不怕污染、电缆不会遭到破坏、便于通信和控制、停位精度较高等优点。但是这种导引方式需要在地面开挖沟槽，并且改变和扩充路径也比较麻烦，另外路径附近的铁磁体可能会干扰导引效果。

如图 7.22（b）所示，光学导引方式是在地面预定的行驶路径上涂以与地面有明显色差的具有一定宽度的漆带，AGV 上光学检测系统的两套光敏元件分别处于漆带的两侧，用以跟踪 AGV 的方向。当 AGV 偏离导引路径时，两套光敏元件检测到的亮度不等，由此形成信号差值，用来控制 AGV 的方向，使其回到导引路径上。光学导引的导引信息媒介物比较简单，漆带可在任何类型的地面上涂覆，路径易于更改与扩充。

如图 7.22（c）所示，以铁氧磁体与树脂组成的磁带代替漆带，在 AGV 上装有磁性感应器，则形成了磁带导引方式。

金属带导引如图 7.23 所示，在地面预定的行驶路径上铺设极薄的金属带，可以用铝材作为金属带，用胶将其牢牢地粘在地面上，采用能检测金属的传感器作为方向导引传感器，用于 AGV 与路径之间相对位置改变信号的检测，通过一定的逻辑判断，控制器发出纠偏指令，从而使 AGV 沿着金属带铺设的路径行走，完成工作任务。作为检测金属材料的传感器，常用的有涡流型、光电型、霍尔型和电容型等。涡流型传感器对所有金属材料都适用，对金属带表面要求也不高，故采用涡流型传感器检测金属带较好，如图 7.24 所示。图 7.25 表示一个金属带导引传感器探头，由左、中、右 3 个涡流型传感器组成，并用固定支架安装在小车的前部。金属带导引是一种无电源、无电位金属导引，既不需要给导引金属带供给电源信号，也不需要将金属带磁化，金属带粘贴非常方便，更改行驶路径也比较容易，同时在环境污染的情况下，导引装置对金属带仍能有效地起作用，并且金属带极薄，并不造成地面障碍。所以，与其他导引方式比较，金属带导引是固定路径导引方式中可靠性高、成本低、简单灵活、适合工程应用的一种 AGV 导引技术。

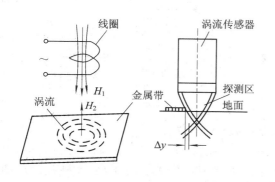

图 7.24　涡流传感器

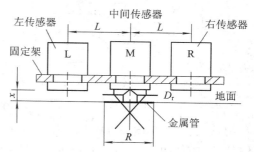

图 7.25　金属带导引传感器探头

2）自由路径导引

自由路径导引是在 AGV 上储存行驶区域布局上的尺寸坐标，通过一定的方法识别车体的当前方位，运输小车就能自主地决定路径而向目标行驶。自由路径导引的导引方法主要有路径轨迹推算导引法、惯性导引法、环境映射导引法、激光导航导引法等。

（1）路径轨迹推算导引法。由安装于车轮上的光电编码器组成差动仪，测出小车每一时刻车轮转过的角度以及沿某一方向行驶过的距离。在 AGV 的计算机中储存着距离表，通过与测距法所得的方位信息比较，AGV 就能算出从某一参数点出发的移动方向。其最大的优点在于改动路径布局时，只需要改变软件即可，而其缺点在于驱动轮的滑动会造成精度降低。

（2）惯性导引法。在 AGV 上装有陀螺仪，导引系统从陀螺仪的测量值推导出 AGV 的位置信息，车载计算机算出 AGV 相对于路径的位置偏差，从而纠正小车的行驶方向。这种方法的缺点是成本高。

（3）环境映射导引法，也称为计算机视觉法。通过对周围环境的光学或超声波映射，AGV 周期性地产生其周围环境的当前映像，并将其与计算机系统中存储的环境地图进行特征匹配，以此来判断 AGV 自身当前的方位，从而实现正确行驶。环境映射导引法的柔性好，但价格昂贵且精度不高。

（4）激光导航导引法。在 AGV 的顶部放置一个沿 360°按一定频率发射激光的装置，同时在 AGV 四周的一些固定位置上放置反射镜片。当 AGV 行驶时，不断接收从三个已知位置反射来的激光束，经过运算就可以确定 AGV 的正确位置，从而实现导引。

3. AGV 小车在柔性制造系统中的应用

本节以一款具体的 AGV 为例，说明 AVG 机器人在 FMS 中的应用。

1）AGV 机器人功能模块的组成

AGV 机器人由 AGV 车体、控制系统、转向驱动装置、光电导引系统、无线通信系统、蓄电充电装置及安全装置等模块组成。本 AGV 机器人的控制系统基于 IPC 主控制器、数据采集卡、无线网络（无线网卡、无线接入点）等技术的综合运用，将整个控制系统与有线网络进行无缝集成，利于分布式控制系统的实现，系统构成如图 7.26 所示。

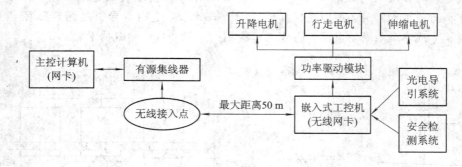

图 7.26　AGV 机器人系统结构框图

AGV 机器人车体部分由车身和机械手组成。机械手可进行伸缩及旋转等操作；控制系统是系统的中枢，它将电机驱动、信号传感、定位算法、机械手动作及无线通信等功能整合在一起，完成上位机对 AGV 机器人发出的运动方向、装卸、停靠及避障等控制指令。转向驱动装置由车轮、驱动电机、光电传感器及控制电路组成；光电导引系统利用左右驱动轮差动调速保证 AGV 沿正确轨道运行；无线通信系统实现 AGV 机器人与主控计算机

(上位机)的通信,主控计算机与 AGV 机器人上的嵌入式工控机均配置无线数据通信卡;蓄电池采用 48 V 的直流蓄电,保证可连续工作 12 小时;安全装置利用一些红外线传感器进行避撞、避障检测,对人及设备进行安全保护。

2) AGV 机器人功能模块的程序实现

系统采用工业控制微机(IPC)作为主控制器,安装了 Windows 2000(Server 版)操作系统,控制系统的开发平台为 Visual C++6.0,使用 MFC 进行程序开发,采用多线程技术编程,提高程序实时响应的能力。程序中采用了 4 个线程,分别为纠偏线程(是程序主线程)、左电机 PWM 线程、右电机 PWM 线程、主控界面线程。利用消息处理函数实现电机差动调速目的。

(1) AGV 机器人行走模块。

机器人的行走由直流电机驱动,条形码读取装置及各种传感器采集的信号经过采集转换电路,通过 I/O 转换基板及 PCI 数据采集卡与工控机进行数据交换,工控机对数据进行运算处理后发出 PWM 输出信号,经小车隔离驱动、升降隔离驱动分别对小车电机及升降电机进行差动控制。采用 16 位光电传感器进行直线移动检测。

(2) 任务接收模块。

AGV 机器人嵌入式工控机及其上位机都安装有用于分布式控制系统的 CORBA 软件,两者都作了 IDL 接口定义,通过编程,AGV 能实时接收上位机管理系统给出的路径运行指令及机械手动作指令,经车载机软件处理后可直接变为 AGV 机器人的执行指令。车载机的嵌入式工控机通过无线路由器和无线网卡组成一个无线局域网,使上位机发送的任务信息、行走路径等数据通过网络传送到车载计算机。

(3) 机械手动作模块。

AGV 机器人升降机构、伸缩叉机构的运动控制及机械手旋转控制由循环线程向主线程发消息来实现。在循环线程函数体中实时检测启、停开关量的变化,然后向主线程发送自定义消息,具体操作由消息响应函数完成,从而实现机械手的升降、伸缩及旋转控制。

3) AGV 机器人的工作流程

柔性制造系统中的立体仓库模块,需要对毛坯、半成品和成品进行搬运、入库及出库等操作。AGV 机器人能方便地实现装卸站、工作台和货架等之间的零件搬运,充分适应柔性高、物流量大、搬运线路复杂等要求。AGV 机器人在柔性加工生产自动立体仓库现场作为堆垛机使用,主要作业流程如下:

(1) 入库。整个柔性制造系统上的某个工位向系统提出入库的明确要求,这些要求主要有零部件名称和数量等,系统响应后,上位机通过无线网络给 AGV 的工控机发出指令,明确地通知 AGV 机器人搬运零件至对应仓位。

(2) AGV 机器人从装卸站抓取零件,并根据当前的状态、位置、任务等规划运动路径,将零件运送到相应的仓位,准停。

(3) AGV 机器人根据目标位置自动将零件放置到对应的仓位。

(4) AGV 机器人通过无线网络向上位机发送零件的当前位置和状态信息;上位机根据当前状态更新数据库。

(5) 出库。系统以指令形式通知 AGV 机器人从库内特定仓位取出零件至装卸站。

(6) AGV 机器人从仓库特定库架抓取零件,并根据当前的位置规划运动路径,运送至装卸站，准停。

（7）AGV 机器人根据目标位置自动将零件放置到装卸站缓冲区。

（8）AGV 机器人通过无线网络向上位机发送零件的当前位置和状态；上位机根据当前状态更新数据库。

不断重复（1）～（8）的过程。

该系统的 AGV 机器人能实时准确地采集柔性生产线上各工位的状态信息，高效精确地将零件装卸到指定的位置。

习　　题

1. 工业机器人与人相比有哪些优势？
2. 选择工业机器人和其外围设备时应注意哪些问题？
3. 举例说明机械加工作业的机器人系统。
4. 举例说明装配作业的机器人系统。
5. 举例说明焊接作业的机器人系统。

附录 A　三菱装配机器人的应用

A.1　Movemaster EX RV－M1 装配机器人系统

A.1.1　系统构成图

三菱装配机器人 Movemaster EX RV－M1 的系统组成图如图 1.15 所示，整个系统由机器人主体、控制器、示教盒、PC 机等组成。

各主要部分的作用简述如下。

1. 机器人主体

机器人主体具有和人手臂相似的动作机能，可在空间中抓放物体或进行其他动作（如装配等）。

2. 控制器

控制器主要有以下 4 个功能：

（1）可以把外部 I/O 信号转换成控制器 CPU 可以处理的信号；

（2）可以通过 RS232 接口和 Centronics 接口连接上位编程 PC 机，实现控制器存储器与 PC 机存储器程序之间的相互传送；

（3）可以与示教盒相接，处理操作者的示教信号并驱动相应的输出；

（4）可以与驱动器（直流电机）直接连接，用控制器 CPU 处理的结果去控制相应的关节的转动速度与转动角速度。

下面，对控制器的各个部件进行说明。控制器的外观图如图 A.1 所示。

控制器前面板上的控制开关和指示灯的功能说明如下：

① POWER（电源指示灯，黄色）：控制器上电，灯亮；后面板上的保险丝烧断，灯灭。

② EMG. STOP（急停键，红色）：急停键按下，切断伺服系统，启动制动器，机器人立即停止工作；同时，ERROR 指示灯闪烁，且内置的 LED3 点亮。

③ ERROR（系统错误指示灯，红色）：闪烁或点亮表示出现系统错误。如为错误模式 I，则指示灯以 1 s 的频率闪烁；如为错误模式 II，则指示灯常亮。在此灯点亮的同时，蜂鸣器发声（如侧门内 SW1 的 bit8 在上位）。

④ EXECUTE（指令运行指示灯，绿色）：用控制器和示教盒运行指令时，此灯一直亮，运行完指令时灯灭；程序运行时，此灯一直亮。

⑤ START（启动键，绿色）：启动程序或从中断状态重启程序。

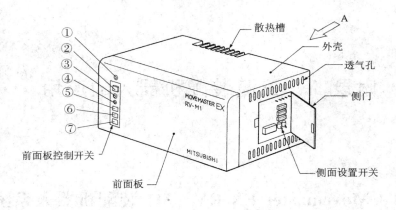

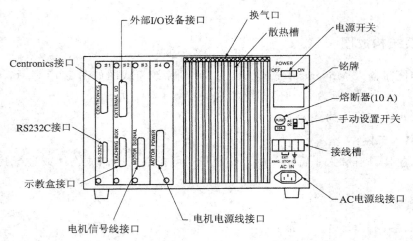

图 A.1　控制器外观图

⑥ STOP(停止键，红色)：停止正在运行的程序。此时，机器人在停止前要运行完当前的指令，即：如按下开关时，机器正运行一条移动指令，它仍会到达目的位置。

⑦ RESET(复位键，白色)：复位程序。按下开关，程序回到起始点，如果有错误发生，出错指示灯熄灭。注意，此操作不会复位通用 I/O 的输出。

控制器侧面板上的设置开关和指示灯(如图 A.2 中所示的位置)的功能说明如下：

⑧ SOC2(EPROM 插槽)：是用于存储程序和位置数据的 EPROM 插槽。操作插槽下的拨动开关可将 EPROM 插入或取出，插入时，确保缺口位于左侧。

⑨ ST1(控制模式设置开关)：设置控制器的控制模式(上位：控制器模式；下位：PC机模式)。

⑩ ST2(EPROM 传输数据到 RAM 的选择开关)：电源接通时，选择是否从 EPROM传输数据到控制器的 RAM 中(上位：传输 EPROM 的数据到 RAM；下位：EPROM 的数据不传输到 RAM)。RAM 里的数据用于运行控制器里的程序。因此，上电后，如用EPROM 中的数据运行程序，则必须预先将此开关设在上位。如果用后备电池支持 RAM中的数据运行程序，则须将此开关置于下位。

⑪ SW1(DIP 开关，从左到右标号为 bit1～bit8)：

bit1：选择用 RS232C 接口从控制器传输数据的结束符(上位：CR＋LF；下位：CR)，

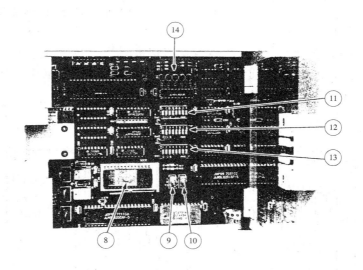

图 A.2 控制器侧面板

如果不使用 MULTI16 接口，则将此开关置于下位。

bit2：选择上电时是否检查 RAM 中的数据被保持（上位：检查；下位，不检查）。如果不使用电池（可选），则将此位设为低位。

bit3：选择所用的 I/O 卡的型号（上位：A16 或 B16；下位：A8 或 B8）。

bit4：选择是否可以设置、改变或删除直角坐标系中的参考位置数据（上位：能；下位：不能）。当设置直角坐标系的参考位置和将 EPROM 中的参考位置数据写入 RAM 时，将此位设为上位；否则，设为下位，避免错误设置。

bit5：当使用 A16 或 B16 的 I/O 卡时，选择用控制器前控制开关或外部信号运行程序（上位：外部信号；下位：前控制开关）。当设为上位时，可用控制器后的外部 I/O 设备接口上的专用信号线进行操作，此时，前控制开关（除急停开关外）无效；设置成下位时，前控制开关有效，外部专用信号线无效。当使用 A8 或 B8 的 I/O 卡时，设置成下位。

bit6：选择是否可以用示教盒的 ENT 键来松开机器人的制动闸。通常将此位打在下位。

bit7：不使用。

bit8：选择打开或关闭蜂鸣器（上位：出错时蜂鸣器响；下位：出错时蜂鸣器不响）。

⑫ SW2（RS232C 通信格式设置开关）。

⑬ SW3（RS232C 波特率设置开关）。

⑭ LED 1～5（硬件错误指示灯）：当发生错误时，显示相应硬件错误（错误模式Ⅰ）的原因。

LED1：伺服系统错误（左数第一个灯）；

LED2：电机信号电缆断路（左数第二个灯）；

LED3：控制器急停输入（左数第三个灯）；

LED4：示教盒急停输入（左数第四个灯）；

LED5：后备电池故障（左数第五个灯）。

控制器后面板上的接口、开关、端子(如图 A.3 中所示的位置)的功能说明如下:

⑮ CENTRONICS(Centronics 接口):连接控制器与 PC 机的 Centronics 接口。

⑯ RS232C(RS232C 接口):连接控制器与 PC 机的 RS232C 接口。

⑰ EXTERNAL I/O(外部 I/O 设备接口):连接外部 I/O 设备(如限位开关、指示灯、可编程控制器等)和控制器。

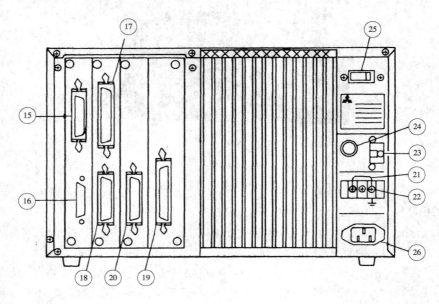

图 A.3 控制器后面板

⑱ TEACHING BOX(示教盒接口):连接示教盒与控制器。

⑲ MOTOR POWER(电机电源接口):连接控制器与机器人的电源线。

⑳ MOTOR SIGNAL(电机信号线接口):连接控制器与机器人的信号线。

㉑ EXT EMG.STP(外部急停输入端子):连接外部急停开关(12V DC,25 mA,N/C 连接端子)。

㉒ G(外壳接地):控制器的接地端子。

㉓ HAND AC/DC (手动选择开关):根据机器人手爪的驱动类型选择 AC 或 DC 电源。采用电动手爪时选 DC 电源,采用气动手爪时选 AC 电源。切记设置应正确,错误设置会损害内部电路。

㉔ FUSE(保险丝):控制器的保险(250V AC,10 A)。

㉕ POWER(电源开关):选择控制器的 ON/OFF 状态。

㉖ AC(AC 插口):接入控制器的电源线(根据所在国家的电压选择 120 V、220 V、230 V、240 V 交流电压)。

3. 示教盒

操作者可利用示教盒上的各种功能按钮来驱动工业机器人的各关节轴,按作业所需要的顺序单轴运动或多关节协调运动,从而完成位置和功能的示教编程。图 A.4 所示为示教盒外观。

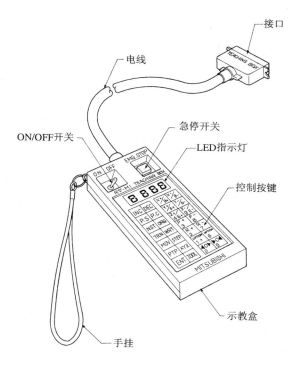

图 A.4　示教盒外观图

4. PC 机

可通过 PC 机用三菱公司所提供的编程软件对机器人进行在线和离线编程。图 A.1 所示为控制器外观图。

A.1.2　标准件与选件

可通过表 A.1 更进一步地看出机器人的构成。

表 A.1　Movemaster EX RV－M1 的规格说明

分类	说　　明	型　　号	备　　注
	机器人	RV－M1	5 自由度立式关节式机器人
	控制器	D/U－M1	机器人控制器
标准设备	电机信号电缆(5 m)	MS－M1	提供从控制器到机器人的控制信号
	电机电源线(5 m)	MP－M1	提供从控制器到机器人的供电信号
	电源线(2.5 m)	POW－M1	控制器供电
	A8(或 B8)型 I/O 卡	I/O－A8(I/O－B8)	8 入/8 出

续表

分类	说　明			型　号	备　注
	A16(或 B16)型 I/O 卡			I/O - A16(I/O - B16)	16 入/16 出
	示教盒(电缆线长 3 m)			T/B - M1	带电缆手控开关盒，用于示教、检查、改位置点
	电动手爪			HM - 01	RV - M1 专用操作手爪，允许 16 种夹持力控制
	EP - ROM			256K - ROM	存储程序和位置点
	后备电池			BAT - M1	断电备份存储
可选设备	外部 I/O 电缆(5 m)			I/O - CBL	接外围设备，如可编程控制器
	PC 电缆	MULTI16	RS232 C	RS - MULTI - CBL(3 m)	连接 MULTI16 的 RS232 接口线
			Centronics	C - MULTI - CBL(2 m)	连接 MULTI16 的 Centronics 接口线
		PC9801	RS232 C	RS - PC - CBL(3 m)	连接 PC9801 的 RS232 接口线
			Centronics	C - PC - CBL(1.5 m)	连接 PC9801 的 Centronics 接口线
		其他电缆	RS232 C	RS - FREE - CBL(3 m)	有一个自由端的 RS232 C 电缆线
			Centronics	C - FREE - CBL(1.5 m)	有一个自由端的 Centronics 接口线

A.2　Movemaster EX RV - M1 装配机器人的机械结构

　　图 A.5 为 Movemaster EX RV - M1 的外观图。图 A.6 为机器人 Movemaster EX RV - M1 的驱动传动简图。该机器人采用电动方式驱动，有 5 个自由度，分别为腰部旋转、肩部旋转、肘部转动、腕部俯仰与翻转。各关节均由直流伺服电机驱动，其中，腰部旋转部分与腕部的翻转为直接驱动。为了减小惯性矩，肩关节、肘关节和腕关节的俯仰都采用同步带传动。

　　参照图 2.79 对内部传动结构做进一步说明。

1. 腰部旋转(J1 轴)

腰部(J1 轴)由基座内的电机 1 和谐波减速器 2 驱动；J1 轴限位(极限)开关 3 装在基座顶部。

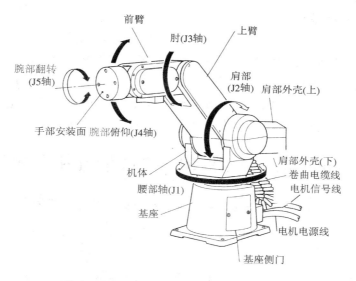

图 A. 5　Movemaster EX RV - M1 的外观图

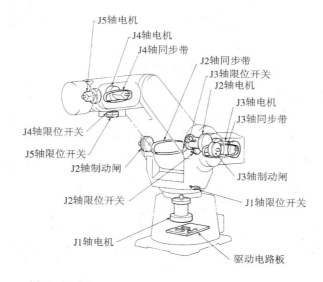

图 A. 6　Movemaster EX RV - M1 的驱动传动简图

2. 肩部(J2 轴)旋转

肩部(J2 轴)由肩关节处的谐波减速器 6 驱动,由连接在 J2 轴电机 4 上同步带 5 带动旋转;电磁制动闸 7 装在谐波减速器 6 的输入轴上,防止断电时肩部由于自重而下转;J2轴限位开关 8 装在肩壳内上臂处。

3. 肘部转动(J3 轴)

J3 轴电机 9 的转动由同步带 10 传送至谐波减速器 21;谐波减速器 21 上 J3 轴输出轴的转动由 J3 轴的驱动连杆传送至肘部的轴上,从而带动前臂伸展;电磁制动闸 12 装在谐波减速器 21 的输入轴上;J3 轴限位开关 13 安装在肩壳内上臂处。

4. 腕部俯仰(J4 轴)

J4 轴的电机 14 安装在前臂内。J4 轴同步带 15 将该电机的转动传送到谐波减速器 16 上,从而带动腕部俯仰;J4 轴的限位开关 17 安装在前臂下侧。

5. 腕部翻转(J5 轴)

J5 轴电机 18 和 J5 轴谐波减速器 19 安装在腕壳内的同一轴上,由它们带动手爪安装法兰旋转;J5 轴的限位开关 20 安装在前臂下。

A.3 Movemaster EX RV - M1 装配机器人的示教

Movemaster EX RV - M1 装配机器人可用示教的方法进行控制,图 A.7 为示教盒按键说明图。

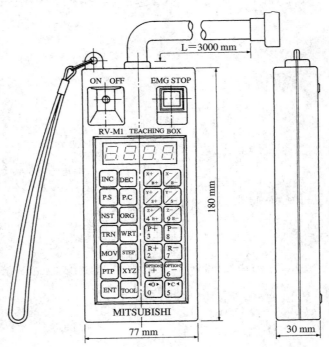

图 A.7 示教盒按键说明图

A.3.1 示教盒按键说明

1. 开关功能

ON/OFF(电源开关):示教盒的电源开关。用示教盒操作机器人时,打在 ON。程序运行或用 PC 机的指令操作机器人时,打在 OFF。有错误输入时,可将此键打在 OFF 以清除操作。程序控制机器人运行时,即使将此键打在 ON,也不能用示教盒操作。

EMG STOP(急停开关):用于机器人急停操作(当开关按下时,信号被内部锁定)。该键按下,机器人立即停机,且错误指示灯闪烁(错误模式Ⅰ),控制器侧门内的 LED4 灯亮。

2. 键的功能

(1) $\boxed{\text{INC}}$（+$\boxed{\text{ENT}}$）：机器人移至较当前位置号大 1 的位置。机器人如果需要按一定顺序移动，可连续按下该键。

(2) $\boxed{\text{DEC}}$（+$\boxed{\text{ENT}}$）：机器人移至较当前位置号小 1 的位置。机器人如果需要按一定顺序移动，可连续按下该键。

(3) $\boxed{\text{P.S}}$（+$\boxed{\text{Number}}$+$\boxed{\text{ENT}}$）：将机器人当前的位置坐标赋给指定的位置号。如果将两个位置坐标赋给同一个位置号，则后定义的位置坐标有效。为防止出错，切勿将机器人设置在任何一个轴接近操作极限的状态。

(4) $\boxed{\text{P.C}}$（+$\boxed{\text{Number}}$+$\boxed{\text{ENT}}$）：删除指定位置号的数据。

(5) $\boxed{\text{NST}}$（+$\boxed{\text{ENT}}$）：机器人返回关节坐标系初始位置。

(6) $\boxed{\text{ORG}}$（+$\boxed{\text{ENT}}$）：移动机器人到直角坐标系中的参考位置。

(7) $\boxed{\text{TRN}}$（+$\boxed{\text{ENT}}$）：将用户 EPROM（安装在控制器侧面板的 SOC2 中）的内容传送到控制器 RAM。

(8) $\boxed{\text{WRT}}$（+$\boxed{\text{ENT}}$）：将控制器 RAM 里的内容写入用户 EPROM 中（安装在控制器侧面的 SOC2 中）。

(9) $\boxed{\text{MOV}}$（+$\boxed{\text{Number}}$+$\boxed{\text{ENT}}$）：移动手爪到指定位置，移动速度为 SP4。

(10) $\boxed{\text{STEP}}$（+$\boxed{\text{Number}}$+$\boxed{\text{ENT}}$）：从指定的行数单步运行程序。重复按键，程序则按顺序单步运行。注意，此时无需输入数字，如果运行时出现错误，则产生错误模式 Ⅱ。

(11) $\boxed{\text{PTP}}$：选择按关节插补进行操作。按下该键，此后任何进给键的操作只会影响每个关节的运动。在示教盒刚上电时，设定 PTP 的状态。

(12) $\boxed{\text{XYZ}}$：选择按直角坐标系插补进行操作。按下该键，此后任何进给操作都会影响直角坐标系中轴的运动。

(13) $\boxed{\text{TOOL}}$：选择工具进给操作。按下该键，此后任何进给操作都会影响工具坐标系中轴的运动。

(14) $\boxed{\text{ENT}}$：确认输入动作。

(15) $\boxed{\text{X+/B+}}$：在直角坐标系下，沿 X 轴正向移动手爪（从机器人前部看向左移动）；在关节坐标系下，正向扭转腰部（从机器人顶部看为顺时针方向）。

(16) $\boxed{\text{X-/B-}}$：在直角坐标系下，沿 X 轴负向移动手爪（从机器人前部看向右移动）；在关节坐标系下，反向扭转腰部（从机器人顶部看为逆时针方向）。

(17) $\boxed{\text{Y+/S+}}$：在直角坐标系下，沿 Y 轴正向移动手爪（向机器人前部移动）；在关节坐标系下，正向旋转肩部（向上）。

(18) $\boxed{\text{Y-/S-}}$：在直角坐标系下，沿 Y 轴负向移动手爪（向机器人后部移动）；在关节坐标系下，反向旋转肩部（向下）。

(19) $\boxed{Z+/E+4}$：在直角坐标系下，沿 Z 轴正向移动手爪（竖直向上）；在关节坐标系下，正向转动肘部（向上），并且工具进给向前，也可作数字键"4"。

(20) $\boxed{Z-/E-9}$：在直角坐标系下，沿 Z 轴负向移动手爪（竖直向下）；在关节坐标系下，反向转动肘部（向下），并且工具进给向后，也可作数字键"9"。

(21) $\boxed{P+3}$：保持手爪的当前位置（指令 TL 确定）不变，转动手爪，并且正向俯仰腕部（向上），也可作数字键"3"。

(22) $\boxed{P-8}$：保持手爪的当前位置（指令 TL 确定）不变，转动手爪，并且负向俯仰腕部（向下），也可作数字键"8"。

(23) $\boxed{R+2}$：正向转动腕部（从手爪安装面看为顺时针方向转动），也可作数字键"2"。

(24) $\boxed{R-7}$：负向转动腕部（从手爪安装面看为逆时针方向转动），也可作数字键"7"。

(25) $\boxed{OPTION+1}$：正向移动所选轴，也可作数字键"1"。

(26) $\boxed{OPTION-6}$：负向移动所选轴，也可作数字键"6"。

(27) $\boxed{◀O▶0}$：打开手爪，也可作数字键"0"。

(28) $\boxed{▶C◀5}$：闭合手爪，也可作数字键"5"。

3. LED 指示灯功能

4 位 LED 指示灯表示以下信息：

(1) 位置号：当使用 $\boxed{INC}$、$\boxed{DEC}$、$\boxed{P.S}$、$\boxed{P.C}$ 或 $\boxed{MOV}$ 时，用 3 位 LED 表示位置号。

(2) 程序行数：当使用 $\boxed{STEP}$ 键或程序运行时，用 4 位 LED 显示程序行数。

(3) 示教盒状态指示（左数第一位）。

(4) 在 $\boxed{ENT}$ 键按下时，"⊔"表示正在调用或调用结束，"["表示不调用。

A.3.2　示教编程举例

1. 使用示教盒进行复位

上电后，机器人需回至原点位置，目的是使机器人的机械原点位置与控制系统的初始位置一致，且在上电后，只需做一次复位。各轴的运动为：J2、J3 和 J4 轴移动到各自的机械初始位置，然后 J1 和 J5 轴移动到各自的机械初始位置。各轴的转动方向如图 A.8 所示。机器人的原点位置如图 A.9 所示。

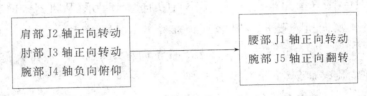

图 A.8　各轴的转动方向

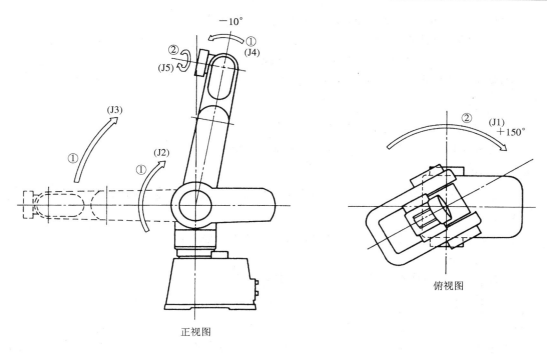

图 A.9 机器人的原点位置

注意：机器臂可能会碰到其他物体。因此，机器人在回到初始位置之前，需用示教盒将其移至安全位置。初始设置时，控制器前面板上的指令运行指示灯（EXECUTE）亮；设置完毕，该灯灭。

步骤：首先打开示教盒的电源开关 ON/OFF，然后依次按下 NST 和 ENT 键。

2. 用示教盒定义、检验、改变和删除位置点

首先将示教盒开关打开。

（1）定义位置点：定义 3 个位置点 10、11、12。其步骤如下：

① 按键，将臂部移动到适当的位置。

② 假设位置号为"10"，按以下顺序按键：

P.S   1   0   ENT

③ 重复①、②两步，用同样的方法定义位置点 11、12。

（2）检验位置点：检验位置点设置是否正确。其步骤如下：

① 检验位置点 10，按以下顺序按键：

MOV   1   0   ENT

如果位置点设置正确，则手臂就移动到上面定义的位置 10。

② 用同样方式检验位置点 11、12。

（3）改变位置点：改变或重新定义已定义的位置点。其步骤如下：

① 移动手臂到除位置点 10 以外的点，按以下顺序按键：

P.S   1   0   ENT

这样，旧的坐标数据被清除，并重新定义了位置点 10。

② 用同样的方法重新定义位置点 11、12。

（4）删除位置点：可随意删除位置点。其操作如下：

① 要删除位置点 10，可按以下顺序按键：

$$\boxed{\text{P.C}} \quad \boxed{1} \quad \boxed{0} \quad \boxed{\text{ENT}}$$

② 这时位置点 10 被清除，并可重新定义。

③ 为检验位置点 10 是否已正确删除，按以下顺序按键：

$$\boxed{\text{MOV}} \quad \boxed{1} \quad \boxed{0} \quad \boxed{\text{ENT}}$$

如果位置点已删除，则示教盒状态指示灯显示"["，表示不能执行所调用的功能。

3. 单步运行

为了检验程序，可用示教盒单步运行程序。其步骤如下：

① 打开示教盒开关。

② 从行 10 开始运行程序，按以下顺序按键：

$$\boxed{\text{STEP}} \quad \boxed{1} \quad \boxed{0} \quad \boxed{\text{ENT}}$$

运行行 10 的指令"NT"。

③ 运行指令"NT"后，示教盒指示灯显示随后的程序行数（此时为"0012"）。运行行 12，按键如下：

$$\boxed{\text{STEP}} \quad \boxed{\text{ENT}}$$

行 12 指令"SP7"被运行。

④ 重复步骤③检验程序，注意不需输入行号。

注：单步运行时，自动设置为不大于 SP4 的运行速度。

4. 示教盒操作实例

用示教盒将气缸端盖从位置 1 移到位置 2，并在位置 2 将端盖拧紧（即将端盖在位置 2 顺时针旋转 120°）。其步骤如下：

① 定义好位置 1 和位置 2。

② 按以下顺序按键：

$$\boxed{\blacktriangleleft\text{O}\blacktriangleright 0} : \boxed{\text{MOV}} \quad \boxed{1} \quad \boxed{\text{ENT}}$$

表示打开手爪并将手爪移至位置 1。

③ 按以下顺序按键：

$$\boxed{\blacktriangleright\text{C}\blacktriangleleft 0} : \boxed{\text{MOV}} \quad \boxed{2} \quad \boxed{\text{ENT}}$$

表示闭合手爪并将手爪移至位置 2。

④ 按以下顺序按键：

$$\boxed{\text{TOOL}} \quad \boxed{\text{R+2}} \quad \boxed{1} \quad \boxed{2} \quad \boxed{0} \quad \boxed{\text{ENT}}$$

表示闭合手爪并将手腕旋转 120°，即将端盖拧紧。

A. 4　Movemaster EX RV – M1 装配机器人的编程

Movemaster EX RV – M1 装配机器人可用上位计算机进行在线和离线编程。

A. 4. 1　指令说明

1. 位置/动作控制指令(24 条)

位置/动作控制指令用于控制机器人的位置和运动，包括位置数据的定义、替换、赋值和计算指令，以及关节、线性插补和连续运动指令，还包括速度设置、初始状态设置以及货盘控制指令，如表 A. 2 所示。

表 A. 2　位置/动作控制指令

序号	名　称	输入格式	功　能	备　注
1	Decrement Position	DP	机器人移至较当前位置号小的位置	—
2	Draw	DW x,y,z	手爪末端移至另一个位置，移动的距离由 x、y、z 指定	—
3	Here	HE a	定义当前位置的坐标，并赋以位置号	$1 \leqslant a \leqslant 629$
4	Home	HO	在坐标系中建立参考坐标	—
5	Increment Position	IP	机器人移至较当前位置号大的位置	—
6	Move Approach	MA a_1, a_2[, O/C]	手爪移至另外一个位置，此位置距位置(a_1)有一定增量，该增量已由位置(a_2)定义	$1 \leqslant a_1$, $a_2 \leqslant 629$ O：手爪打开 C：手爪闭合
7	Move Continuous	MC a_1, a_2	机器人过位置(a_1)和位置(a_2)的中间点做连续运动	$1 \leqslant a_1$, $a_2 \leqslant 629$
8	Move Joint	MJ w,s,e,p,r	每个关节从当前位置转动指定的角度	—
9	Move	MO a, [, O/C]	手爪末端移至位置(a)	$1 \leqslant a \leqslant 629$ O：手爪打开 C：手爪闭合
10	Move Position	MP x,y,z,p,r	手爪末端移至由 x、y、z、p、r 指定的坐标处(含位置和角度)	

序号	名　称	输入格式	功　能	备　注
11	Move Straight	MS a，n［，O/C］	机器人通过直线上的 n 个点移至位置(a)	$1 \leqslant a \leqslant 629$ $1 \leqslant n \leqslant 99$ O：手爪打开 C：手爪闭合
12	Move Tool	MT a，b［，O/C］	手爪末端从当前位置移至另外一个位置，该位置距离指定的位置(a)的增量为 b(工具方向上)	$1 \leqslant a \leqslant 629$ O：手爪打开 C：手爪闭合
13	Nest	NT	机器人回到机械原点位置	—
14	Origin	OG	机器人移至直角坐标系中的参考点	—
15	Pallet Assign	PA i，j，k	定义货盘上纵向与横向的点数	$1 \leqslant i \leqslant 9$ $1 \leqslant j，k \leqslant 255$
16	Position Clear	PC a_1，［，a_2］	清除从位置(a_1)至位置(a_2)的所有位置数据	$a_1 \leqslant a_2$ $1 \leqslant a_1$， $a_2 \leqslant 629(a_1 = 0)$
17	Position Define	PD a，x，y，z，p，r	定义位置(a)的坐标	$1 \leqslant a \leqslant 629$
18	Position Load	PL a_1，a_2	将位置(a_1)的坐标赋给位置(a_2)	$1 \leqslant a_1$，$a_2 \leqslant 629$
19	Pallet	PT a	计算货盘(a)上的某点的坐标，并将此坐标标识设为位置(a)	$1 \leqslant a \leqslant 9$
20	Position Exchange	PX a_1，a_2	交换位置(a_1)与位置(a_2)的坐标	$1 \leqslant a_1$，$a_2 \leqslant 629$
21	Shift	SF a_1，a_2	根据位置(a_1)的坐标和位置(a_2)给出的坐标增量来定义新的坐标	$1 \leqslant a_1$，$a_2 \leqslant 629$
22	Speed	SP a［，H/L］	设置机器人的运动速度和机器人的加/减速时间。 0：最小速度 9：最大速度	$0 \leqslant a \leqslant 9$
23	Timer	TL a	运动暂停时间(a) (单位时间：0.1 s)	$0 \leqslant a \leqslant 32\ 767$
24	Tool	TL a	确定手爪安装面与手爪末端的距离	$0 \leqslant a \leqslant +300.0$

2. 程序控制指令(19 条)

程序控制指令用于控制程序的流程,包括子程序调用指令、重复循环与条件跳转指令、计数器指令和用外部信号申请中断指令,如表 A.3 所示。

表 A.3 程序控制指令

序号	名 称	输入格式	功 能	备 注
25	Compare Counter	CP a	将计数器(a)的值放入内部比较寄存器	$0 \leqslant a \leqslant 99$
26	Disable Act	DA a	用外部输入端子某位(a)来禁止中断	$0 \leqslant a \leqslant 7(15)$
27	Decrement Counter	DC a	计数器 a 的值减 1	$0 \leqslant a \leqslant 99$
28	Delete Line	DL a_1[, a_2]	删除行 a_1 至 a_2 的程序	$a_1 \leqslant a_2$ $1 \leqslant a_1, a_2 \leqslant 2048$
29	Enable Act	EA a_1, a_2	用外部输入端子某位(a_1)的状态来中断程序,指定中断发生时,程序跳至行(a_2)	(-15) $(+15)$ $-7 \leqslant a_1 \leqslant +7$ $+: "1"; -: "0"$ $1 \leqslant a_2 \leqslant 2048$
30	End	ED	结束程序	
31	If Equal	EQ a_1, (或 &b), a_2	如果内部比较寄存器的值等于 a_1(或 &b),则程序跳转至行(a_2)执行	$(-32\ 767)$ $(+32\ 767)$ $0 \leqslant a_1 \leqslant 255$(十进制) $0 \leqslant b \leqslant$ &FF(十六进制) (&8001) (&7FFF) $1 \leqslant a_2 \leqslant 2048$
32	Go Sub	GS a	执行从行(a)开始的子程序	$0 \leqslant a \leqslant 2048$
33	Go To	GT a	程序无条件跳转至行(a)	$0 \leqslant a \leqslant 2048$
34	Increment Counter	IC a	计数器按 1 递增	$0 \leqslant a \leqslant 99$
35	If Larger	LG a_1, (或 &b), a_2	如果外部输入数据或计数器值大于 a_1(&b),则程序跳至行(a_2)执行	$(-32\ 767)$ $(+32\ 767)$ $0 \leqslant a_1 \leqslant 255$(十进制) $0 \leqslant b \leqslant$ &FF(十六进制) (&8001) (&7FFF) $1 \leqslant a_2 \leqslant 2048$
36	If Not Equal	NE a_1, (或 &b), a_2	如果外部输入数据或计数器值不等于 a_1(或 &b),则程序跳转至行(a_2)执行	$(-32\ 767)$ $(+32\ 767)$ $0 \leqslant a_1 \leqslant 255$(十进制) $0 \leqslant b \leqslant$ &FF(十六进制) (&8001) (&7FFF) $1 \leqslant a_2 \leqslant 2048$
37	New	NW	删除 RAM 中所有的程序和位置数据	—
38	Next	NX	执行由 RC 指令指定的循环范围	—
39	Repeat Cycle	RC a	执行由 NX 指定的循环 a 次	$1 \leqslant a \leqslant 32767$

序号	名　称	输入格式	功　能	备　注
40	Run	RN a_1[，a_2]	执行行(a_1)至行(a_2)的程序(不包括行(a_2))	$1 \leqslant a_2$，$a_2 \leqslant 2048$
41	Return	RT	结束 GS 调用的子程序，返回主程序	—
42	Set Counter	SC a_1[，a_2]	将(a_2)放入计数器(a_1)	$0 \leqslant a_1 \leqslant 99$ $-32\ 767 \leqslant a_2 \leqslant 32\ 767$
43	If Smaller	SM a_1，(或 &b)，a_2	如果外部输入数据或计数器值小于 a_1 (或 &b)，程序跳转至行(a_2)执行	$(-32\ 767)\ (+32\ 767)$ $0 \leqslant a_1 \leqslant 255$(十进制) $0 \leqslant b \leqslant$&FF(十六进制) $(\&8001)\ (\&7FFF)$ $1 \leqslant a_2 \leqslant 2048$

3. 手爪控制指令(4 条)

手爪控制指令用于控制电动手爪的夹紧力与开/闭时间，如表 A.4 所示。

表 A.4　手爪控制指令

序号	名　称	输入格式	功　能	备　注
44	Grip Close	GC	关闭手爪	—
45	Grip Flag	GF a	定义手爪的开/闭状态，与指令 PD 连用	$a=0$(打开) $a=1$(闭合)
46	Grip Open	GO	打开手爪	—
47	Grip Pressure	GP a_1，a_2，a_3	定义手爪夹紧力的大小与该力持续的时间	$1 \leqslant a_2$，$a_2 \leqslant 15$ $1 \leqslant a_3 \leqslant 99$(单位：0.1 s)

4. I/O 控制指令(6 条)

I/O 控制指令用于控制 I/O 口的输入/输出数据，可同步或异步交换数据，也可用位或并行方式处理数据，如表 A.5 所示。

表 A.5　I/O 控制指令

序号	名　称	输入格式	功　能	备　注
48	Input Direct	ID	无条件地从输入端口取外部信号，装入内部比较寄存器	—
49	Input	IN a	取外部输入端口的同步信号，装入内部比较寄存器	—
50	Output Bit	OB a	设置外部输出端子上位(a)的输出状态	$-7 \leqslant a \leqslant +7$ $(-15)\ (+15)$ $+$："1"；$-$："0"

续表

序号	名　称	输入格式	功　能	备　注
51	Output Direct	OD a(或 &b)	通过输出端口无条件地输出数据(或 &b)	(−32 767) (＋32 767) 0≤a≤255(十进制) 0≤b≤&FF(十六进制) (&8001) (&7FFF)
52	Output	OT a(或 &b)	通过输出端口同步输出数据(或 &b)	(−32 767) (＋32 767) 0≤a≤255(十进制) 0≤b≤&FF(十六进制) (&2701) (&7FFF)
53	Test bit	TB a_1, a_2	根据内部比较寄存器某位(a_1)的状态使程序跳至(a_2)行	$-7 \leq a_1 \leq +7$ (−15) (＋15) ＋："1"；−："0" $1 \leq a_2 \leq 2048$

5. RS232C 读指令(6 条)

RS232C 读指令允许 PC 机从机器人存储器中读取数据。其中可读的数据包括位置数据、程序数据和计数器数据、外部输入数据、错误模式和当前位置，如表 A.6 所示。

表 A.6　RS232C 读指令

序号	名　称	输入格式	功　能	备　注
54	Counter Read	CR a	读取计数器(a)的内容	$1 \leq a \leq 99$
55	Data Read	DR	读取外部输入端子的数据，与 ID 和 IN 连用	—
56	Error Read	ER	读取错误状态(无错误，0；错误模式Ⅰ，1；错误模式Ⅱ，2)	—
57	Line Read	LR a	读取行(a)的内容	$1 \leq a \leq 2048$
58	Position Read	PR a	读取位置(a)的坐标	$1 \leq a \leq 629$
59	Where	WH	读取当前位置的坐标	—

A.4.2　编程举例

1. 位置的定义

在 PC 机模式下，编写一个使用了 3 个位置点(位置 10、11 和 12)的简单程序。以下为具体程序(各行开头的数字为行号)：

```
10 NT              ;初始设置
12 SP 7            ;速度设置为 7
14 MO 10，O         ;手爪打开，移动至位置 10
16 MO 11，C         ;手爪闭合，移动至位置 11
18 MO 12，C         ;手爪闭合，移动至位置 12
```

| 20 TI 30 | ；停止 3 秒 |
| 22 GT 14 | ；跳转至行 14 |

2. 工件的安放

此程序可实现工件的拾取安放，运行的结果是机器人将工件从一个位置移至另一个位置，对机器人只对位置 1 和位置 2 进行示教，各位置的空间距离需用指令"PD"预先定义，如图 A.10 所示。

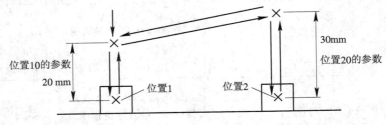

图 A.10　机器人在两点间移动工件

<位置>.

示教：

　　位置 1：抓取工件的位置

　　位置 2：安放工件的位置

预先定义数值：

　　位置 10：从位置 1 运动的空间距离

　　位置 20：从位置 2 运动的空间距离

<程序>

定义从位置 1 运动的空间距离（Z＝20 mm），将此增量标识为位置 10：

PD 10，	0，	0，	20，	0，	0
	X，	Y，	Z，	P，	R

定义从位置 2 运动的空间距离（Z＝30 mm），将此增量标识为位置 20：

PD 20，	0，	0，	30，	0，	0
	X，	Y，	Z，	P，	R

具体程序如下：

30 SP 7	；设置初始速度
40 MA 1，10，O	；机器人移至工件上方的位置（位置 1 上 20 mm 处），此时机械手打开
50 MO 1，O	；机器人移至位置 1 处，且手爪张开
60 GC	；关闭机械手，抓紧工件
70 MA 1，10，C	；机器人抓紧工件，移至工件上方（位置 1 上 20 mm 处）
80 MA 2，20，C	；机器人移至位置 2 上 30 mm 处
90 MO 2，C	；机器人移至位置 2，且手爪张开
100 GO	；打开机械手，放下工件
110 MA 2，20，	；机械手打开，机器人移至位置 2 上 30 mm 处
120 GT 40	；机器人回到位置 10，可以重复操作（跳转到 40 行）

附录 B COSIMIR Industrial 软件的概述和安装

B.1 概 述

COSIMIR Industrial 适用于 Windows 95/98/2000 及 Windows NT 操作系统。

使用 COSIMIR Industrial 可以设计机器人基本单元的工作，可以检查所有位置点的到达情况，可以对机器人进行程序编写和操作控制，还可以完善工作空间的布局，所有机器人的动作和手动控制都可以被模拟，这样可以避免碰撞事件的发生，还可以优化循环时间。

COSIMIR Industrial 为模型建立提供了机器人基本工作单元的组件，主要包括由机械、机器人、工具、传送带和供料部件等组成的元件库，用它建立元件模型是最简单的，也是效率最高的。有一些 3D 模型也可以通过 CAD(如 Auto CAD)的输入来实现。

B.2 安 装

B.2.1 系统最小需求

CPU：Pentium 133 MHz；

内存：64 MB RAM；

硬盘：200 MB free；

操作系统：Windows 95/98/2000 或 Windows NT。

B.2.2 软件安装

安装 COSIMIR Industrial 的步骤如下：

（1）启动 Windows 95/98/2000 或 Windows NT。

（2）将 COSIMIR Industrial 的安装光盘放入光驱中，运行 setup.exe 程序，则可以看到如图 B.1 所示的画面，用户可以选择软件的语言。

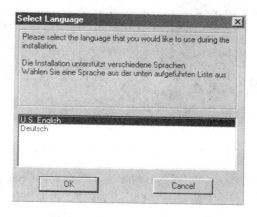

图 B.1 选择语言的对话框

（3）安装向导会出现在用户的面前，欢迎对话框如图 B.2 所示，它将提示用户是否进行 COSIMIR Industrial 的安装工作。单击【Next】按钮便可进行安装，如果想退出安装，那么单击【Cancel】按钮即可。

（4）单击【Next】按钮则会出现注册信息对话框，如图 B.3 所示，要求用户输入姓名和公司名。可在"Name"输入框中输入用户的姓名，在"Company"输入框中输入用户的公司名。

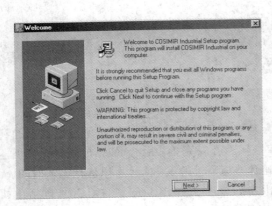 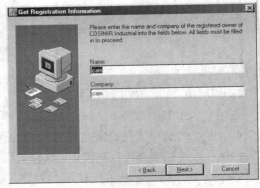

图 B.2　欢迎对话框　　　　　　　　图 B.3　注册信息对话框

（5）输入完用户名和公司后单击【Next】按钮，则会出现选择目标文件夹对话框，如图 B.4 所示，选择安装路径。COSIMIR Industrial 默认的安装路径是"C:\Program Files\COSIMIR Industrial"。如果想更改路径，可以单击【Browse】按钮。

（6）在图 B.4 所示对话框中单击【Next】按钮，会要求用户选择需要安装的组件，如图 B.5 所示。用户可以根据自己的需要选择组件。

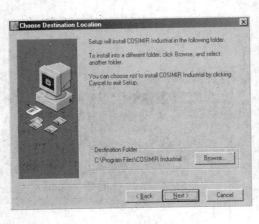 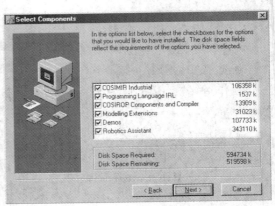

图 B.4　选择目标文件夹的对话框　　　图 B.5　选择安装组件的对话框

（7）单击【Next】按钮，则出现选择通信端口和机器人类型的对话框，如图 B.6 所示。

（8）继续单击【Next】按钮，将弹出用于选择程序组名的对话框，如图 B.7 所示。

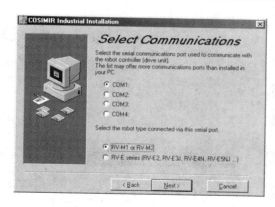
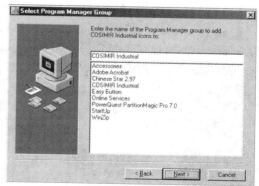

图 B.6 选择通信端口和机器人类型的对话框   图 B.7 选择程序组名的对话框

(9) 在图 B.7 所示的对话框中单击【Next】按钮，系统开始安装 COSIMIR Industrial 到指定的路径中，如图 B.8 所示。单击【Next】按钮确认安装。

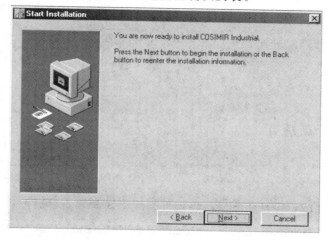

图 B.8 准备安装

(10) COSIMIR Industrial 软件的在线帮助系统是基于 Windows 的 HTML，因此需要使用微软的网络探索软件且必须是 3.0 以上的版本。如果不使用 COSIMIR Industrial 软件的在线帮助系统，可不用在系统中安装微软的网络探索软件。使用下面的对话框选择是否使用在线帮助系统，如图 B.9 所示。

(11) 系统提示是否需要安装看门狗，单击【OK】按钮，如图 B.10 所示。

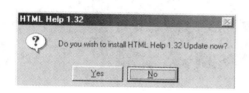

图 B.9 是否使用在线帮助的对话框   图 B.10 是否安装看门狗的对话框

（12）安装完成后，单击【Finish】按钮，如图 B.11 所示。

（13）当 COSIMIR Industrial 安装完毕后，系统会提示是否立即重新启动计算机，如图 B.12 所示。单击【OK】按钮后，系统重新启动。

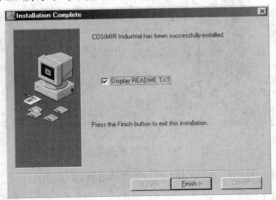

图 B.11　安装完毕对话框

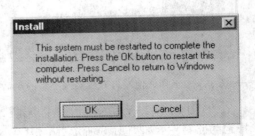

图 B.12　选择是否重新启动计算机

B.3　基本使用

B.3.1　创建一个新项目

创建一个新项目的操作步骤如下：

（1）选择菜单命令"File/Project Wizard"，如图 B.13 所示。将光标移到菜单命令"File/Project Wizard"处，单击鼠标左键或按回车键确认即可。

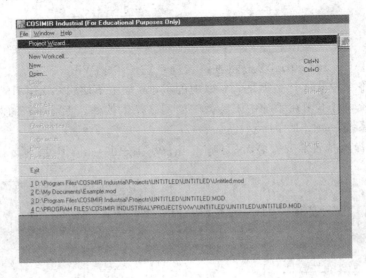

图 B.13　选择命令"File/Project Wizard"

（2）执行"File/Project Wizard"命令后，会出现如图 B. 14 所示的建立项目向导对话框。这是建立一个新项目的第一步。

（3）单击图 B. 14 所示对话框中的【Next】按钮，出现如图 B. 15 所示的选择机器人参数的对话框。

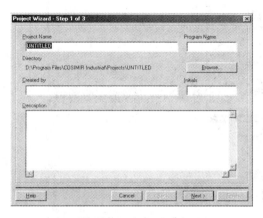
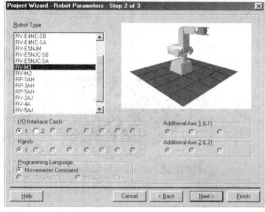

图 B. 14　建立项目向导对话框　　　　图 B. 15　选择机器人参数对话框

（4）单击图 B. 15 所示对话框中的【Next】按钮，出现如图 B. 16 所示的 Changes 对话框。

（5）单击图 B. 16 中的【Finish】按钮，将会出现如图 B. 17 所示的用户界面，可以看到 4 个小窗口，分别是机器人模拟窗口、机器人位置点窗口、信息窗口和程序窗口。

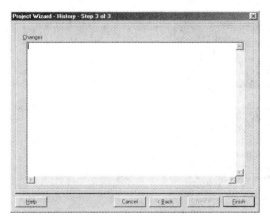
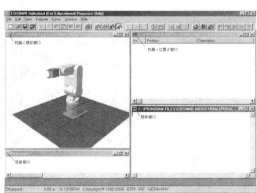

图 B. 16　Changes 对话框　　　　　图 B. 17　用户界面

B. 3. 2　设置通信端口

设置通信端口的步骤如下：

（1）选择菜单命令"Extras/Settings/Communications Port…"，如图 B. 18 所示。

（2）弹出端口设置对话框，可以进行设置，如图 B. 19 所示。

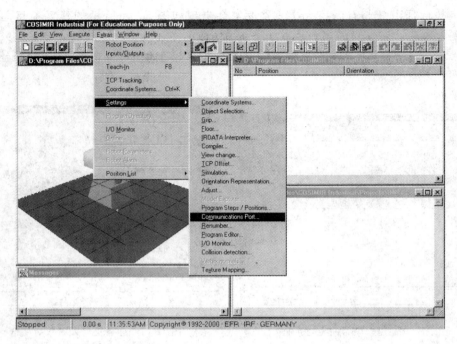

图 B.18　选择菜单命令"Extras/Settings/Communications Port..."

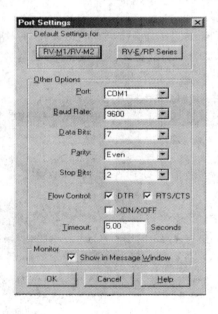

图 B.19　端口设置对话框

B.3.3　编写程序

　　用户在编写程序之前要先激活程序窗口，如图 B.20 所示。

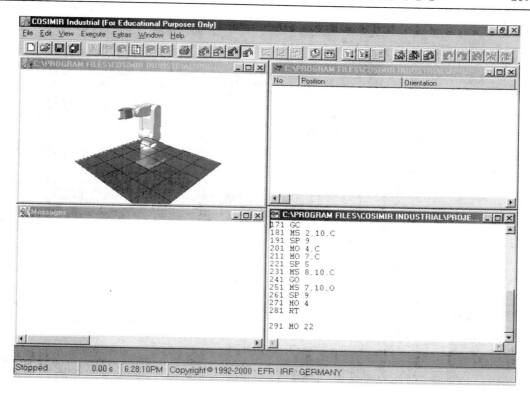

图 B.20　程序窗口

程序的格式如下：

171 GC

181 MS 2，10，C

191 SP 9

201 MO 4，C

211 MO 7，C

221 SP 5

231 MS 8，10，C

241 GO

251 MS 7，10，O

261 SP 9

271 MO 4

281 RT

当程序编写完后，选择菜单命令"Execute/Compile"，如图 B.21 所示。

如果程序正确，在信息窗口将会显示正确信息。如果程序错误，在信息窗口将显示出错信息，如图 B.22 所示。

这时，把鼠标放在第一个错误信息上，双击鼠标左键，则在程序窗口中将会显示详细的错误语句，并用蓝色的横条表示，如图 B.23 所示。

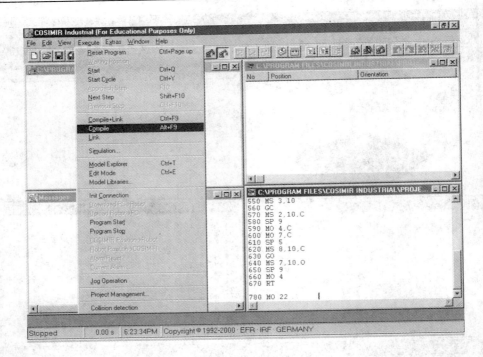

图 B.21　选择菜单命令"Execute/Compile"

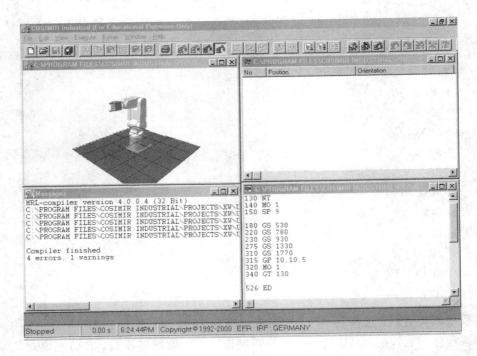

图 B.22　信息窗口的出错信息

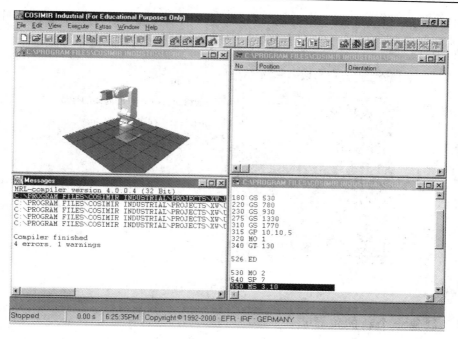

图 B.23　程序窗口中的详细错误语句

B.3.4　重新排列程序的行号

选择菜单命令"Edit/Renumber…"，如图 B.24 所示。

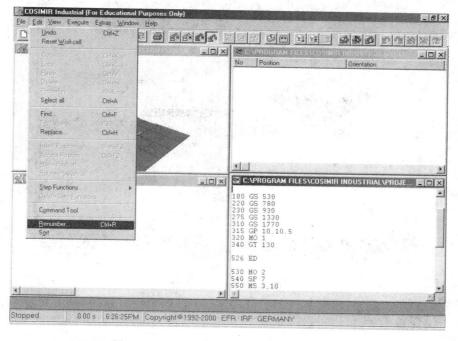

图 B.24　选择菜单命令"Edit/Renumber…"

这时将弹出一个对话框，如图 B.25 所示。设置好程序起始的行号与程序行号的间隔，点击【OK】按钮后，程序的行号及行号间隔将按设置排列。

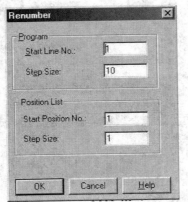

Program：程序

Start Line No.：程序起始的行号

Step Size：程序行号的间隔

图 B.25 "Renumber"对话框

B.3.5 创建一个新的位置点

创建一个新的位置点的步骤是：激活机器人位置点窗口后，单击鼠标右键，将弹出如图 B.26 所示的对话框，选择命令"Insert Position"，即可创建一个新的位置点。

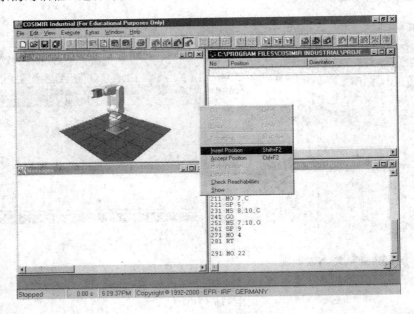

图 B.26 插入位置点

B.3.6 改变位置点

改变位置点的步骤如下：

（1）在机器人位置点窗口中，先用鼠标选中需要修改的位置点，再单击鼠标右键，将弹出如图 B.27 所示的对话框，选择命令"Properties"。

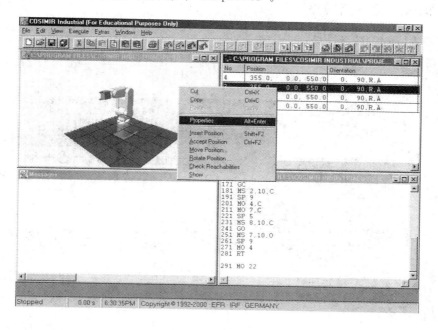

图 B.27　修改位置点

（2）执行该命令后，将出现位置点属性对话框，如图 B.28 所示。修改完位置点的属性后点击【OK】按钮。

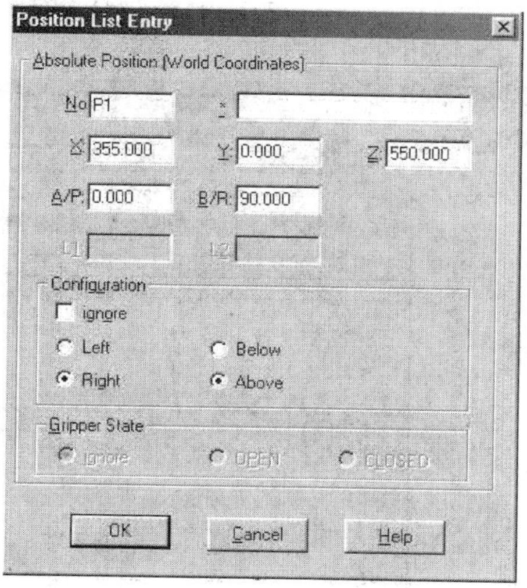

图 B.28　位置点属性对话框

No：位置点的标号

X：X 轴的位置

Y：Y 轴的位置

Z：Z 轴的位置

A / P：A / P 轴的位置

B / R：B / R 轴的位置

（3）在机器人位置点窗口，先用鼠标选中一个位置点，再双击鼠标左键，在机器人模拟窗口可以看见机器人运动到该位置点。

B.3.7　机器人位置点排序

对机器人位置点进行排序的步骤如下：

（1）在机器人位置点窗口，我们可以看到机器人的位置点的标号是无序的。选择菜单命令"Edit/Sort"，如图 B.29 所示。

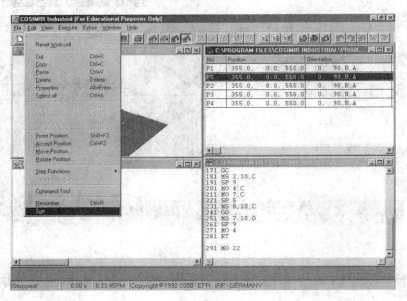

图 B.29　选择菜单命令"Edit/Sort"

（2）执行该命令后，机器人位置点排序的情况如图 B.30 所示。

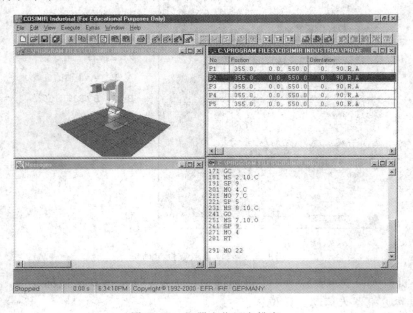

图 B.30　机器人位置点排序

B.3.8　通信

在建立通信之前，要确认机器人和计算机连接正确，其操作步骤如下：

（1）选择菜单命令"Execute/Init Connection"，如图 B.31 所示。

（2）执行该命令后出现如图 B.32 所示的对话框，显示机器人的类型。

（3）单击【OK】按钮。

如通信不成功，将显示相关的警告。

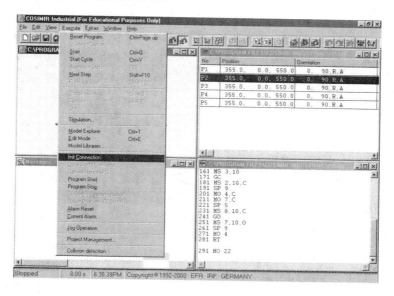

图 B.31　选择菜单命令"Execute/Init Connection"

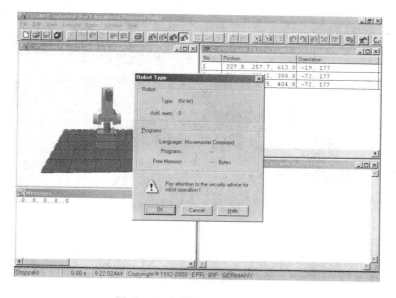

图 B.32　机器人的类型对话框

B.3.9 下载

1. 下载程序

在下载程序前，先激活程序窗口。程序下载步骤如下：

（1）选择菜单命令"Execute/Download PC →Robot"，如图 B.33 所示；

（2）执行该命令后，将出现如图 B.34 所示的对话框；

（3）在"From line"和"To line"输入框中输入需要下载的程序的起始标号，单击【OK】按钮。

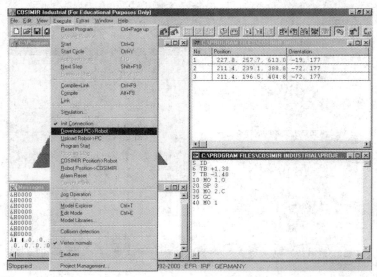

图 B.33 选择菜单命令"Execute/Download PC →Robot"

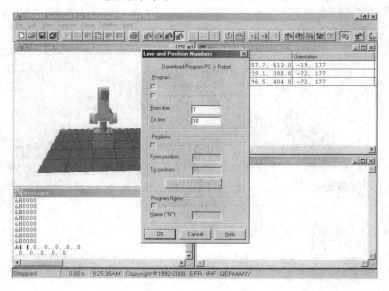

图 B.34 选择下载的程序

2. 下载位置点

在下载位置点前，先激活机器人位置点窗口。位置点下载步骤如下：

（1）选择菜单命令"Execute/Download PC →Robot"，如图 B.35 所示。

（2）执行该命令后，将出现如图 B.36 所示的对话框。

（3）在"From position"和"To position"输入框中输入需要下载的位置点起始标号，单击【OK】按钮。

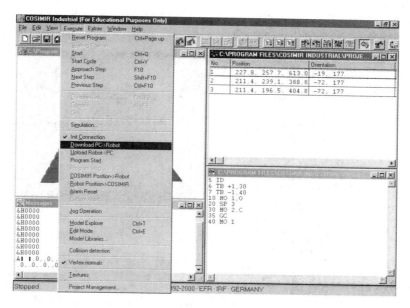

图 B.35　选择菜单命令"Execute/Download PC →Robot"

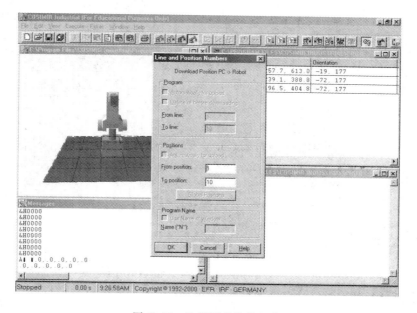

图 B.36　选择下载的位置点

B.3.10　上载

1. 上载程序

在上载程序前，先激活程序窗口。程序上载步骤如下：

（1）选择菜单命令"Execute/Upload Robot →PC"，如图 B.37 所示。

（2）执行该命令后，将出现如图 B.38 所示的对话框。

（3）在"From line"和"To line"输入框中输入需要上载的程序的起始标号，单击【OK】按钮。

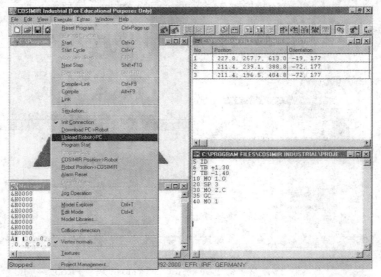

图 B.37　选择菜单命令"Execute/Upload Robot →PC"

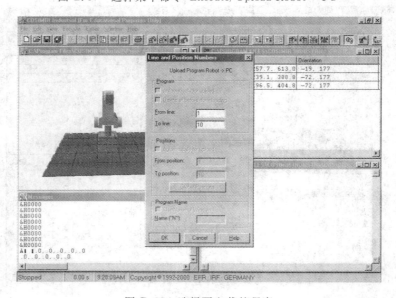

图 B.38　选择要上载的程序

2. 上载位置点

在上载位置点前，先激活机器人位置点窗口。位置点上载步骤如下：

（1）选择菜单命令"Execute/Upload Robot →PC"，如图 B.39 所示。

（2）执行该命令后，将出现如图 B.40 所示的对话框。

（3）在"From position"和"To position"输入框中输入需要上载的位置点标号，单击【OK】按钮。

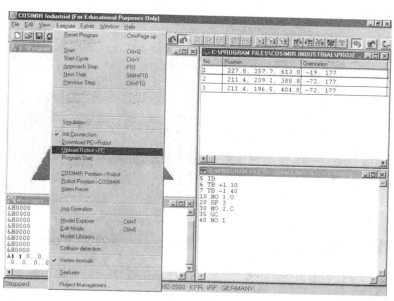

图 B.39　选择菜单命令"Execute/Upload Robot→PC"

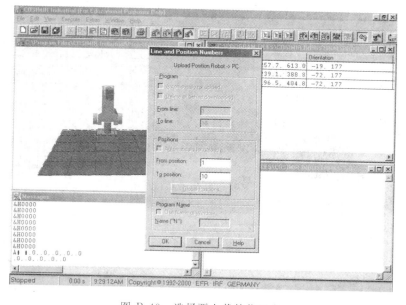

图 B.40　选择要上载的位置点

B.3.11　机器人的点动操作

1. 机器人的位置点动操作

（1）选择菜单命令"Execute/Jog Operation"，如图 B.41 所示。

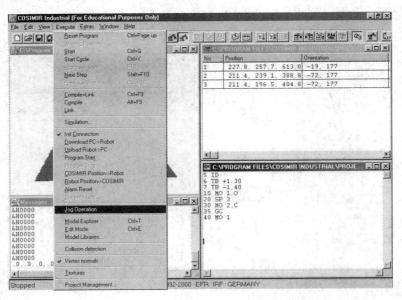

图 B.41　选择菜单命令"Execute/Jog Operation"

（2）执行该命令后，将弹出如图 B.42 所示的对话框。通过此对话框可以改变机器人的位置状态。

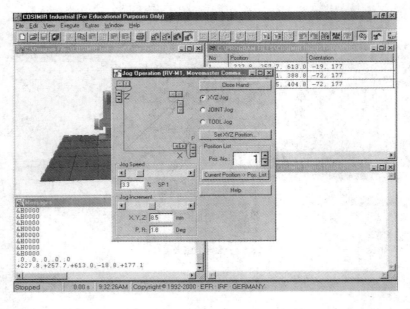

图 B.42　改变机器人位置状态的对话框

2. 机器人的动作点动操作

（1）选择菜单命令"Edit/Command Tool"，如图 B.43 所示。

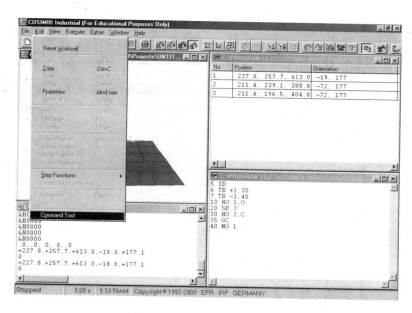

图 B.43　选择菜单命令"Edit/Command Tool"

（2）执行该命令后，将弹出如图 B.44 所示的对话框。通过此对话框可以改变机器人的动作。输入"MO 1"后，机器人将运动到第一点。

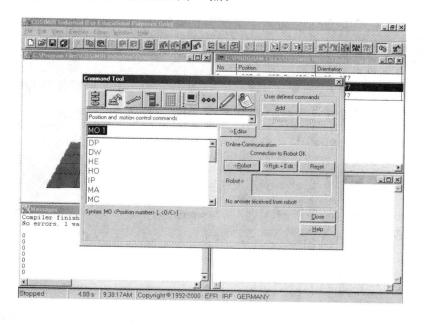

图 B.44　选择机器人动作命令的对话框

B.3.12　机器人程序运行

（1）选择菜单命令"Execute/Start"，如图 B.45 所示，机器人将开始执行程序。

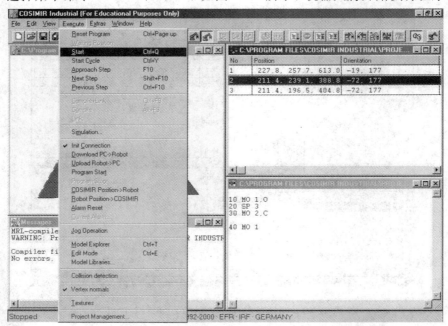

图 B.45　选择菜单命令"Execute/Start"

（2）选择菜单命令"Execute/Next Step"，如图 B.46 所示，机器人将执行下一步程序。

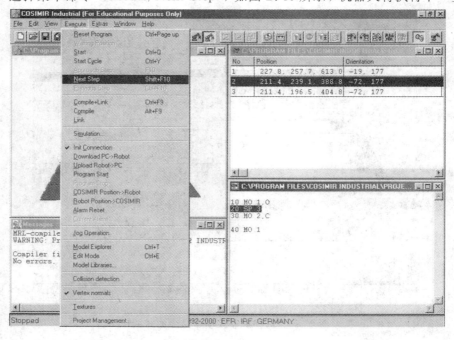

图 B.46　选择菜单命令"Execute/Next Step"

（3）选择菜单命令"Execute/Stop"，如图 B.47 所示，机器人将停止执行程序。

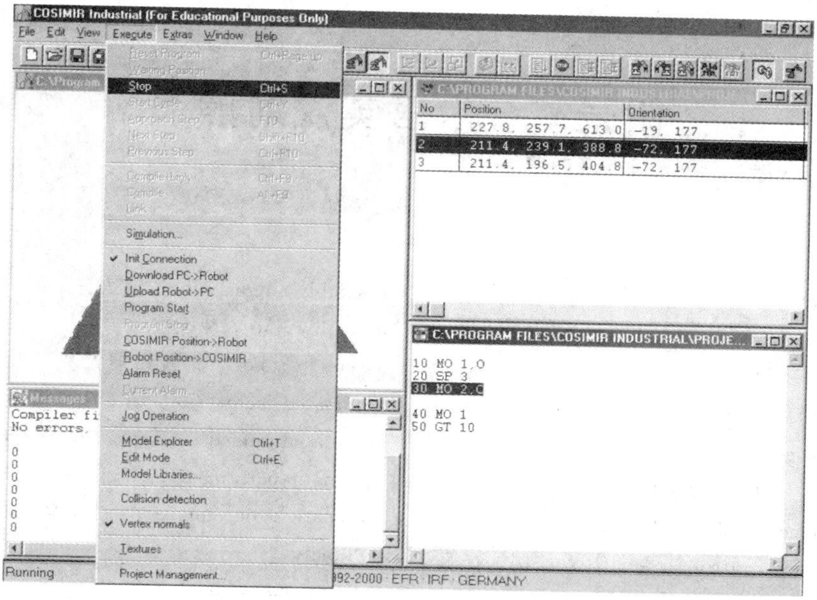

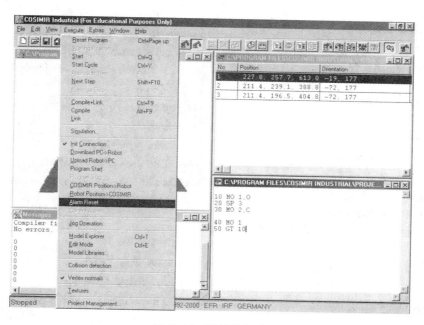

图 B.47　选择菜单命令"Execute/Stop"

B.3.13　警报的解除

当机器人的警报响起时，可以选择菜单命令"Execute/Alarm Reset"将警报解除，如图 B.48 所示。

图 B.48　警报的解除

附录 C 术语英汉对照表

A

acceleration 加速度

accuracy 精度

acoustic sensor 听觉传感器

active compliance 主动柔顺，有源柔顺

active impedance control 主动阻力控制，有源阻力控制

active transducer 有源变换器

actuator 驱动器，传动装置

adaptability 适应性，自适应性

adaptive algorithm 自适应算法

adaptive control 自适应控制

algorithm 算法

alignment pose 调准姿态

A-matrix A 矩阵

ambiguity 模糊，多义性

angle 角

anthropomorphic hands 拟人手臂，假肢

architecture 结构

arc welding 弧焊

arc welding robot 弧焊机器人

arm 手臂，机械臂

arm commander 手臂指挥器

articulated arm 关节型手臂

articulated mechanical system （AMS)关节式机械系统

articulated robot 关节型机器人

articulated variables 关节变量

artificial constraints 人为约束

artificial intelligence （AI)人工智能

Asimov's Laws 阿西莫夫(机器人)三守则

assembly 装配

assembly language 汇编语言

assembly line 装配线

assembly robot 装配机器人

automated factory 自动工厂

automated guided vehicle （AGV)自动制导车

automatic path planning 自动路径规划

automatic programming 自动程序设计

automation 自动化

autonomous robot 自主机器人

axis 轴

axis of rotation 转轴

B

bang-bang control 开关控制，起停控制

bang-bang robot 开关型机器人

base 机座，底座

base coordinate system，base frame 机座坐标系，基坐标系

batch manufacturing 批量生产

belt conveyor 传送带

bin of parts 零件料架

block diagram 框图，方块图

block world 积木世界

C

cable drive 缆式传动

camera 摄像机，照相机

Cartesian coordinate 笛卡尔坐标

Cartesian coordinate robot 笛卡尔坐标型机器人

Cartesian coordinate system 笛卡尔坐标系

Cartesian manipulator 笛卡尔坐标型机器手

Cartesian motion　笛卡尔运动

cell　单元，电池

center of gravity　重心

centralized control　集中控制

central processing unit　（CPU）中央处理单元，中央处理器

CPU time　中央处理时间

centrifugal force　离心力

chain drive　链式传动

classification　分类

close-loop control　闭环控制

coding　编码

communication　通信，对话

compensation　补偿

compiler　编译程序

compliance　柔顺性

components　组成部分，分量，部件

computer-aided design　（CAD）计算机辅助设计

computer-aided engineering　（CAE）计算机辅助工程

computer-aided manufacturing　（CAM）计算机辅助制造

computer-assisted instruction　（CAI）计算机辅助教学

computer control　计算机控制

computer-integrated manufacture　（CIM）计算机集成制造

computer-integrated manufacturing system （CIMS）计算机集成制造系统

computer-integrated process system　（CIPS）计算机集成加工系统

computer　计算机

computer vision　计算机视觉

computing　计算，运算

configuration　配置，位形，结构

configuration space　结构（配置）空间

continuity　连续性

continuous path control　连续路径（轨迹）控制

continuous path robot　连续轨迹型机器人

continuous transfer　连续移动

contouring　仿形

control　控制

control algorithm　控制算法

control hierarchy　控制层级

control law　控制规律

controller　控制器

control system　控制系统

coordinate frames　坐标系

coordinate systems　坐标系

Coriolis force　哥氏力

cost effectiveness analysis　成本效果分析，工程经济分析

cost justification　代价和理性，经济论证

costs　代价，成本，费用

counter　计数器

coupling inertia　耦合惯量

critical damping　临界阻尼

cybernetics　控制论

cycle time　循环时间，工作周期

cylindrical coordinate robot　圆柱坐标型机器人

cylindrical coordinate system　圆柱坐标系

D

damping　衰减，阻尼

damping factor　衰减系数，阻尼系数

data　数据

database　数据库

data processing　数据处理

data structure　数据结构

debugging　调试

decode　解码

decoupling　解耦

degeneracy　退化，简并

degree of freedom　（DOF）自由度

derivative control　微分控制

diagnostic routine　诊断程序

differential change graph　微分变化图

differential coordinate transformation　微分坐标变换

differential motion　微分运动

digital control　数字控制

digital image analysis　数字图像分析

digital servo system　数字伺服系统

digital-to-analog（D/A）converter　数/模转换器

direct digital control （DDC）直接数字控制
direct drive robot 直接驱动型机器人
direct numerical control （DNC）直接数字控制
directed transformation graph 有向变换图
distance 距离
distributed control 分布式控制
domestic robot 家用机器人
double gripper 双夹手
drive function 驱动函数
drive system 传动系统
duty cycle 工作周期
dynamic accuracy 动态精度
dynamic control 动态控制
dynamic model 动态模型
dynamic performance 动态性能
dynamic properties 动态特性
dynamics 动力学
dynamics equation 动力学方程

E

economic analysis 经济分析
edit 编辑
educational robot 教学机器人
effector 执行器，执行装置
electrical actuator 电动驱动器
electrical robot 电动型机器人
encode 编码
end effector 末端操作器，末端装置
error control 误差控制
Euler angles 欧拉角
Euler solution 欧拉解
Euler transformation 欧拉变换
execution 执行
executive control program 执行控制程序
executor 执行器
expert system 专家系统
explicit language 显示语言
extension 延伸
external sensor 内传感器

F

factory control 工厂控制

fail-safe design 可靠性设计
farm robot 农用机器人
feedback 反馈
feedback control 反馈控制
feedforward 前馈
feedforward control 前馈控制
finger 手指
fixed coordinate system 固定坐标系
fixed sequence robot 固定顺序机器人
fixture 夹具
flexible assembly system 柔性装配系统
flexible automated factory 柔性自动工厂
flexible integrated robotic manufacturing system 柔性集成机器人制造系统
flexible manufacturing system （FMS）柔性加工（制造）系统
flow chart 流程图
force control 力控制
force sensor 力传感器
frequency response 频率响应
friction 摩擦

G

gap 间隙
gear 齿轮
general-purpose robot 通用机器人
general rotation transformation 通用旋转变换
geometric structure 几何结构
global database 总数据库，综合数据库
goal 目标
goal directed programming 面向目标编程
gravity 重力
gripper 抓手，夹手，手爪
group control system 群控系统

H

hand 手
hierarchical control 分级控制
hierarchy 层级
high-level language 高级语言

high-level robot planning　高层机器人规划

homogeneous transformation　齐次变换

household robot　家用机器人

hybrid position /force control　位置/力混合控制

hybrid robot　混合式机器人

hydraulic actuator　液压驱动器

hydraulic cylinder　液压缸

hydraulic drive　液压传动

hydraulic motor　液压马达

hydraulic piston　液压活塞

hydraulic ram　液压油缸

hydraulic robot　液压型机器人

I

identity transformation　等效变换

image　图像

image analysis　图像分析

image enhancement　图像增强

image preprocessing　图像与处理

image processor　图像处理器

image segmentation　图像分割

image understanding　图像理解

impedance control　阻力控制

incremental transducer　增量式变换器(传感器)

individual axis velocity　单轴速度

induction motor　感应电动机

industrial robot　工业机器人

inertia　惯量

initialization　初始化

initial state　初始状态

input-output　(I/O)输入/输出

inspection　检验

instruction set　指令集合

integral control　积分控制

integrated circuit　(IC)集成电路

integrated flexible automation　综合柔性自动化

intellectualization　智能化

intelligent computer　智能计算机

intelligent control　智能控制

intelligent robot　智能机器人

interactive control system　交互式(对话式)控制系统

interactive robot　交互式机器人

interface　接口，界面

internal sensor　内传感器

interpolation　插补，插值，插入

interpreter　翻译程序，翻译器

interrupt　中断

interrupt handling routine　中断处理程序

inverse Jacobian　逆雅可比式

inverse transformation　逆变换

J

Jacobian matrix　雅可比矩阵

jamming　锁定，封锁

joint　关节，连接

jointed-arm robot　关节臂式机器人

joint interpolated motion　关节插补运动

joint torque　关节转矩

joint variable　关节变量

joint vector　关节矢量

K

kinematics　运动学，机构学

kinetic chain　运动链

kinetic equation　运动方程

kinetic pose　运动姿态

kinetic energy　动能

knowledge base　知识库

knowledge based system　基于知识的系统

L

labeling　标示，标志

lagrangian equation　拉格朗日方程

language　语言

laplace transformation　拉氏变换

learning capability　学习能力

limiting load　极限负载

limit switch　限位开关

linear interpolation　线性插补

linearity　线性

linear perturbation adaptive controller　线性摄动自适应控制器

link　连杆，杆件

link length　连杆长度

link parameters　连杆参数

load　负载，负荷，寄存

load capacity　负载能力

location　位置，定位

logic　逻辑

loop　循环

M

machine　机器

machine language　机器语言

machine loading and unloading　机器存取

machining　机器加工

machining cell　机器加工单元

manipulation　操作

manipulation robot　操作机器人

manipulator　机械手，操作手

manual control　手动控制

mass production　大量生产

master-slave manipulator　主从机械手

material handling　材料搬运，材料装卸

materials-handling robot　材料搬运机器人

matrix　矩阵

matrix transformation　矩阵变换

maximum speed　最大速度

maximum thrust　最大推力

maximum torque　最大转矩

mechanical interface coordinate system　机械接口坐标系

mechanical origin　机械原点

mechanics　力学，机械学，机构

mechanism　机构，机理

mechatronics　机械电子学

medical robot　医用机器人

memory　存储器

microprocessor-controlled robot　微机控制机器人

minicomputer　小型计算机

mining robot　矿用机器人

mobile robot　移动式机器人

mobility　移动性

model reference adaptive controller　模型参考自适应控制器

modern control theory　近代(现代)控制理论

moments　力矩，转矩

motion　运动

motion equation　运动方程

movement　运动，移动，位移

movement sensor　位移传感器

move process　运动过程

multi-agency　多智能体

multiple joints　多关节

multiprocessor control　多处理机控制

multiprocessor system　多处理机系统

multisensor system　多传感器系统

N

natural constraints　自然约束

natural language understanding　自然语言理解

net load capacity　净负载

nonlinear compensation　非线性补偿

nonlinear equation　非线性方程

nonlinear feedback　非线性反馈

nonlinear planning　非线性规划

non-servo control　非伺服控制

normal vector　法向矢量

numerical control　(NC)数字控制

N. C. machine tool　数控机床

O

object　物体，对象

objective function　目标函数

objective-level language　目标级语言

object location　物体位置

off-line　离线

off-line control　离线控制

off-line programming　离线编程

open-loop control　开环控制

open-loop robot　开环型机器人

operating angle　动作角度，运转角度

operating distance　操作距离

operating system　操作系统

operational amplifier　运算放大器

operational space　操作空间

optical sensor　光传感器

optical shaft encoder　光轴编码器

optimal control　最优控制，最佳控制

orientation　方位，姿态

orientation vector　方向（姿态）矢量

out-in of the arm　手臂伸缩

P

painting　涂漆

painting robot　喷漆机器人

parallel axes　平行轴

parallel communication　并行通讯

parallel operation　并行操作

parallel processing　并行处理

part classification　零件分类

part feeding　零件进给

part loading　零件装放

part recognition　零件识别

passive compliance　被动柔顺

path acceleration　轨迹加速度

path accuracy　轨迹精度

path control　轨迹控制

path generator　路径（轨迹）产生器

path planning　路径规划

path velocity　轨迹速度

pattern recognition　模式识别

payload　承载能力

performance　性能

peripheral(equipment)　外围设备

photoelect ric sensor　光电传感器

pick-and-place robot　抓放式机器人

pitch　俯仰

pixel, picture element　像素，像元

plane　平面

planning　规划

planning process　规划过程

planning sequence　规划序列

playback　再现，重演，复演

playback robot　示教再现型机器人

pneumatic actuator　气体驱动器

pneumatic drive　气体传动

point-to-point control　点位控制

point-to-point robot　点位式机器人

polar coordinate robot　极坐标型机器人

pose　位姿，姿态

pose accuracy　位姿精度

pose repeatability　位姿重复精度

position　位置

positional accuracy　位置精度

position control　位置控制

position controller　位置控制器

position error　位置误差

positioning time　定位时间

position precision　位置精度

position sensor　位置传感器

position vector　位置矢量

potentiometer　电位器

precision　精度

process control　过程控制

production line　生产线

productivity　生产率，生产力，产量

programmable assembly system　可编程装配系统

programmable controller　可编程控制器

programmable manipulator　可编程机械手（操作手）

programming language　编程语言

proportional control　比例控制

proportional-integral-derivative（PID）control　比例-积分-微分控制（PID 控制）

proximity detector　接近度检测器

proximity sense　接近感

proximity sensor　接近度传感器

Q

quality control　（QC)质量控制

R

RAM　随机存取存储器

range sensor　距离传感器

rated acceleration　额定加速度

rated load　额定负载

rated velocity　额定速度

reachable space　可达空间

real-time　实时

real-time control　实时控制

real-time interrupt　实时中断

recognition　识别

rectangular coordinate system　直角坐标系

redundancy　冗余，多余信息

redundant　冗余的，重复的

reference frame　参考坐标系

relative coordinate system　相对坐标系

relative transformation　相对变换

reliability　可靠性

relief system　安全系统

remote center compliance　（RCC)远距离中心柔顺装置

repeatablity　重复性

representation　表示

resolution　分辨率(度)，消解

resolution-refutation principle　消解反演原理

resolver　解算装置，分析仪

revolution joint　旋转关节

robot　机器人

robotics　机器人学

robotic sensor　机器人传感器

robotic work cell　机器人工作单元

robotization　机器人化

robot language　机器人语言

rotation　旋转，转动

S

safety　安全

sampling rate　采样速度

scaling transformation　比例变换

seam tracking　焊缝跟踪

second-generation robot　第二代机器人

segmentation　分割，分段

self-correction control　自校正控制

self detective ability self-tuning adaptive controller 自校正自适应控制器

sense of contact force　压感

sensitivity　敏感性，灵敏度

sensor　传感器

sensor-based control　基于传感器的控制

sensor-guided arc welding　传感器导引弧焊

sensory control　传感控制

sensory controlled robot　传感控制型机器人

sequence robot　顺序机器人

serial communication　串行通讯

servo control　伺服控制

shoulder　肩膀，肩

signal processing　信号处理

simulation　模拟，仿真

simulator　模拟装置，仿真器

single joint　单关节

space robot　空间机器人

spatial constraint　空间约束

spatial resolution　空间分辨度(率)

specification　技术规格，说明书

specific sensor　专用传感器

speed control　速度控制

spherical coordinate　球面坐标

spherical coordinate robot　球面坐标型机器人

spherical coordinate system　球面坐标系

spot welding　点焊

spray painting　喷漆

stability　稳定性

standardization　标准化

state space　状态空间

stepping motor　步进电动机

stiffness　刚度，抗挠性

strain gage　应变仪

stress sensor　应力传感器

structure　结构

switch control　开关控制

T

tachmeter　测速发电机

tactile sense　触觉

tactile sensor 触觉传感器

task 任务，作业

task decomposition 任务分解

task description 任务描述

task planning 任务规划

taught point 示教点

teach 教，示教

teaching-by-showing 示教

teaching interface 示教接口，示教界面

teaching robot 教学机器人

teach pendant 示教盒

temperature sensor 温度传感器

testing 实验，测试

tool center point 工具中心点

tool frame 工具坐标系

torque 力矩，转矩

touch sense 触觉

touch sensor 接触传感器

tracking 跟踪

trajectory planning 轨迹规划

transducer 变换器，传感器

transfer line 传送线

transformation 变换

transformation equation 变换方程

U

underwater robot 水下机器人

universal gripper 通用型夹手

unmanned factory 无人工厂

V

velocity 速度

velocity accuracy 速度精度

velocity control 速度控制

velocity error 速度误差

velocity repeatability 速度重复精度

velocity sensor 速度传感器

velocity vector 速度矢量

W

waist 腰

welding 焊接

welding robot 焊接机器人

work cell 工作单元，工作站

work coordinate 工作坐标

work space 工作空间

work origin 工作原点

world coordinate system 全局坐标系

wrist 手腕

wrist sensor 手腕传感器

X

X-Y table 水平工作台

Y

yaw 偏转，偏航，侧摆

Z

zero point 零点

zero position 零位

参 考 文 献

[1] 吴振彪. 工业机器人. 武汉：华中理工大学出版社，1997.

[2] 徐元昌. 工业机器人. 北京：中国轻工业出版社，1999.

[3] 罗志增. 机器人感觉与多信息融合. 北京：机械工业出版社，2002.

[4] 白井良明［日］. 机器人工程. 北京：科学出版社，2001.

[5] 余达太. 工业机器人应用工程. 北京：冶金工业出版社，1999.

[6] 王天然. 机器人. 北京：化学工业出版社，2002.

[7] 费仁元. 机器人机械设计和分析. 北京：北京工业大学出版社，1998.

[8] 大熊繁［日］. 机器人控制. 北京：科学出版社，2002.

[9] Saeed B. Niku［美］. 机器人学导论. 北京：电子工业出版社，2004.

[10] 张铁. 机器人学. 广州：华南理工大学出版社，2001.

[11] Craig J J［美］. 机器人学导论. 北京：机械工业出版社，2006.

[12] 吴振彪. 工业机器人. 2版. 武汉：华中科技大学出版社，2006.

[13] 辛洪兵. 平面五杆并联机器人运动学导论. 北京：国防工业出版社，2007.

[14] 马履中. 机器人与柔性制造系统. 北京：化学工业出版社，2007.

[15] 日本机器人学会. 新版机器人技术手册. 北京：科学出版社，2008.

[16] 蔡自兴. 机器人学基础. 北京：机械工业出版社，2009.

[17] 李团结. 机器人技术. 北京：电子工业出版社，2009.

[18] 萨哈［印］. 机器人导论(Introduction to Robotics). 北京：机械工业出版社，2010.

[19] 徐德. 机器人视觉测量与控制. 北京：国防工业出版社，2011.

[20] 郭彤颖，安冬. 机器人学及其智能控制. 北京：人民邮电出版社，2014.

[21] 李团结. 机器人技术. 北京：电子工业出版社，2012.

[22] 黄真，赵永生，赵铁石. 高等空间机构学. 北京：高等教育出版社，2006.